LES LEÇONS
DE LA NATURE.

LES LEÇONS
DE LA NATURE

OU

L'HISTOIRE NATURELLE, LA PHYSIQUE
ET LA CHIMIE,

PRÉSENTÉES A L'ESPRIT ET AU CŒUR

Par Louis COUSIN-DESPRÉAUX,

CORRESPONDANT DE L'ACADÉMIE DES INSCRIPTIONS ET
BELLES-LETTRES.

> Un des meilleurs usages de la véritable
> philosophie, et particulièrement de la physi-
> que, est de nourrir la piété et de nous élever
> à Dieu.
>
> *Leibnitz, Let. à M. Nic.*

TOME TROISIÈME.

A LYON,
CHEZ PERISSE FRÈRES, LIBRAIRES,
RUE MERCIÈRE, N° 33.

A PARIS,
AU DÉPOT DE LIBRAIRIE DE PERISSE FRÈRES,
PLACE SAINT-ANDRÉ-DES-ARTS, N° 11.

1829.

LEÇONS

DE LA NATURE,

OU

L'HISTOIRE NATURELLE, LA PHYSIQUE

ET LA CHIMIE,

PRÉSENTÉES A L'ESPRIT ET AU CŒUR.

LIVRE III.

L'Homme.

CLXV^e CONSIDÉRATION.

Idée qu'on doit se former de l'homme.

Parvenu au plus parfait des êtres qui soient sur la terre, à celui qui fut l'objet de la création ici-bas, je puis enfin m'occuper plus particulièrement de moi-même, méditer sur la structure de mon corps, réfléchir sur cette substance immatérielle qui l'anime ; et, en contemplant ces objets si dignes d'un être intelligent, reconnoître la puissance de Dieu, sa sagesse, et apprendre en même temps tout le prix de ma vie terrestre.

III.   A

L'univers est un tableau qui n'offre que des traits confus, lorsqu'on n'en saisit pas le vrai point de vue. Cet amas immense d'êtres divers qui le composent seroit une espèce de chaos, si l'homme ne s'y trouvoit placé pour en former la liaison et les rapports. C'est à lui que tout aboutit : c'est sur lui que tout porte. Il est donc de la dernière importance de ne pas se méprendre sur l'idée qu'on se forme de l'homme : trop basse, elle nous fera paroître le monde et trop magnifique et trop grand ; trop élevée, elle nous le montrera trop vil et trop étroit. Une sage Providence a tout proportionné : l'ordonnance du palais a été mesurée sur les besoins du maître qui l'habite. Si l'édifice n'est pas parfait, c'est parce que celui pour lequel il fut destiné, a lui-même des imperfections.

Mais, parce que l'homme a des défauts, dois-je le confondre avec les autres créatures ? Non, sans doute. Il est fait pour régner sur elles : telle est sa dignité. D'autre part, il a été tiré du néant : il y tient donc aussi. De plus, il s'est rendu coupable : il n'est donc pas parfait. Ne séparons jamais les défauts de l'homme, des qualités qui, dans l'ordre sensible, l'élèvent si fort au-dessus de tout ce qui existe : n'en faisons ni une brute stupide, qui n'auroit que de la bassesse, ni un être idéal, qui n'auroit que des perfections.

L'homme offre un mélange étonnant de grandeur et de bassesse ; dans ce mélange, néanmoins, reconnoissons et la sagesse de Dieu, et sa bonté sur l'homme même dégradé ; admirons ce grand ouvrage. Le fruit de cette étude sera de nous rappeler à la considération de nous-mêmes, pour nous élever jusqu'à notre Auteur, par une route qui ne pourra nous égarer.

L'ingratitude s'exhale en murmures éternels contre la Providence : elle n'élève la voix que pour dégrader l'homme, et blasphémer le Créateur. Celui qui n'est occupé qu'à s'exagérer à soi-même ses propres maux, les aigrit et les rend incurables : celui qui ferme les yeux sur les avantages réels dont il jouit, les rend nuls. Non, je ne peux me reconnoître à ce portrait tracé par un ancien. Selon lui, l'homme « est l'animal le plus vil et le
» plus méprisable ; la nature le traite plutôt en
» marâtre qu'en mère. Tandis qu'elle a couvert
» d'une écorce les arbres et les plantes, qu'elle a
» revêtu d'une peau tous les autres animaux, pour
» les défendre contre l'inclémence des saisons,
» elle a jeté l'homme, au jour de sa naissance, nu
» sur une terre aussi nue que lui. Ce n'est pas en-
» core assez : à peine sorti du sein de sa mère, cet
» animal destiné à l'empire est mis aux fers : sa
» vie commence par des supplices et par des pleurs,
» et tout son crime est d'être né : son ignorance
» égale sa foiblesse. En naissant, presque tous les
» autres animaux sont assez robustes et assez ins-
» truits pour savoir nager, marcher, prendre leur
» nourriture : l'homme alors ne peut rien ; il a
» besoin de tout apprendre ; il ne sait par lui-mê-
» me que pousser des cris de douleur et verser
» des larmes. Si, dans sa naissance, rien n'est plus
» foible et plus méprisable que l'homme, rien n'est
» plus horrible et plus haïssable que lui lorsqu'il a
» pris son accroissement. Chaque bête farouche a
» quelque chose dans son instinct qui nous la rend
» formidable ; mais l'homme seul renferme en soi
» ce qui n'est que séparément dans toutes les bêtes.
» Il a sur la langue le venin des aspics ; dans l'es-
» prit, les plis et les replis du serpent ; dans le

» cœur, l'amertume du basilic ; dans ses empor-
» temens, la fureur du lion ; dans sa cruauté, la
» rage du tigre : en sorte que le plus grand des
» présens qu'ait faits la nature à l'homme dans le
» cours de toute sa vie, c'est le pouvoir de se don-
» ner à lui-même la mort. Ainsi, les plantes qui
» empoisonnent ne doivent point être nommées
» funestes. »

La reconnoissance est un poids insupportable pour certains hommes. De leur orgueil inflexible, de la dureté de leur cœur, naît en eux un fanatisme qui les arme et contre eux-mêmes et contre Dieu. Ils aiment mieux s'avilir à leurs propres yeux que de reconnoître les bienfaits les plus signalés dont ils lui sont redevables. Ah ! loin de moi ces idées fausses et désespérantes ! Qu'elle est consolante, au contraire, et qu'elle est touchante la vraie sagesse, lorsqu'elle me peint l'homme sous ses véritables couleurs ! « O Dieu, s'écrie-t-elle
» par la bouche de David, que votre nom est ad-
» mirable dans toute la terre ! vous avez élevé vo-
» tre gloire au-dessus des cieux ; de la bouche mê-
» me des enfans et de ceux qui sont encore à la
» mamelle, vous savez tirer votre plus grande gloi-
» re, et couvrir vos ennemis de confusion. Vous
» avez fait l'homme presque égal aux anges ; vous
» l'avez couronné de gloire et d'honneur ; vous
» avez soumis à son empire tous les ouvrages de
» vos mains ; il voit au-dessous de lui toutes les
» autres créatures : les brebis, les bœufs, et les
» animaux errans dans les champs, les oiseaux
» du ciel, et les poissons de la mer qui se pro-
» mènent dans les sentiers de ses eaux. »

Ces tableaux de l'homme forment un contraste bien frappant. Sous le pinceau du philosophe, il

est le rebut de la nature ; sous celui de la vérité ,
il est couronné de gloire et d'honneur. Tout , dans
l'ordre sensible, lui est assujetti : son enfance même est l'objet des complaisances du Tout-Puissant,
O vous qui êtes assez heureux pour conserver encore quelque sentiment du vrai et du beau , comparez les sublimes, les tendres accens qu'inspiroit
au Roi-Prophète la vue de la grandeur de l'homme , avec les cris lugubres d'une fausse sagesse ; à
ces caractères opposés, apprenez à connoître combien il y a de différence entr'elle et cette révélation qu'elle s'efforce d'anéantir. Ici, tout est noble et consolant ; tout inspire la douceur, la reconnoissance et la subordination : là, tout est vil
et désespérant ; tout respire la fureur, l'ingratitude, et la révolte contre le Ciel. Ce n'est pas assez pour l'orgueil d'avoir été placé un peu au-
dessous des anges, il lui faudroit un trône aussi
élevé que celui de l'Éternel.

CLXVI^e CONSIDÉRATION.

Du corps humain relativement à l'extérieur.

Une machine étonnante , composée de parties innombrables , dont plusieurs sont d'une finesse
qui les rend imperceptibles à l'œil même le plus
perçant ; qui, par les solides, représente des le-
viers, des cordes, des poulies , des poids et des
contre-poids ; qui, par les fluides , ainsi que par
les vaisseaux qui les contiennent, suit les règles
de l'équilibre et du mouvement des liqueurs ; qui,
par des pompes pour aspirer l'air et le rendre , est
asservie aux inégalités et à la pression de l'atmosphère ; qui, par des filets presque invisibles

répandus à toutes ses extrémités , soutient des rapports innombrables avec ce qui l'environne : machine sur laquelle tous les objets de l'univers viennent agir, et qui réagit sur eux ; qui , comme la
plante, se nourrit, se développe et se reproduit ;
mais qui à la vie végétale joint le mouvement progressif ; mécanique vivante , mais dont tous les
ressorts sont intérieurs et dérobés à l'œil., tandis
qu'au dehors on ne voit qu'une décoration simple
à la fois et magnifique, où sont rassemblés et le
charme des couleurs, et la beauté des formes , et
l'harmonie des proportions : tel est le grand spectacle qui vient se présenter à mon esprit ; tel est le
corps humain.

Je commence le cours de ces sublimes méditations , par l'extérieur de ce corps. Tout annonce
dans l'homme le maître de la terre; tout y marque sa supériorité sur le reste des êtres vivans. Son
attitude est celle du commandement; sa tête regarde le Ciel, et présente une face auguste , sur laquelle est empreint le caractère de sa dignité; l'i-
mage de l'ame y est peinte par la physionomie :
l'excellence de sa nature perce à travers les organes matériels, et anime d'un feu divin les traits
de son visage ; un port majestueux, une démar-
che ferme et hardie annoncent sa noblesse et son
rang ; il ne touche à la terre que par ses extrémités les plus éloignées, il ne la voit que de loin ,
et semble la dédaigner ; les bras ne lui sont pas
donnés pour servir d'appui à la masse de son corps ;
ses mains ne doivent pas fouler la terre, et perdre,
par des frottemens réitérés, la finesse du toucher
dont elles sont le principal organe : réservées à des
usages plus nobles, elles exécutent les ordres de
la volonté, saisissent les choses éloignées, écar-

tent les obstacles, préviennent les rencontres et
le choc qui pourroient nuire, retiennent ce qui
peut plaire, et le mettent à portée des autres sens.

Entre les parties visibles du corps la *tête* tient
le premier rang., tant par sa beauté que parce
qu'elle contient les principes de la sensation et
du mouvement. Tous, les sentimens et toutes les
passions vont se peindre sur le *visage*, la plus
belle partie de l'homme, et où se trouvent les organes des principaux sens, par le moyen desquels
il peut recevoir l'impression des objets extérieurs.
Les divers mouvemens des lèvres et de la langue
le mettent en état, par une multitude d'inflexions
différentes qu'elles donnent à sa voix, de rendre
ses semblables témoins de ce qui se passe dans
son ame. Posée sur le *cou*, la *tête* s'y meut en plusieurs sens, comme sur un pivot. Après le cou,
viennent les *épaules*, propres à porter de pesans
fardeaux. Aux épaules sont attachés les *bras*; et
à ceux-ci les *mains*, formées de manière à exécuter toutes sortes de mouvemens, que soutiennent et facilitent les *os* et les *jointures*. Destinée à renfermer le cœur et les *poumons*, la *poitrine* est composée de côtes et d'os forts et durs.
Le *diaphragme* sépare la poitrine du *ventre*, dans
lequel se trouvent l'estomac, le foie, la rate et
les intestins. Toute cette masse repose sur les *hanches*, sur les *cuisses* et les *jambes*, qui, de même
que les bras, ont diverses articulations pour favoriser le mouvement ou le repos. Les pieds soutiennent le tout, et les *orteils* y contribuent, en les
affermissant sur la terre. Les *chairs* et la *peau*
couvrent le corps entier; enfin les *cheveux* et les
poils garantissent l'extérieur des effets nuisibles du
froid.

Le corps d'un homme bien fait doit être carré; le contour des membres fortement dessiné ; les muscles doivent être vigoureusement exprimés ; les traits du visage bien marqués. Dans la femme , les formes sont plus adoucies, et les traits plus fins. L'homme a la force et la majesté : les grâces et la beauté sont l'apanage de l'autre sexe.

Tel, au premier aspect, se présente le roi de la terre ; et déjà il annonce sa destination. Quelle diversité dans l'extérieur de son corps ! Cependant, ce ne sont là que les parties principales et les plus essentielles. Leur forme, leur structure , leur ordre, leur situation , leurs mouvemens, leur harmonie : tout ici nous fournit des preuves incontestables de la sagesse et de la bonté du Créateur. Aucune n'est imparfaite ou difforme; aucune n'est inutile ; aucune ne nuit à l'autre; aucune n'est mal située ; au contraire, le moindre changement dans leur nombre, dans leur disposition et leur arrangement, rendroit le corps moins parfait. Si, par exemple, j'étois privé de l'usage des mains, ou si elles n'étoient pas pourvues de tant de jointures , je serois hors d'état d'exécuter une multitude d'opérations essentielles à mon bonheur. Si, en conservant ma raison , j'avois la forme d'un quadrupède ou d'un reptile, je serois inhabile à quantité d'arts; je ne pourrois ni agir , ni me mouvoir avec facilité ; je ne contemplerois pas aussi commodément le spectacle des cieux. Si je n'avois qu'un œil, et qu'il fût placé au milieu du front, il seroit impossible que je visse à droite et à gauche , que j'embrassasse un aussi grand espace, et que je distinguasse tant d'objets à la fois. Si mon oreille étoit différemment située, je ne pourrois entendre aussi facilement ce qui se passe autour de moi. En un mot, toutes les parties de mon corps sont construites et arrangées de manière qu'elles concourent à la beauté et à la perfection du tout, et qu'elles sont propres à en remplir les différentes fins.

Soyez béni, Dieu puissant et bon, de ce que j'ai reçu de vous, un corps si bien constitué. Ah! puisse ce sentiment de gratitude et de louange ne jamais s'affoiblir en moi! puissé-je au moins le renouveler aussi souvent que je considère mon corps, ou que je me sers de ses membres pour quelque objet intéressant! Alors, je n'en ferai point un usage contraire au but pour lequel ils m'ont été donnés : je les emploîrai constamment au bien de la société, et je serai continuellement attentif à glorifier Dieu et dans mon corps et dans mon esprit.

Je suis d'autant plus obligé à faire ce noble usage de mon corps, qu'après avoir été, pour quelque temps, déposé dans le tombeau, un jour il me sera rendu dans un état infiniment plus parfait. Seroit-il donc possible que je déshonorasse une partie de moi-même, réservée à une fin si éclatante? pourrois-je profaner un corps qui doit un jour être conforme au corps glorieux de mon Sauveur? abuserois-je des membres destinés à de si nobles emplois? Non: le bienheureux et ravissant espoir de ma glorification future m'excitera dès à présent à me consacrer tout entier au service de Dieu, à respecter mon corps comme le temple de la Divinité, et à le conserver pur et irrépréhensible, jusqu'au temps de l'avénement du suprême Rémunérateur.

CLXVII^e CONSIDÉRATION.

Du visage de l'homme.

L'EXTÉRIEUR du corps de l'homme est la preuve de ses prérogatives sur tous les êtres vivans : mais son visage suffiroit seul pour les indiquer. Dirigé vers les cieux, il annonce sa grandeur, exprimée dans tous ses traits, et montre, en même temps, et sa noblesse et sa destination.

Tant que l'ame est tranquille, toutes les parties du visage sont dans un état de repos : leur proportion, leur union, leur ensemble, marquent la douce harmonie des pensées, et répondent au calme de l'intérieur. Mais lorsque l'ame est agitée, la face humaine devient un tableau vivant, où les passions sont rendues avec autant de délicatesse que d'énergie. Chaque affection de l'ame a son impression particulière ; et chaque changement dans les traits est le signe caractéristique des mouvemens les plus secrets de notre cœur. C'est surtout dans les yeux qu'ils se peignent, et qu'on peut les reconnoître : l'œil est, plus que les autres organes des sens, l'organe immédiat de l'ame ; les passions les plus tumultueuses et les affections les plus douces s'y peignent avec la plus grande vérité, comme dans un miroir. Aussi peut-on appeler l'œil le vrai interprète de l'ame, et l'organe de l'entendement humain. La couleur des yeux, leurs mouvemens plus ou moins vifs, contribuent beaucoup à caractériser la phisionomie. Ils sont plus rapprochés dans l'homme que dans les autres animaux : l'espace qui les sépare est même si considérable chez la plupart de ces derniers, qu'il semble difficile qu'ils voient à la fois le même objet des deux yeux, à moins que cet objet ne soit placé à une grande distance.

Les sourcils sont les parties du visage, qui, avec les yeux, contribuent le plus à la physionomie : comme ils sont d'une nature différente des autres parties, ils sont plus apparens par ce contraste, et frappent plus qu'aucun autre trait. Les sourcils font une ombre dans le tableau, qui en relève les couleurs et les formes. Les cils, quand ils sont longs et garnis, contribuent à rendre l'œil plus beau, et le regard plus gracieux. Il n'y a que l'homme et le singe dont les deux paupières soient ornées de cils : les autres animaux n'en ont point sur la paupière inférieure, laquelle, chez l'homme même, est moins garnie que la supérieure. Les sourcils n'ont que deux sortes de mouvemens, qu'ils exécutent à l'aide des muscles du front. Au moyen de l'un, ils s'élèvent ; par l'autre, ils s'abaissent en se rapprochant. Les paupières servent à garantir l'œil, et à empêcher que la cornée ne se dessèche. La paupière supérieure peut d'elle-même s'abaisser et se relever : l'inférieure a peu de mouvement. Quoique nous puissions les mouvoir toutes deux à volonté, il ne dépend pourtant pas de nous de les tenir ouvertes, quand la lassitude et le sommeil les appesantissent.

Une des grandes parties de la face, et l'une de celles qui contribuent le plus à la beauté de sa forme, est le front. Il faut, pour cela, qu'il ait la proportion convenable ; qu'il ne soit ni trop cintré, ni trop plat, ni trop grand, ni trop petit ; et que les cheveux, bien plantés, en fassent le contour et l'ornement.

Le nez est la partie la plus avancée, et le trait
le plus saillant du visage : mais, comme il n'a
que très-peu de mouvement, et qu'il n'en prend
d'ordinaire que dans les plus fortes passions, il
sert plus à la beauté de l'ensemble, qu'à l'expression qui en résulte. La bouche et les lèvres, au
contraire, ont beaucoup de mouvement et d'expression. Après les yeux, c'est la bouche qui exprime le mieux les passions : l'organe de la voix
vient animer encore cette partie, et la rendre plus
vivante que toutes les autres. Enfin, la couleur
vermeille des lèvres, et la blancheur des dents,
ajoutent le dernier trait aux charmes de la face
humaine.

Nous n'avons examiné le visage de l'homme que
relativement à la régularité et à la beauté des parties qui le composent, sans développer les fins et
les diverses utilités de ces parties ; cependant, sous
ce seul point de vue, on découvre déjà l'infinie
sagesse de celui qui, dans toutes ses œuvres, a
su allier l'agréable à l'utile. Nous dont l'admiration est si souvent excitée par la beauté qui brille
dans nos semblables, nous devrions au moins
sanctifier cette admiration, l'accroître même encore, en pensant au Dieu dont la sagesse et la
bonté ont si bien ordonné le corps humain. Lorsque nous considérons notre visage, il seroit juste
de méditer en silence sur les prérogatives dont,
en formant nos traits, il nous a doués par-dessus
tout le reste des êtres vivans : il seroit juste de réfléchir en même temps sur les hautes destinées de
l'homme, destinées dont la structure même de
son visage peut l'instruire. Ses traits lui ont été
donnés pour les fins les plus nobles, pour des fins
que les brutes ne peuvent remplir. Notre œil est

fait pour se porter avec délices sur les œuvres du Créateur ; notre bouche doit s'ouvrir pour chanter ses louanges : en un mot, tous nos traits doivent rendre témoignage de la bonté de notre cœur, de la droiture de nos sentimens. D'un autre côté, les ravages que la maladie et la mort font sur notre visage, nous avertissent de ne point nous enorgueillir de ses attraits. Cette considération nous rappelle encore le bonheur dont sera suivie cette résurrection qui transformera nos corps, qui les embellira, et les rendra capables de toutes les jouissances de la béatitude éternelle.

CLXVIII^e CONSIDÉRATION.

Variété dans les traits du visage : les cheveux.

C'est une preuve bien sensible de la sagesse adorable de Dieu, que cette diversité qui règne dans l'extérieur des hommes, et qui, malgré la grande ressemblance qu'ils ont les uns avec les autres dans leurs parties essentielles, permet de les distinguer aisément et sans s'y tromper. De tant de millions d'individus, il n'en est pas deux qui se ressemblent parfaitement : chacun a quelque chose de particulier, surtout dans le visage, la voix et le langage. Cette diversité des physionomies est d'autant plus étonnante, que les parties qui composent la face humaine sont en assez petit nombre ; et que, dans chaque sujet, elles sont disposées selon le même plan. Si tout étoit produit par un hasard aveugle, les visages des hommes devroient

se ressembler autant que se ressemblent les œufs
pondus par une même poule, les balles fondues
dans un même moule, les gouttes d'eau qui coulent d'un même vase. Puisqu'il n'en est pas ainsi,
reconnoissons donc ici la sagesse infinie du Créateur, qui, en diversifiant d'une manière si admirable les traits de la face humaine, a eu manifestement en vue le bien-être des hommes. En effet,
s'ils se ressembloient parfaitement, et qu'il fût
impossible de les distinguer les uns des autres, il
en résulteroit une multitude d'inconvéniens, de
méprises, de tromperies, de désordres dans la société : jamais on ne seroit assuré de sa vie, de son
honneur, de celui de son épouse, de la possession
paisible de ses biens. Le voleur et le brigand, s'il
étoit impossible de les reconnoître aux traits de la
figure, ni au son de la voix, ne courroient aucun risque d'être découverts. L'adultère, le viol,
et d'autres crimes demeureroient impunis : on ne
pourroit discerner les coupables. A chaque instant, exposé à la malice et à l'envie, l'homme
n'auroit nul moyen de se garantir d'une infinité de
surprises, de malversations et de fraudes. Quelle
incertitude dans les ventes, dans les transports,
les marchés, les contrats, dans tous les actes ju-
diciaires ! Quel bouleversement dans le commerce !
Que de subornations à l'égard des témoins ! en un
mot, l'uniformité et la parfaite ressemblance des
visages feroient perdre à la société humaine tous
ses charmes, et raviroient aux hommes presque
tous les avantages qu'ils trouvent dans le commerce de la vie.

La diversité des traits entroit donc dans le plan
du gouvernement de Dieu : elle est une preuve du
tendre soin qu'il prend des hommes ; et il est mani-

festé que , non-seulement la structure générale du corps, mais aussi la disposition des diverses parties qui le composent, est le fruit de la plus profonde sagesse. Partout la variété s'y trouve jointe à l'uniformité : d'où résultent l'ordre , les proportions et la beauté.

Les cheveux sont un des plus beaux ornemens de la face humaine. Mais ce n'est pas au seul agrément qu'ils sont destinés. Considérons un moment leur merveilleuse structure , et les diverses utilités qui nous en reviennent.

Dans un cheveu, on distingue , à la vue simple, un filament oblong et délié, et un nœud d'ordinaire plus épais, mais toujours plus transparent que le reste. Le filament est le corps du cheveu, le nœud ou bulbe en est la racine. De cette dernière sort le cheveu composé de trois parties : l'enveloppe extérieure, les tuyaux intérieurs, et la moelle. Quand il est arrivé à l'ouverture de la peau, par laquelle il doit passer , il est fortement enveloppé par la pellicule de la racine qui forme en cet endroit un tuyau fort petit. Le cheveu pousse alors l'épiderme , dont il se fait une gaîne , qui le garantit dans les commencemens , où il est encore assez mou. Le reste de l'enveloppe de tout le cheveu est d'une substance particulière et transparente , surtout à la pointe. Molle dans un jeune cheveu , cette écorce devient ensuite si dure et si élastique, qu'elle recule avec bruit lorsqu'on la coupe. Cette enveloppe extérieure conserve longtemps le cheveu. Immédiatement au-dessous plusieurs petites fibres s'étendent le long du cheveu , depuis la racine jusqu'à l'extrémité : elles sont unies entr'elles et avec l'écorce qui leur est commune , par plusieurs filets élastiques ; et ces faisceaux de fibres forment un tuyau rempli de deux substances, l'une fluide, l'autre solide, qui constituent la moelle des cheveux. Quand le microscope ne feroit pas voir que les cheveux sont des corps creux, la *plica*, maladie dont les Polonais sont quelquefois attaqués, et dans laquelle le sang dégoutte par l'extrémité des cheveux, ne laisseroit sur ce fait aucun doute.

Depuis le sommet de la tête jusqu'à la plante des pieds, il n'est rien dans l'homme qui n'annonce les perfections du Créateur. Les parties mêmes qui paroissent les moins considérables, celles dont il semble qu'on pourroit le plus aisément se passer, deviennent importantes, si on les considère dans leurs rapports avec les autres parties, si l'on examine leur structure et leur destination. Cependant, combien d'hommes qui regardent les cheveux comme un objet peu digne d'attention, et qui n'imaginent pas qu'on puisse y découvrir des traces de la sagesse et de la bonté de Dieu ! Mais, outre qu'en général il n'est aucune partie de notre corps qui soit inutile ou sans dessein, il est facile de s'assurer des fins pour lesquelles les cheveux nous ont été donnés. Qu'ils contribuent à la beauté et à l'ornement du visage, il n'est personne qui n'en convienne ; mais c'est là, sans doute, leur moindre avantage. Ils servent à garantir la tête ; à la préserver du froid et de l'humidité, et à entretenir la chaleur naturelle du cerveau ; ils procurent une évacuation douce et insensible de certaines humeurs dont le séjour pourroit être nuisible : ils favorisent la transpiration. Et combien d'utilités inconnues jusqu'ici ne peuvent-ils pas avoir encore ! Au reste, la connoissance de quelques-unes des fins que Dieu s'est proposées, doit nous suffire pour adorer sa puissance et les ménagemens de sa tendresse.

CLXIX^e CONSIDÉRATION.

Variété dans la stature des hommes : les Patagons et les Lapons.

La hauteur totale du corps humain, dont la taille ordinaire est depuis cinq pieds jusqu'à six, est sujette à beaucoup de variétés. Les Patagons qui habitent près du détroit de Magellan, ont, dit-on, une stature beaucoup plus grande ; et d'autres peuples sont très-petits. On ne peut révoquer en doute qu'il ne se trouve des peuples de plus haute stature que les Européens. Outre les traces qui s'en rencontrent dans l'histoire et dans les monumens de l'antiquité, n'a-t-on pas vu, même dans nos climats, des hommes de plus de six pieds et demi de hauteur, bien conformés, sains ; et propres à tous les exercices et à tous les travaux qui demandent de l'adresse et de la force ?

Par opposition, quelques peuples, qui vivent dans les pays septentrionaux et le long des mers glaciales, ont moins de cinq pieds. Les hommes les plus petits que l'on connoisse, habitent le haut des montagnes qui se trouvent dans l'intérieur de l'île de Madagascar : ils ont à peine quatre pieds. Ces peuples tirent leur origine de nations qui étoient d'une stature ordinaire ; et la principale cause de leur dégénération doit, sans doute, être cherchée dans la nature du climat qu'ils habitent. Le froid excessif qui y règne pendant la plus grande partie de l'année, et qui y rend les animaux et les végétaux plus petits qu'ailleurs, doit avoir la même influence sur les hommes.

Mais la taille d'aucun peuple ne va ni à l'extrême hauteur, ni à l'extrême petitésse : dans ces deux hypothèses, tous les rapports de l'ordre naturel seroient rompus, et ces discordances entraîne-roient la ruine de l'ordre social. S'il existoit des hommes de la hauteur d'une tour, ils enfonce-roient, en marchant, la plupart des terreins. Comment leurs gros et longs doigts pourroient-ils traire les chèvres, moissonner les blés, faucher les prairies, cueillir les fruits des vergers ? La plupart de nos alimens échapperoient à leur vue comme à leurs mains. D'un autre côté, s'il y avoit des races d'hommes vraiment nains, comment pourroient-elles abattre les forêts pour cultiver la terre ? Elles se perdroient dans les herbes : pour elles, chaque ruisseau seroit un fleuve, chaque caillou un ro-cher; et les oiseaux de proie les enlèveroient dans leurs serres. Dieu a mis en proportion l'homme et les objets terrestres, et le roi de la terre est cons-titué de manière à pouvoir y exercer son empire.

J'arrête un moment mes regards sur les Lapons et les habitans des contrées qui avoisinent le pôle arctique. Leur pays est formé d'une chaîne de mon-tagnes couvertes de neiges et de glaces qui ne se fondent jamais; et cette chaîne n'est interrompue que par des bourbiers et de vastes marais. Une pro-fonde neige comble les vallons, et couvre les col-lines: l'hiver y fait sentir ses rigueurs durant la plus grande partie de l'année; les nuits y sont lon-gues, et le jour n'y a qu'une foible clarté. Des ten-tes mobiles servent aux habitans d'abri contre le froid: le foyer qu'ils environnent de pierres en oc-cupe le milieu, et la fumée s'échappe par une ou-

verture qui sert en même temps de fenêtre. On y
voit des chaînes de fer, auxquelles sont suspendues
les chaudières où ils font cuire leurs alimens, et
fondre la glace qui leur sert de boisson. L'intérieur
de la tente est garni de fourrures qui les préservent
du vent, et des peaux d'animaux étendues sur la
terre, leur servent de lit. C'est dans ces tristes habitations qu'ils repoussent l'inclémence des hivers :
six mois de l'année sont pour eux une nuit pendant
laquelle ils n'entendent que le sifflement des vents,
et le hurlement des loups courant de tous côtés pour
chercher leur proie.

Accoutumés à la douceur des pays tempérés,
nous avons peine à nous imaginer comment ces
peuples peuvent soutenir les rigueurs d'un tel climat, et un genre de vie si dur. Combien nous nous
croirions à plaindre, si nous n'avions devant les
yeux qu'une immense étendue de glace, et des
déserts couverts de neiges ; si l'absence du soleil
ajoutoit encore à l'intensité du froid ; si, à nos demeures commodes et riantes, étoient substituées
des tentes grossières et faites de peaux ; si, pour
fournir à notre subsistance, nous n'avions de ressource qu'une chasse pénible et dangereuse ; enfin, si nous étions privés tout à la fois et des plaisirs que procurent les arts, et des charmes que
répand sur la vie le commerce de nos semblables!

Ces considérations doivent nous rappeler toutes
les prérogatives attachées à la région qui nous est
propre, et qu'une jouissance continuelle nous empêche trop souvent d'apercevoir. Bénissons cette
Providence qui nous affranchit de tant d'incommodités et nous enrichit de tant de biens ; et lorsque nous sentons l'âpreté du froid, rendons-lui
grâces et de ce qu'il est si modéré dans nos cli-

mats, et de cette multitude de moyens que nous
avons pour nous en garantir. Bénissons-la surtout
de ce qu'au lieu de la destruction dont l'hiver nous
présente l'image, la perspective ravissante du printemps vient nous consoler et nous aider à supporter les maux présens.

Gardons-nous cependant de penser que l'habitant des pays septentrionaux soit aussi malheureux
qu'il le paroît au premier coup d'œil. Il est vrai
qu'il erre péniblement dans les vallons raboteux,
par des chemins non frayés, et qu'il est exposé à
l'inclémence des saisons; mais son corps endurci
ne redoute point les fatigues. Pauvre, et dénué de
toutes les commodités de la vie, le Lapon est riche,
en ce qu'il ne connoît de besoins que ceux qu'il peut
facilement contenter. Il est privé, durant plusieurs
mois, de la clarté du soleil; mais la lune et les
aurores boréales viennent luire sur son horizon, et
lui rendre supportables les ténèbres de sa longue
nuit. La neige même et la glace, sous lesquelles
il se trouve comme enseveli, ne le rendent point
malheureux : l'éducation et l'habitude l'ont armé
contre les rigueurs de la nature. La vie dure qu'il
mène, lui apprend à braver le froid; et, quant
aux secours particuliers qui lui sont indispensables,
il les trouve dans les animaux, dont la fourrure
le garantit de l'âpreté de la saison : les rennes lui
fournissent à la fois et sa tente et son lit, son vê-
tement, sa nourriture et sa boisson. Avec eux, il
hasarde de longs voyages : en un mot, ils suffisent presque à tous ses besoins, et leur entretien
ne lui est point à charge.

Si, au milieu de toutes les misères de leur condition, ces infortunés avoient de Dieu une connoissance telle que la révélation nous l'a donnée;

si, moins sauvages et moins indifférens, ils savoient puiser dans l'amitié ces douceurs qui font le charme de la vie, et réunir ces avantages à cette précieuse tranquillité d'ame qui fait leur caractère, ces hommes, dont la destinée nous inspire l'effroi, seroient peut-être moins à plaindre que nous. En effet, s'il est vrai que l'idée qu'on se fait de la félicité soit l'affaire du sentiment; si le bonheur réel n'est pas attaché à certains peuples ou à certains climats, et qu'avec le nécessaire et la paix de l'ame, on le trouve partout, que manquéroit-il au Lapon pour être heureux?

Créateur adorable dans les variétés de l'espèce humaine, votre bonté ne se découvre pas moins que votre sagesse. Tout en porte l'empreinte; le nain, comme le géant.

CLXX^e CONSIDÉRATION.

Situation avantageuse et commode des parties du corps humain.

Jusqu'ici nous n'avons examiné que les parties extérieures du corps humain, et nous n'avons pu nous empêcher de reconnoître qu'elles sont situées de la manière la plus propre à remplir les différens usages auxquels elles sont destinées. La sagesse divine, en assignant à chaque membre la place la plus convenable, a pourvu, tout à la fois, à l'ornement, à la beauté, au besoin et à la commodité.

Premièrement, il est manifeste que toutes ces parties sont situées de la manière la plus avantageuse. Le corps humain est une machine qui doit se mouvoir d'elle-même par les forces qui lui ont été données, sans être astreinte à recevoir le mouvement d'une puissance extérieure. Il faut que les membres exécutent promptement et avec facilité les volontés de l'ame. Les os sont destinés à donner la solidité à toute la machine : mais pour que l'homme puisse se servir de ses membres, étendre ou raccourcir les bras, se baisser et se relever à volonté, les os ont été divisés en plusieurs articulations ; et chaque os, terminé ou par une espèce de charnière, ou par une tête arrondie qui s'emboîte dans la cavité sphérique d'un autre os, se meut sans peine, parce que ces parties sont recouvertes d'un cartilage poli, et humectées par une humeur onctueuse qui adoucit le frottement. D'un autre côté, ces os, affermis par des ligamens, ne peuvent glisser les uns sur les autres ; et, quoique les pieds aient à soutenir un aussi pesant fardeau que le corps, et que les mains soient quelquefois obligées de soulever des poids considérables, rien ne se dérange, rien ne se détache.

Dans la disposition des parties de notre corps, Dieu n'a pas eu moins d'égard à la commodité. Au moyen des divers organes, l'ame peut exécuter ses volontés sans obstacles. Les sens, comme autant de sentinelles, l'avertissent avec célérité de ce qui l'intéresse ; et les membres obéissent avec docilité à ses ordres. Chargé de veiller sur toute la personne, l'*œil* occupe le poste le plus élevé : il peut se tourner de tous côtés, et observer tout ce qui se passe. Les *oreilles*, placées de même en un lieu éminent, sont ouvertes jour et nuit, pour rendre l'ame attentive au moindre bruit, et lui communiquer les impressions des sons. Comme les ali-

mens doivent passer par la *bouche* avant de se rendre dans l'estomac, l'organe de l'*odorat* est situé
immédiatement au-dessus d'elle, pour veiller, ainsi
que l'œil, à ce qu'elle ne reçoive rien de nuisible
et de corrompu. Quant au *toucher*, il n'a pas son
siége dans un endroit particulier : il est répandu
dans toute l'habitude du corps, afin de pouvoir discerner le plaisir de la douleur, et de tourner ces
sensations au bien-être de l'individu. Les bras sont
les ministres dont l'ame se sert pour exécuter la
plupart de ses volontés. Situés près de la poitrine,
où le corps a le plus de force, et à une distance
convenable des membres inférieurs, ils sont placés de la manière la plus commode pour toutes
sortes d'exercices et d'ouvrages, pour la garde et
la sûreté de la tête et des autres membres.

Enfin, le Créateur, en formant notre corps, a
daigné aussi s'occuper de la beauté. Elle consiste
dans l'harmonie, dans l'exacte proportion des membres, et dans l'agréable mélange des couleurs d'une
peau fine et délicatement tissue. Ainsi, les parties
doubles, comme les yeux, les oreilles, les bras,
les jambes, sont placées aux deux côtés, à une
hauteur égale et symétrique ; tandis que celles qui
sont uniques, comme le front, le nez, la bouche
et le menton, sont situées au milieu ; et cette harmonie se remarque dans tout le corps. Dans les
enfans, la tête est proportionnellement plus grande, parce qu'étant la principale partie du corps,
et le siége surtout de quatre sens, elle devoit arriver plus tôt à sa perfection. Comme elle n'est
d'ailleurs composée que d'os, elle ne sauroit s'é-
tendre aussi promptement que les membres char-
nus : ce qui, si elle ne les eût pas prévenus jusqu'à un certain point, relativement à leurs accrois-

semens ultérieurs, eût été nécessaire pour la mettre en harmonie avec le reste du corps.

Lórsque toutes les plantes, le corps de l'homme et celui des animaux, nous présentent de si belles proportions, de si admirables convenances avec tous nos besoins; en un mot, des preuves si évidentes d'une bienveillance divine, n'est-il pas étrange de trouver des gens qui, voyant des corps informes et mal proportionnés, ou quelques monstres, en conçoivent des doutes sur l'intelligence de l'Artiste suprême? à peu près comme des insensés qui, dans l'atelier d'un fondeur, ramassant les figures estropiées par quelque accident, les montreroient comme une preuve de l'ignorance de l'ouvrier. Enfans dénaturés, qui épient leur mère pour la prendre en défaut, afin d'en conclure pour eux-mêmes le droit de s'égarer...! Ils ne savent pas comprendre, ou ne veulent pas reconnoître que ces irrégularités tiennent elles-mêmes à des lois générales qu'il faudroit changer dans tous ces cas particuliers, et que cette variation continuelle seroit un désordre bien plus grand et bien plus réel que celui qu'ils relèvent avec tant d'ignorance et de témérité.

O homme! loin d'oser contredire les lois, les ouvrages et les vues du Créateur, admire plutôt la perfection et la beauté de ton corps, les rapports, l'harmonie, les proportions qui se voient entre toutes ses parties. Chaque membre est en relation avec les autres; ils ne s'embarrassent et ne se gênent point; ils sont placés aux endroits les plus convenables, pour remplir aisément leurs fonctions, pour s'aider mutuellement. Tous les organes sont autant de ressorts qui se correspondent, et agissent de concert pour remplir les diverses fins

auxquelles

auxquelles ils sont destinés. Garde-toi de détruire
un ouvrage si artistement construit, ou de le rendre difforme par des désordres et des excès ! Garde-
toi de l'avilir par de honteuses passions ! Le corps
de l'homme doit toujours être un monument de
la sagesse et de la bonté de Dieu. Veille surtout à
ce que ton ame, si dégradée par le péché, soit
rétablie dans sa beauté primitive, par la grâce du
Rédempteur. C'est ainsi que tu pourras être dé-
dommagé de la révolution passagère que subira
ton corps quand il retournera dans la poussière
d'où il a été tiré.

CLXXI^e CONSIDÉRATION.

Sentimens de reconnoissance à la pensée de nos
vêtemens.

Nous naissons dépourvus d'habillemens: mais combien d'animaux travaillent à nous en procurer ! La
seule brebis nous offre dans sa laine les vêtemens
les plus indispensables, et c'est au travail d'un
ver que nous devons la matière de nos ornemens
les plus précieux. Combien de plantes sur la terre
sont chargées des mêmes soins ! Le chanvre et le
lin nous fournissent des toiles de toutes qualités,
et l'on forme avec la bourre du cotonnier mille
tissus divers, qui se le disputent en agrémens et
en utilité. Mais ce vaste magasin de la nature seroit insuffisant, si Dieu n'avoit donné à l'homme
l'industrie; s'il ne l'avoit doué d'un esprit inépuisable en invention; et s'il n'avoit fait de ses mains
des instrumens propres à préparer les vêtemens.
Qu'on réfléchisse seulement sur le travail qu'exi-

III.   B

ge la fabrication de la toile, et l'on verra quelle
réunion de bras est nécessaire pour nous fournir
quelques aunes de ce tissu.

Mais pourquoi le Créateur nous a-t-il mis dans
la nécessité de pourvoir nous-mêmes à nos vêtemens, tandis que tous les animaux reçoivent les
leurs immédiatement de la nature? Je réponds
que cette obligation est un bienfait pour l'homme.
D'un côté, elle contribue à notre état social, en
nous liant tous ensemble par des besoins et des
rapports mutuels; de l'autre elle est favorable à la
santé, et convenable à notre genre de vie. En effet, nous pouvons régler nos habillemens sur les
diverses saisons de l'année, sur le climat où nous
vivons, sur l'état et la profession que nous avons
embrassés; ils favorisent la transpiration insensible, essentielle à la conservation de la vie. L'obligation de se les procurer a exercé l'esprit humain,
et donné lieu à l'invention de plusieurs arts : enfin, le travail qu'ils exigent occupe utilement une
foule d'individus de l'un et de l'autre sexe, et fournit
à la subsistance d'une multitude d'ouvriers. Cet
arrangement de la Providence nous est donc avantageux. Mais nous devons prendre garde de nous
écarter du but qu'elle s'est proposé en nous char-
geant de ce soin. C'est dans les qualités de l'ame,
et non dans la parure du corps, que le Chrétien
cherche sa gloire. L'orgueil revêt mille formes différentes : il se glorifie intérieurement des avantages les plus frivoles; il s'en attribue qu'il n'a pas;
il attache un trop haut prix à ceux qu'il possède.
Quant à l'extérieur, ce vice, chez les uns, se montre sous l'éclat de la soie, de l'or et des pierreries;
chez d'autres, il se cache et se nourrit sous des
haillons. Le sage évite également ces deux excès.

C'est dégrader la nature humaine que de chercher sa gloire dans une vaine parure. Pour nous la procurer, il faut avoir recours aux animaux les plus méprisables, et nos habits sont une preuve toujours subsistante de la prévarication du premier des humains. Sous ce point de vue, comment oser s'en glorifier? Nous devons les porter pour garantir notre corps des intempéries de l'air, précaution que la foiblesse de l'homme, depuis sa chute, a rendue nécessaire : ils servent à la décence, ils marquent la différence des sexes, ils établissent des distinctions entre les divers états qui composent la société. Voilà les fins raisonnables auxquelles les vêtemens sont destinés, et on ne doit les faire servir qu'à remplir ces fins si utiles et si sages.

En m'occupant des vêtemens de l'homme, je pense à ceux de mes semblables, qui à peine en possèdent assez pour se couvrir. Ah ! combien il en est autour de nous, qui, presque nus au milieu de l'hiver, ne savent comment en repousser les injures! A l'aspect de ces infortunés, mon cœur s'émeut de compassion pour l'humanité souffrante, et je sens en même temps mon bonheur de pouvoir me fournir les vêtemens dont j'ai besoin. O vous que la Providence a rendus les dépositaires de ses trésors, oublierez-vous toujours qu'une multitude de vos frères sont retenus dans leur sombre demeure par l'impossibilité où ils sont de se montrer avec décence ? Le froid pénètre aisément les haillons de la pauvreté : de vils lambeaux couvrent à peine leur chair frissonnante, tandis qu'un peu de cendres chaudes, éparses sur un triste foyer, irrite leurs désirs plus qu'il n'échauffe leurs membres. Riches, votre devoir est de revêtir ceux qui sont nus : c'est entre vos mains que Dieu a déposé leurs vêtemens et les vôtres. Recevez les uns avec reconnoissance, distribuez les autres avec joie.

Conservateur des hommes, soyez béni de vos bienfaits ! Combien d'habits m'ont servi depuis mon enfance !..... Ils se sont succédé l'un à l'autre ; et jamais je ne me suis vu exposé à une nudité honteuse. Ici encore, j'ai retrouvé l'utile joint au nécessaire, l'agréable à l'utile : j'en rends grâces à votre bonté. Apprenez-moi à veiller tellement sur mon cœur, que mes habits ne deviennent jamais pour moi une occasion de vanité et d'orgueil : que je me plaise à revêtir le pauvre ; que je sache réunir la bienséance avec l'humilité, et me refuser le superflu ! Apprenez-moi à parer mon ame de vertus, puisque la vertu seule a du prix à vos yeux ! Bientôt il suffira d'un drap pour me couvrir..... un drap funèbre ! triste parure, hélas ! que j'emporterai au tombeau ! Mais aussi longtemps que j'aurai besoin de vêtemens, daigne la bonté divine me les accorder ; surtout quand mes bras, roidis par la vieillesse, se refuseront au travail !

Oui, tu daigneras y pourvoir, ô mon Père, toi qui connois si bien les besoins de tes enfans ! Je me confie en ta bienveillance qui soutient puissamment le foible. Oui, Seigneur, tout mon espoir est en toi : augmente et perfectionne de plus en plus ma confiance.

CLXXII^e CONSIDÉRATION.

Esquisse du corps humain dans ses parties internes.

L'HOMME est le roi de la nature : il en est aussi le chef-d'œuvre. Je jette un coup d'œil sur le mécanisme de son corps : mécanisme admirable., où la délicatesse est réunie à la force, la légèreté à la solidité, la multiplicité des parties à la simplicité du tout ; et je m'écrie, avec un ancien : La description du corps humain est le plus bel hymne en l'honneur de la Divinité ! Avant d'entrer dans quelques détails sur ce sujet intéressant, formons-nous une idée de l'ensemble par une description abrégée des principales parties. Ce que nous dirons à cet égard, pourra le plus souvent s'appliquer au corps des animaux, et surtout des quadrupèdes.

Placé au milieu de la poitrine, le *cœur* est le principe du mouvement et de la vie. Les *poumons* qui occupent la même cavité, semblables à un soufflet toujours en action, s'étendent et se resserrent, tantôt pour inspirer l'air, tantôt pour l'expirer. Ils remplissent presque toute la capacité de la poitrine, qu'ils rafraîchissent par l'air qu'ils inspirent, en même temps qu'ils remplissent d'autres fonctions de la plus grande importance. Sous les poumons est placé l'*estomac*, qui reçoit et digère les alimens. À droite est le *foie*, dont la chaleur contribue à la digestion ; il sépare du sang la bile, qui se rend dans les intestins. Vis-à-vis du foie est la *rate*, d'une consistance molle et très-extensible.

Derrière ces deux organes sont les *reins*, l'un à droite, l'autre à gauche, et dont l'usage est de séparer du sang les sérosités qui vont s'épancher dans la vessie. Sous ces parties sont situés les *intestins*, attachés au *mésentère*, grande membrane qui se replie plusieurs fois sur elle-même, et oblige les intestins à se replier de la même manière, les uns sur les autres : ceux-ci achèvent de séparer les alimens digérés des parties les plus grossières qu'ils conduisent hors du corps. Une quantité innombrable de petits vaisseaux plus fins que les cheveux, et nommés *veines lactées*, parce qu'elles contiennent un suc qui ressemble au lait, s'abouchent dans les intestins, et serpentent sur le mésentère, au milieu duquel est placée une grosse glande, où elles vont se rendre comme dans leur centre. La partie du corps où sont contenus les intestins, etc., se nomme le *bas-ventre* : il commence à l'estomac, et il est séparé de la poitrine par le *diaphragme*, muscle très-fort, où l'on remarque diverses ouvertures destinées à donner passage aux vaisseaux qui doivent descendre dans les parties intérieures. Le foie et la rate y sont attachés ; et son ébranlement non-seulement occasione le rire, mais sert encore à dégager la rate des humeurs qui l'incommodent.

A l'entrée du *cou* se trouvent l'*œsophage* et la *trachée-artère*. L'œsophage est le canal que traversent les alimens pour arriver à l'estomac : par la trachée-artère, l'air pénètre dans les poumons. Pendant que ceux-ci renvoient l'air par ce canal, la voix se forme : il sert en même temps à débarrasser la poitrine des matières superflues.

Dans la partie supérieure de la *tête* est placé le *cerveau* : la masse entière de cet organe est cou-

verte de deux membranes fines et transparentes ,
dont l'une, appelée *pie-mère*, l'enveloppe immédiatement; et l'autre, nommée *dure-mère*, se trouve adhérente à l'intérieur du crâne.

Indépendamment de ces parties, dont chacune
occupe une place déterminée, il en est d'autres
qui sont répandues par tout le corps , tels que les
os , les artères, les veines, les vaisseaux lymphatiques , les muscles et les nerfs. Enchâssés dans leurs
jointures, les *os* servent à soutenir le corps ; à le
rendre capable de mouvement ; à conserver et garantir les parties nobles. Les *artères* et les *veines*
portent partout la nourriture et la vie. Plusieurs
vaisseaux lymphatiques qui tiennent d'ordinaire
à certaines glandes, reçoivent une liqueur transparente et jaunâtre qu'ils distribuent ensuite à
toutes les parties. Les *nerfs* sont de petits cordons
qui sortent du cerveau, et de là se distribuent jusqu'aux extrémités du corps. C'est à travers ces canaux que circule le *fluide animal*, source à la
fois et du sentiment, et du mouvement dont les
muscles sont les agens principaux.

Toute la machine est couverte de chairs, et partout revêtue d'une peau percée d'une multitude
d'ouvertures ou *pores*, que leur extrême finesse
rend invisibles à la simple vue , et à travers lesquels s'exhalent les matières subtiles qui se trouvent en surabondance dans le corps.

La grande sagesse qui se manifeste dans les parties solides de cette machine merveilleuse , se retrouve dans les parties fluides. Le chyle, le sang,
la lymphe , la bile , la moelle ; le suc nerveux, et
toutes les différentes espèces d'humeurs que fournissent des glandes innombrables; leurs diverses
propriétés, leur destination , leurs effets, la ma-

4

nière dont elles se préparent, se filtrent, se sépa
rent les unes des autres ; leur circulation, leur
réparation : tout annonce l'art le plus étonnant,
et la plus profonde intelligence.

Résumons tout ce que nous venons de dire tou-
chant la structure intérieure du corps humain. Les
os, par leur solidité et leurs jointures, forment la
charpente de ce bel édifice. Les ligamens unissent
les parties entr'elles. Les muscles sont des parties charnues qui exécutent leurs fonctions comme
des ressorts élastiques. Les nerfs qui s'étendent
dans toutes les parties du corps, établissent entre
elles une liaison intime. Semblables à des ruisseaux
féconds, les artères et les veines portent partout le
rafraîchissement nécessaire à l'entretien du corps.
Le cœur, placé au centre, est le foyer ou la force
motrice, au moyen de laquelle le sang circule et
se conserve. Les poumons, à l'aide d'une autre
force, attirent en dedans l'air extérieur, et expulsent les vapeurs nuisibles. L'estomac et les intestins sont les ateliers où se préparent les matières
qu'exige la réparation journalière. Siége de l'ame,
le cerveau est formé d'une manière assortie à la
dignité de l'être qui l'habite : les sens, comme autant de ministres, l'avertissent de tout ce qu'il lui
importe de savoir, et servent à ses plaisirs comme
à ses besoins.

Avec quel art j'ai été formé ! quand il n'existe-
roit point ce ciel qui publie si magnifiquement la
gloire de son Auteur ; quand il n'y auroit d'autre
créature que moi sur la terre, mon corps suffiroit
seul pour me convaincre de l'existence d'un Dieu,
de l'immensité de son pouvoir, de sa sagesse et
de sa bonté. Pourrois-je y refuser mon attention ?
Ah ! loin de moi une stupide indifférence qui ou-

trageroit l'Auteur de mon être! Chaque fois que
je méditerai sur la structure de mon corps , je bénirai le Dieu qui m'a formé, ce Dieu qui m'a donné
de si fortes preuves de sa perfection et de son
amour.

CLXXIII^e CONSIDÉRATION.

Les organes de la digestion.

Les pertes considérables de substance qu'essuie
continuellement le corps humain, à l'occasion des
différentes sécrétions , et, en particulier, par la
transpiration insensible, l'auroient bientôt épuisé
et détruit, si la nutrition ne remplaçoit sans cesse
les parties qui se dissipent. Quel mécanisme plus
digne d'attention , que celui au moyen duquel
s'opère cette importante fonction de l'économie
animale !

De la partie qui donne entrée aux alimens , jusqu'à celle qui en laisse sortir le résidu le plus gros-
sier , s'étend un canal contigu, figuré et replié différemment en diverses portions de son étendue.
On y distingue trois divisions principales : l'œsophage , l'estomac et les intestins.

L'*œsophage*, dont l'origine est au fond de la
bouche, descend dans la poitrine le long des vertèbres, passe par une ouverture faite au diaphragme, au-dessous duquel il s'élargit pour former ce
qu'on appelle le ventricule ou l'estomac. C'est dans
ce viscère que l'œsophage dépose la nourriture
qu'il a reçue toute grossière, pour qu'elle y subisse
les préparations convenables. -

L'*estomac* est une espèce de poche membraneuse, assez semblable·à une cornemuse, située au-dessous du diaphragme, et placée entre le foie et la rate. On y distingue un fond et deux orifices. Le fond présente deux espèces de culs-de-sac, dont le plus considérable est à gauche. L'orifice de ce côté est appelé *cardiaque*, et répond à l'œsophage : celui qui est à droite se nomme *pylore*, et répond aux intestins.

En général, l'estomac est plus grand dans l'homme que dans la femme, et sa capacité diminue dans ceux qui sont long-temps sans manger, comme elle augmente dans ceux qui mangent beaucoup. Il est composé de plusieurs tuniques : la première est une continuation du *péritoine*, espèce de membrane graisseuse qui revêt intérieurement toute la capacité du bas-ventre, et se replie sur les viscères qui y sont contenus. La seconde est musculeuse: ses fibres affectent différentes directions. La troisième est nerveuse, et sur sa convexité rampe un très-grand nombre de vaisseaux sanguins et de nerfs Cette tunique a plus d'étendue que les deux autres ; aussi forme-t-elle, conjointement avec la quatrième, qu'on appelle *veloutée*, plusieurs rides qui s'étendent, en grande partie, selon toute la longueur de l'estomac. La texture de cette dernière ressemble à celle du velours : on remarque à sa surface un très-grand nombre de petits trous, qui répondent à autant de glandes cachées derrière, lesquelles fournissent le suc gastrique, si nécessaire dans l'opération de la digestion.

Le conduit qui de l'estomac s'étend jusqu'à l'*anus*, comprend tous les intestins. On les distingue, eu égard à leur capacité, en grêles et en gros. Les premiers, au nombre de trois, sont le *duodénum*, le *jejunum* et l'*iléum*. Les gros, en

même quantité, sont connus sous les noms de
cœcum, de *colon* et de *rectum*. Tous ces intes-
testins, excepté le premier, sont attachés à un
corps membraneux et graisseux, qu'on appelle
mésentère, composé de deux lames, entre lesquelles rampent un grand nombre de vaisseaux.
Les tuniques des intestins sont les mêmes que
celles de l'estomac.

Le premier des intestins, nommé *duodénum*,
par rapport à sa longueur, qui peut aller jusqu'à
douze travers de doigt, forme trois contours, et
l'on remarque dans sa cavité l'orifice de plusieurs
petites glandes, ainsi que l'embouchure du canal
cholédoque, et celle du canal *pancréatique*. L'un
transporte la bile, du foie dans les intestins ; l'autre y conduit une liqueur, connue sous le nom de
suc pancréatique, dont l'usage est de faciliter la
digestion des alimens.

Le *jéjunum* est ainsi appelé, parce qu'on le
trouve ordinairement vide. Le troisième, qui est
le plus gros des trois intestins grêles, se nomme
iléum, parce qu'il occupe la région de ce qu'on
appelle os des *îles*. On remarque dans tous deux
des valvules, dont la destination est de retarder le
mouvement progressif des matières sorties de l'estomac, afin que les parties nutritives qu'elles contiennent, aient le temps de s'en séparer en passant dans les routes qui leur sont ouvertes.

Le premier des gros intestins, ou le *cœcum*, est
une poche ronde en forme de cul-de-sac, à l'entrée de laquelle est une valvule qui empêche les
excrémens de refluer dans les intestins grêles.
Le *colon*, ainsi nommé parce qu'on prétend que
la colique y a son siége, commence à l'endroit où
se termine le *cœcum*, et va se rendre au *rectum*.

6

Les membranes de ce dernier sont plus épaisses
que celles des autres intestins. Il est entouré de
beaucoup de graisses, principalement vers l'extrémité qui forme l'*anus*, auquel on considère
trois muscles, dont le plus considérable est le
sphincter qui tient cet orifice fermé.

On remarque à la surface des intestins, mais
surtout des grêles, un très-grand nombre de petits
vaisseaux blancs, connus sous le nom de *veines
lactées*, qui toutes vont se rendre dans un corps
glanduleux qu'on appelle le *pancréas d'Assellius*.
De la substance de cette glande naissent d'autres
veines lactées moins nombreuses, mais d'un plus
grand volume que les premières, et qu'on nomme *veines lactées secondaires*. Elles vont se dé-
charger dans le *réservoir de Péquet*, d'où sort le
canal thorachique, lequel se rend dans la veine
souclavière gauche. Ce canal, ainsi que les veines
lactées, est garni de plusieurs valvules qui empêchent le chyle chárrié par les vaisseaux de retourner en arrière.

Dans toute l'étendue du canal intestinal, dont
la longueur égale près de six fois celle du corps,
se trouve un nombre assez considérable de petites
glandes, qui fournissent une liqueur destinée à lubrifier la surface de ce canal, et à ramollir les
excrémens, qui, de plus en plus dépouillés de sucs
nourriciers, s'y dessèchent au point que le mouvement naturel des intestins ne seroit point suffi-
sant pour les porter au dehors.

La longueur de ce canal, ses rides, ses contours sont autant de moyens dont l'Auteur de la
nature s'est servi pour que les alimens digérés,
et les excrémens qui contiennent encore quelques
parties nutritives, puissent y séjourner assez long-

temps pour déposer les sucs nourriciers dans les conduits qui s'y abouchent, et pour que l'homme ne soit pas dans la désagréable nécessité de se débarrasser trop fréquemment du résidu de ses digestions.

Cette courte exposition des parties par lesquelles la digestion s'opère, annonce la grandeur de l'Artiste qui a présidé à cet ouvrage, et suffit pour nous mettre à portée d'entendre le mécanisme de cette fonction, dont nous allons nous occuper dans les considérations suivantes.

CLXXIV^e CONSIDÉRATION.

De la digestion des alimens.

La digestion est le résultat d'un mécanisme admirable et très-compliqué, qui s'exécute chaque jour en nous sans que nous le comprenions. Une multitude d'hommes n'ont jamais réfléchi sur la manière dont les alimens soutiennent en nous la vie : rien cependant de plus intéressant que les opérations de la nature à cet égard.

Les alimens sont composés de différentes parties : celles qui sont nutritives, et peuvent s'assimiler à notre propre substance, et celles qui doivent être expulsées de notre corps.

A l'un et à l'autre égard, il est nécessaire que les alimens soient divisés, broyés ; et c'est là l'opéraration qui commence à se faire dans la bouche par la mastication. Les dents incisives coupent et séparent les morceaux ; les dents canines les déchirent, et les molaires les broient. La langue et les lèvres contribuent aussi à cette opération, en retenant les alimens sous les dents autant qu'il est nécessaire. Certaines glandes comprimées par la mastication, laissent échapper la salive, qui humecte les alimens, les pénètre, et en facilite l'élaboration. De là vient qu'il importe beaucoup qu'ils soient mâchés long-temps avant d'être avalés.

Telle est, par rapport à la digestion des alimens, la dernière fonction à laquelle notre volonté ait part : tout le reste s'opère à notre insu, et même, à proprement parler, sans que nous puissions y apporter d'obstacle.

Les alimens, avec ce commencement d'élaboration qu'ils ont reçu dans la bouche, sont poussés dans le pharynx, orifice du canal qui les conduit à l'estomac, et où se trouvent aussi des glandes qui fournissent continuellement une humeur propre à le lubrifier : s'il est trop sec, le sentiment de la soif nous avertit de boire. De là, ils suivent la route de l'œsophage, qui, par un mécanisme propre à cet organe, les fait descendre dans l'estomac, où ils n'arriveroient point par leur seule pesanteur. Ici, des sucs, connus sous le nom de *sucs gastriques*, leur font subir une préparation qui les réduit à une pâte molle et de couleur grisâtre. Lorsque l'estomac est trop long-temps vide, ces sucs picotent, irritent les houppes nerveuses de ce viscère, et produisent la sensation que nous appelons *faim*.

Une espèce de couvercle dont est pourvu l'orifice supérieur du ventricule, empêche les alimens de retourner dans l'œsophage, et les oblige de s'écouler, par le pylore, dans les intestins. Le mouvement péristaltique ou vermiculaire du canal intestinal, donne à la masse alimentaire qui y est reçue, les moyens de le parcourir jusqu'à son ex-

trémité inférieure. Les alimens, réduits, par les
élaborations précédentes, en cette pâte grisâtre
dont nous avons parlé, passent d'abord dans le
duodénum, où ils subissent des préparations nouvelles, au moyen de la bile et du suc pancréatique. Une multitude de glandes qui se rencontrent
aussi dans les intestins, répandent leurs humeurs
sur la masse alimentaire, et la pénètrent intimement. C'est après ce mélange qu'on découvre un
vrai chyle dans cette masse ; et il y a tout lieu de
croire que c'est dans le duodénum que la digestion
s'achève et se perfectionne. La masse alimentaire
continue lentement sa route à travers les autres
intestins, où elle est continuellement humectée
par de nouveaux sucs. Le chyle passe dans les veines lactées qui s'ouvrent de toutes parts dans les
intestins, principalement dans les grêles, et qui
vont aboutir au réservoir du chyle, situé, pour l'ordinaire, sur le corps de la première vertèbre des
lombes. Ce réservoir donne naissance au canal
thorachique, qui remonte le long de la poitrine.
Le chyle parcourt ce canal, et, se mêlant avec le
sang, il va se rendre dans le cœur ; pour de là
prendre les routes de la circulation, que nous exa-
minerons plus bas.

Cependant, les parties des alimens trop grossières pour être converties en chyle, et pour entrer
dans les veines lactées, continuent leur marche,
poussées par le mouvement péristaltique des intestins. Arrivées dans le troisième intestin, elles
passent dans le quatrième, puis dans le cinquiè-
me. Parvenues enfin dans le rectum, ces matières, que l'on peut regarder comme le marc des
alimens, s'évacueroient lentement et continuellement, si la Providence n'en avoit environné l'issue

inférieure du sphincter qui la ferme. De cette manière, les résidus de chaque digestion s'accumulent dans le rectum, et y séjournent jusqu'à ce que leur quantité, et l'irritation qui en résulte, avertissent de les déposer. Alors, les muscles du bas-ventre et le diaphragme aident l'action du rectum ; et, surmontant la résistance du sphincter, expulsent les matières superflues.

Cette légère idée des différentes préparations que subissent les alimens avant de pouvoir s'assimiler à notre substance, nous montre la sagesse de Dieu dans cette opération si nécessaire à la santé, à la vie même. Que de choses pour que notre corps puisse recevoir la nourriture et l'accroissement ! C'est par les rapports et l'union intime de ces parties internes et externes, que s'opère la digestion des alimens, et la sécrétion de tant d'humeurs si différentes les unes des autres. Mais ces organes ne sont pas bornés aux fonctions relatives à la digestion : ils servent encore à d'autres usages. La langue, par exemple, contribue à la mastication : mais elle est aussi l'organe de la parole, et le siége du goût. En un mot, il n'est pas un seul de nos organes qui n'ait qu'une seule destination. Pensons donc, dans nos repas, à tant de preuves de l'infinie sagesse du Créateur, et faisons-en quelquefois la matière de nos conversations. Quel sujet d'entretien et plus riche et plus utile ? Comment pourrions-nous mieux, d'ailleurs, suivre cette sage maxime de l'Apôtre : « Soit que vous » mangiez, soit que vous buviez, et quelque cho- » se que vous fassiez, faites tout pour la gloire de » Dieu, » au nom de Jésus-Christ, ce Verbe adorable par qui tout a été créé, qui donne le mérite à toutes nos œuvres, et par qui seul Dieu est glorifié d'une manière vraiment digne de lui !

Pour toi, homme aveugle que les passions ont égaré au point de méconnoître une souveraine Intelligence, et qui as dit dans ton cœur : *Il n'y a point de Dieu;* relis ces articles, réfléchis sur tout ce qu'ils renferment, et sois encore athée, si tu peux l'être.

CLXXV^e CONSIDÉRATION.

De la manière dont s'opère la digestion.

De tout temps les physiologistes ont été partagés sur la manière d'expliquer la digestion. Mais, sans nous embarrasser des différens sentimens qu'ils ont proposés à ce sujet, bornons-nous à celui qui paroît le plus probable.

La partie alimentaire préexiste dans les alimens : et nous pouvons concevoir qu'elle y est contenue de la même manière qu'une résine l'est dans un bois, ou un métal dans sa mine. Or, tous les phénomènes de la digestion nous présentent des opérations parfaitement analogues à celles par lesquelles un chimiste sépare cette résine ou ce métal.

Pour séparer la résine du bois qui la contient, on coupe ce bois par morceaux, on le râpe, on le pile. La mastication répond à cette opération, et personne n'ignore qu'elle est indispensable à la digestion. Ceux qui n'ont pas le soin de mâcher exactement se trouvent exposés à une multitude d'accidens; et c'est à la difficulté de la mastication que sont dues la plus grande partie des indigestions qui surviennent aux vieillards.

Lorsqu'on a divisé le morceau de bois dont on veut extraire la résine, on le place dans un vaisseau convenable. L'estomac et les intestins font ici l'office de ce vaisseau.

On emploie ensuite un dissolvant approprié. Les sucs digestifs sont ce dissolvant, et la chaleur naturelle ou animale remplace dans la digestion celle qu'administre le chimiste dans l'opération dont il s'agit. On regarde ordinairement la salive, les sucs œsophagien, gastrique, intestinal, pancréatique, comme des liqueurs de même nature, et qui ne diffèrent que par des qualités accidentelles. La bile diffère de ces humeurs : elle sert de moyen d'union entre les substances huileuses et les substances aqueuses, qui ne sont point naturellement miscibles l'une avec l'autre. De là naît la couleur blanche du chyle, qui n'est qu'une espèce d'émulsion.

Ce système explique d'une manière satisfaisante les phénomènes qui ont rapport à la digestion : il rend raison, en même temps, des dérangemens qui peuvent la troubler. Ces dérangemens proviennent, ou du vice des liqueurs digestives, ou des affections mêmes des organes : car, quoique considerés comme des vaisseaux contenans, ces derniers n'en influent pas moins sur la digestion, qu'ils peuvent troubler par des mouvemens contre nature, par des constrictions spasmodiques, par des rétrécissemens dus à des causes externes ; enfin, par l'excrétion retenue ou augmentée, supprimée ou excessive, des sucs digestifs.

Comme les estomacs de tous les animaux ne sont pas constitués de la même manière, on doit s'attendre à rencontrer des modifications considérables dans cette importante opération de la nature. Par exemple, le gésier des oiseaux non carnassiers, est entièrement *musculeux*, et conséquemment susceptible d'une contraction violente. Réaumur soupçonna que chez ces animaux la digestion devoit se faire par voie de trituration ; et, pour s'en assurer, il fit avaler à un dindon un tuyau de fer qui ne pouvoit être aplati que par une force de 437 livres et demie. Ayant ouvert l'estomac de cet oiseau après le temps nécessaire pour la digestion, il trouva que ce tuyau étoit aplati ; et il en conclut que, dans de semblables estomacs, la trituration étoit plus que suffisante pour la digestion des alimens. Ce qui le confirma dans cette opinion, c'est qu'ayant rempli de grain un autre tuyau de fer, incapable de céder à la pression d'un semblable estomac, il le retira sans que le grain y eût subi de digestion.

Ce mécanisme ne pourroit avoir lieu dans les estomacs *membraneux*, tels que celui de l'homme et des animaux carnassiers. En effet, une buse, à qui le même naturaliste fit avaler un tuyau de fer semblable aux précédens, rempli de viande, et grillé à ses extrémités, le rejeta sans qu'il parût avoir reçu d'altération ; mais la viande, qui, après cette opération, paroissoit à moitié digérée, l'étoit parfaitement après une seconde.

Des graines et des fruits soumis à la même expérience, n'éprouvèrent pas d'altération sensible, et ne furent qu'un peu ramollis : preuve certaine que les oiseaux de proie n'ont point été appelés à vivre de grains et de fruits.

De tout ce qui précède, il résulte que la digestion dépend principalement des sucs dissolvans que fournit l'estomac. Dans les oiseaux à gésier, l'action mécanique d'où provient cette forte trituration qui nous étonne, répond à l'action des dents chez les quadrupèdes : elle n'est que préparatoire, et n'a pour but que de diviser les alimens, afin de les rendre plus pénétrables aux sucs qui en opèrent la vraie digestion. Si les expériences de Réaumur avoient été poussées plus loin, si ses tubes eussent séjourné plus long-temps dans les gésiers, il auroit reconnu, comme l'a fait depuis le célèbre abbé Spallanzani, d'après une longue suite d'expériences variées presque à l'infini, que cette grande puissance musculaire dont sont doués ces organes, n'est point le véritable agent de la digestion, et que cette opération dépend essentiellement, chez tous les animaux, de l'action des sucs gastriques.

Considérez à présent combien la sagesse de Dieu se manifeste dans cette importante fonction de l'économie animale. Que de circonstances ne doivent pas se réunir pour qu'elle s'exécute ! Il faut dans l'estomac une chaleur interne et un suc dissolvant, afin que les alimens soient réduits en une pâte molle, et tranformés en chyle, qui, converti en sang, aille se distribuer dans tous les membres, et faire circuler partout la nourriture avec la vie ; il faut une liqueur dont la propriété soit de mêler les matières les plus hétérogènes : il faut, sur toute la route que parcourent les alimens, des machines qui séparent du sang diverses humeurs nécessaires pour leur entière élaboration : il faut que la langue, les muscles des joues, les dents, se meuvent pour diviser, broyer, atténuer les alimens avant qu'ils descendent dans l'estomac..... Que de merveilles ! et quelle est donc notre insensibilité, si elles ne nous excitent pas à rendre au Créateur la gloire qui lui est due !

CLXXVI· CONSIDÉRATION.

De la structure du cœur.

Le résultat de la digestion des alimens est le chyle. Ce liquide, après avoir passé par les veines lactées, est porté, comme nous l'avons dit, par le canal thorachique dans la veine souclavière gauche, d'où il passe dans la veine cave, qui s'en décharge dans l'oreillette droite du *cœur*, le plus noble et le plus précieux de tous les viscères; celui par lequel commencent le jeu et le mouvement de toutes les parties du corps animal, avec lequel ils finissent, et dont la fonction est de recevoir et de distribuer le sang. Examinons l'organe au moyen duquel s'exécute une opération aussi indispensable.

Au centre de la poitrine, entre deux masses spongieuses, connues sous le nom de poumons, est couchée une pyramide charnue, dont la base, qui en fait la partie supérieure, est jointe à deux petits entonnoirs en forme d'*oreillettes*, lesquels communiquent à deux cavités contenues dans l'interieur de la pyramide, et qui la partagent, suivant sa longueur, en deux chambres ou *ventricules*. Tel est le *cœur*, ou le principal ressort de la machine animale.

La substance de ce viscère paroît être un tissu de quantité de fibres entrelacées avec un artifice admirable, du jeu desquelles résultent deux mouvemens opposés, l'un de raccourcissement ou de contraction, l'autre d'allongement ou de dilatation. Le cœur paroît exécuter ces mouvemens en tournant sur lui-même en forme de vis : sa pointe

se rapproche ou s'éloigne de la base, en montant
ou en descendant obliquement.

Les deux cavités ou *ventricules*, plus longues
que larges, qui partagent la capacité de ce viscère,
sont séparées l'une de l'autre par une cloison charnue. Le ventricule droit est situé antérieurement ;
le gauche l'est postérieurement. Les parois de celui-ci sont constamment plus épaisses que celles
du premier, parce que, destiné à pousser le sang
qu'il contient jusqu'aux extrémités du corps, il a
besoin d'une force supérieure à celle du ventricule droit, dont la fonction est de pousser seulement ce liquide dans le poumon qui l'avoisine.

Les deux espèces de sacs, connus sous le nom
d'*oreillettes*, qu'on remarque vers la base du cœur,
et qui répondent aux deux ventricules, avec l'un
desquels chacune d'elles s'abouche, sont distin-
guées comme eux, en droite et en gauche. La première oreillette est beaucoup plus spacieuse que
la seconde : chacune a deux ouvertures : l'une qui
répond à la veine dont elle reçoit le sang ; l'autre
au ventricule dans lequel elle se décharge. Outre
cette ouverture, chaque ventricule en a une autre qui répond à un gros tronc d'artères. Ainsi ,
le ventricule droit répond, d'une part, à l'oreillette droite ; et de l'autre, à l'artère pulmonaire,
qui porte le sang de ce ventricule dans le poumon.
Le ventricule gauche répond à l'oreillette gauche
et à l'aorte ou grande artère, qui distribue le sang
à toutes les parties du corps.

D'après cette exposition, vous voyez qu'il y a
quatre troncs de vaisseaux à la base du cœur, par
lesquels il est comme suspendu et maintenu dans
sa situation. Deux de ces vaisseaux prennent leur
origine aux deux ventricules, pour distribuer le

sang dans les poumons et dans toute la machine : les deux autres prennent la leur aux deux oreillettes ; et c'est par leur ministère que ce liquide, rapporté des différentes parties du corps, retourne dans les ventricules pour subir une nouvelle distribution. C'est au moyen de ces quatre vaisseaux que s'accomplit une des principales fonctions de l'économie animale, savoir, la circulation du sang dont nous nous occuperons bientôt.

Que de choses admirables nous décèle l'étude du corps humain ! et quel est le mortel qui oseroit se flatter de les bien comprendre ? Mais, s'il faut tant de pénétration et d'expérience, tant de lumières et d'attention pour se former seulement quelque idée de la structure du cœur ; quelle folie ne seroit-ce pas de croire que l'Auteur de cet ouvrage soit dépourvu d'intelligence, et que l'ouvrage lui-même ne soit qu'une production du hasard ! Je reconnois de nouveau la sagesse, la puissance, la bonté du grand Ouvrier dans la formation de mon cœur, et je suis pénétré de reconnoissance à la vue de ses bienfaits, autant que je suis rempli d'étonnement en considérant la beauté de ses œuvres.

CLXXVII^e CONSIDÉRATION.

La circulation du sang.

DE tous les mouvemens qu'on observe dans le corps animal, il n'en est point de plus important, soit par sa nature, soit par sa durée, et par l'appareil des organes au moyen desquels il s'exécute, que la circulation du sang. On y remarque une grandeur qui frappe, qui fait sentir les bornes de

l'intelligence humaine, et pénètre d'une admiration profonde pour l'intelligence infinie de l'Auteur de tant de prodiges.

Le cœur est dans un mouvement continuel de
contraction et de dilatation. Du ventricule gauche
sort le tronc de la grande artère, autrement appelée *aorte*. Elle se divise bientôt en plusieurs rameaux, dont les uns tendent vers les extrémités
inférieures, les autres vers les extrémités supérieures : et ces innombrables ramifications, qui
deviennent de plus en plus étroites, à mesure
qu'elles s'éloignent de leur origine, se distribuent
de tous côtés, et s'insinuent dans toutes les parties du corps. Le ventricule, en se contractant,
pousse le sang dans les artères avec tant de force,
qu'il parvient jusqu'aux extrémités des dernières
ramifications. On appelle ce mouvement le *pouls* :
il est l'effet de la pulsation du cœur ; et son action est plus vive ou plus lente, selon que ce viscère se contracte avec plus ou moins de vitesse.
Le sang, le long de la route qu'il parcourt depuis
le cœur jusqu'aux dernières branches des artères,
est employé par la Providence de la manière la
plus sage. Ici, les parties aqueuses se trouvent séparées ; là, les parties huileuses ; plus loin, les
parties salines. Dans d'autres endroits se fait la séparation du lait, de la graisse, ou de quelque autre humeur nécessaire à certains usages, ou destinée à être expulsée du corps comme inutile. Ces
opérations, connues sous le nom de *sécrétion*,
nous occuperont plus particulièrement dans la
considération suivante.

La partie du sang qui reste après ces sécrétions,
coule dans les extrémités des artères ; de manière
qu'à l'aide du microscope on peut voir très-dis-
tinctement

tinctement les petits globules rouges rouler les uns après les autres. Mais alors ces artérioles s'élargissent peu à peu; il s'en forme de plus gros vaisseaux, puis de plus grands encore : ce sont les *veines* par lesquelles le sang est rapporté au cœur, de la même manière qu'il s'en étoit éloigné par les artères. Les veines ramènent le sang, tant des parties supérieures que des parties inférieures, vers le cœur, où il se décharge dans le ventricule droit. De là, il est poussé par la contraction du cœur dans l'artère pulmonaire, qui, par une infinité de petits rameaux, le porte dans la substance du poumon. Ici, le sang qui, en circulant dans tout le corps, n'a pas laissé de perdre par les différentes sécrétions, et qui d'ailleurs apporte avec lui le chyle qu'il a reçu avant que de rentrer dans le cœur, subit une préparation nécessaire, et dont nous parlerons en traitant de la respiration. Il est repris ensuite par les veines pulmonaires qui le portent à l'oreillette gauche du cœur : celle-ci le rend au ventricule correspondant, lequel, en se contractant, le pousse dans l'aorte, qui le distribue de nouveau dans toutes les parties du corps.

Tel est cet admirable mécanisme dans l'homme et dans les animaux les plus connus. Mais combien d'obscurités enveloppent encore cette étonnante opération ! combien ici de merveilles que nous empêchent de reconnoître les bornes de l'esprit humain ! Comment se fait-il, par exemple, que le mouvement du cœur continue pendant soixante-dix, quatre-vingt, et même plus de cent années, sans que cette machine si délicate s'use ou se démonte ? La circulation du sang se fait vingt-quatre fois dans une heure ; et par consé-

III.   C

quent cinq cent soixante-seize fois en vingt-quatre heures. Dans l'état de santé, le cœur se contracte au moins soixante fois par minute, ou trois mille six cent soixante fois par heure ; et comme à chaque battement du pouls il jette environ deux onces de sang dans l'aorte, il se trouve que dans une heure il passe sept mille deux cents onces, c'est-à-dire quatre cent cinquante livres de ce liquide dans le cœur. La force que doit employer pour cela ce viscère est très-considérable ; car, pour que le sang soit poussé de manière qu'il parcoure seulement deux pieds dans la grande artère, il faut que le cœur surmonte une résistance de neuf cents quintaux.

Observons encore une mécanique très-curieuse, et qui décèle, d'une manière évidente, une sagesse infinie et une intelligence sans bornes. Lorsque le ventricule gauche se contracte, il pousse dans l'aorte le sang qu'il contient ; mais, comme il se dilate immédiatement après pour recevoir le sang de l'oreillette correspondante, il paroît naturel de craindre que le sang qui vient d'être poussé dans l'aorte, ne rétrograde dans le ventricule. On en peut dire autant de l'autre ventricule, des oreillettes, et même des artères et des veines.

L'Auteur de la nature a pourvu à cet inconvénient d'une manière aussi simple que sûre. Il a placé à la naissance des artères, et dans l'intérieur des veines, des espèces de soupapes, appelées *valvules*, lesquelles en s'abaissant et en se relevant, ouvrent et ferment les différens canaux, et s'opposent à ce que le sang ne reflue dans les capacités d'où il est sorti ; et, par une suite de la même sagesse, ces valvules, dans les veines qui rapportent le sang, sont posées dans un sens con-

traire à celui qu'elles ont dans les artères qui emportent ce fluide.

L'homme, dans tout son corps, est un composé
de merveilles. Une multitude innombrable de canaux invisibles, façonnés et mesurés d'une manière qui surpasse infiniment l'art et la sagesse des
hommes, conduisent, distribuent de tous côtés,
et font circuler régulièrement et sans interruption
ce fluide précieux duquel dépend la vie. Dans ce
mouvement universel, dans ce flux et reflux continuel, tout est réglé et compassé ; tout est à sa
place, et dans la plus parfaite harmonie : dans
l'état de santé, rien n'est discordant, rien ne se
croise, ne s'arrête, ni ne précipite son cours.
Conservons-le, surtout par la tempérance, par
l'exercice modéré, et le bon usage de nos facultés.

CLXXVIII^e CONSIDÉRATION.

*Des sécrétions, et principalement de celle de
la bile.*

Pendant la circulation, il se sépare du sang différentes humeurs destinées à entretenir le jeu de
la machine animale, et que reçoivent des couloirs
qui leur sont propres. La bile, par exemple, se
sépare dans le foie ; l'urine, dans les reins ; le suc
pancréatique, dans le pancréas ; le suc gastrique,
dans les glandes de l'estomac, etc. Cette séparation d'humeurs qui se fait dans les routes de la
circulation, est connue en général sous le nom
de *sécrétions*, lesquelles s'opèrent, ou simplement par des extrémités artérielles, ou dans des
organes particuliers, connus sous le nom de *glan-*

2

des. Les premières sont très-abondantes ; car toutes
ces extrémités produisent une exhalaison sensible,
qui se remarque dans toutes les parties du corps,
mais principalement dans toutes les cavités. Celles
qui s'opèrent dans les glandes sont aussi fort abondantes, comme on peut en juger par la multiplicité de ces organes.

Les *glandes* sont des masses vasculeuses, com-
posées de plusieurs fibres, et d'une infinité de vaisseaux de toutes espèces, soutenus et divisés par
différentes membranes, et dans lesquelles on soup-
çonne une cavité intermédiaire, où est déposée la
liqueur qui s'y filtre. Il ne nous seroit pas possible
d'examiner en particulier tous les organes destinés
à la sécrétion des humeurs : mais pour qu'on
puisse s'en former une idée, nous exposerons suc-
cinctement la description d'un de ces principaux
organes : elle mérite d'autant mieux de trouver ici
place, que la liqueur que sépare ce viscère, joue
un très-grand rôle dans l'économie animale.

Dans le bas-ventre, à droite, sous la voûte du
diaphragme, est placé le *foie*, qu'on divise communément en deux parties principales ; le grand
et le petit lobe ; et une troisième appelée le *lobe
de Spigel*, du nom de celui qui le remarqua le
premier. Ce viscère, ainsi divisé en son entier,
est comme suspendu par le moyen de trois ligamens ; et, en outre, le grand lobe se trouve adhérent au diaphragme, dans une certaine étendue. Mais si l'on considère attentivement la fonction de ces ligamens, on verra qu'ils ne servent
pas à suspendre le foie, mais seulement à le contenir, et à l'empêcher de balloter ; car il est naturellement soutenu sur une portion de l'estomac,
et sur une partie des intestins qui lui répondent :

d'où il suit qu'il prend différentes situations dans la capacité du bas-ventre, selon que les parties qui le soutiennent sont plus ou moins remplies. Il doit être emporté par son poids, et tirailler le ligament suspensoir, ainsi que le diaphragme auquel ce ligament est attaché, lorsque l'abstinence est portée jusqu'à un certain point; parce qu'alors l'estomac et les intestins étant vides, ils ne peuvent plus soutenir le foie, ni le maintenir dans sa situation naturelle. C'est donc à tort qu'on se plaint de l'estomac, en pareil cas : on sait d'ailleurs, qu'on remédie à la douleur qu'on ressent alors, en prenant de la nourriture. Souvent, le tiraillement du ligament suspensoir est porté au point d'entraîner le diaphragme et le péricarde qui est attaché à ce muscle : ce qui fait éprouver au cœur, et aux vaisseaux qui sont à sa base, une compression plus ou moins violente, qui gêne la circulation, et occasione des défaillances et des syncopes.

La *veine-porte*, dont la fonction est de rapporter presque tout le sang des parties flottantes du bas-ventre, se jette dans le foie par une cavité qu'on nomme le *sinus de la veine-porte*, et elle se divise aussitôt en cinq branches principales, dont chacune souffre un grand nombre de sub-divisions, qui se terminent par des ramifications capillaires, dont toute la masse du foie est, pour ainsi dire, remplie. Ces vaisseaux capillaires s'ouvrent par une de leurs extrémités, dans une infinité de petites vésicules, où ils déposent goutte à goutte une liqueur particulière, connue sous le nom de *bile* : elle est reprise par autant de petits orifices, dont la réunion forme un grand nombre de petits canaux, qui se réunissent en un seul con-

3

duit, lequel se réunissant également à un autre qui vient de la vésicule du fiel, produit le *canal cholédoque*. Si l'intestin *duodénum* est vide, la *bile hépatique* s'y verse par ce canal : s'il est rempli, elle gagne le canal *cystique*, qui la dépose dans la vésicule du fiel, et on l'appelle en ce cas, *bile cystique*. La *vésicule du fiel* est un réservoir membraneux, dont la figure approche assez de celle d'une poire, et dont l'usage est de recevoir la bile, et de la conserver pendant quelque temps, pour la déposer ensuite dans le *duodénum*. Cette liqueur, par un trop long séjour dans la vésicule du fiel, peut acquérir une consistance assez considérable et y former des pierres qui nuisent sensiblement à l'économie animale, et qui occasionent souvent la mort.

Les différentes dimensions des vaisseaux sécrétoires paroissent entrer pour beaucoup dans le mécanisme des sécrétions, c'est-à-dire d'une des plus importantes fonctions de l'économie animale, et dont le résultat nous montre aussi visiblement que les autres, le Dieu puissant et sage qui préside à toutes, pour le bien de sa créature.

CLXXIX° CONSIDÉRATION.

De la respiration.

C'est dans la substance du poumon, que le chyle reçoit la perfection qui lui est nécessaire pour former le fluide précieux qui donne la vie à l'animal. De toutes les fonctions qui concourent à l'entretenir, la respiration est donc une des principales et des plus nécessaires. Sans elle, d'ailleurs, il

seroit impossible d'expulser la salive, les excrémens : et de se débarrasser, par la transpiration,
des humeurs superflues. La parole même et les
diverses inflexions de là voix ne peuvent avoir lieu
sans la respiration. Elle sert à l'odorat; probablement aussi à entretenir et à renouveler les esprits
animaux : en un mot, nous ne pourrions vivre,
si nous étions privés de la faculté de respirer.

Cette fonction, par laquelle une portion de la
masse d'air qui nous environne se jette dans nos
poumons, et en ressort alternativement, comprend
deux mouvemens : l'*inspiration*, dans laquelle
la poitrine se dilate, pour donner un libre accès
à l'air dans ce viscère; et l'*expiration*, où il se resserre, pour pousser au dehors celui qui vient d'être
inspiré. Le jeu des poumons commence au moment
où, libre des entraves qui le retenoient dans le sein
de sa mère, l'homme se trouve plongé dans le fluide
aérien qui enveloppe notre globe, et il ne cesse
qu'avec la vie.

Pour se former une juste idée de la respiration, il est nécessaire de connoître la structure
et la disposition des parties qui y concourent. La
poitrine est une grande cavité, séparée du bas-
ventre par le diaphragme. Ce muscle, susceptible de contraction et de relâchement, est, pour
ainsi dire, collé aux poumons dont il suit les
mouvemens, soit dans leur élévation, soit dans
leur abaissement. Une membrane, qu'on nomme la *plèvre*, tapisse intérieurement la capacité
de la poitrine, au milieu de laquelle elle forme le *médiastin*. Cette espèce de cloison qui la
partage en deux cavités, procure à l'homme plusieurs avantages. Par exemple, lorsqu'on est couché sur le côté, elle empêche l'aile du poumon

qui se troûve du côté opposé , de porter sur l'aile inférieure , et de gêner la respiration.

Au fond de la bouche commence la *trachée-artère*, canal dont l'extrémité supérieure se nomme *larynx* : la partie inférieure , divisée en deux branches connues sous le nom de *bronches* , se distribue dans tout le poumon , où elle se ramifie en une infinité de vésicules , à la surface desquelles passent les vaisseaux qui apportent le sang dans ce viscère , destiné à le mettre en contact avec le fluide atmosphérique. Dans la respiration , une partie de la chaleur de l'air vital passe dans le sang qui parcourt les poumons , et se répand avec lui dans tous les organes. C'est ainsi que se répare la chaleur animale , qui est continuellement enlevée par l'atmosphère et les corps environnans ; et l'on voit pourquoi les animaux qui ne respirent point d'air, ou qui ne le respirent que très-peu, ont le sang froid.

Une autre usage de l'air, dans la respiration , c'est d'absorber un principe contenu dans le sang, et qui paroît être de la même nature que le charbon. Ce principe, en se combinant avec une portion de l'air vital, qu'on nomme *oxigène*, forme l'acide carbonique , qui sort des poumons par l'expiration , avec la portion non respirable de l'air, appelée *gaz azote*. Ces effets deviendront plus intelligibles, quand nous aurons traité de l'eau , de l'air et du feu. En attendant, ce que nous venons de dire et sur le gaz azote, et sur la formation de l'acide carbonique, qui n'est pas plus respirable que ce gaz, suffit pour éclairer sur les dangereux effets qui résultent du trop grand nombre de personnes réunies dans des endroits resserrés ; comme dans les spectacles, les hôpitaux, les prisons,

la cale des vaisseaux, etc.; on ne sera point étonné,
après cela, des effets nuisibles de l'air altéré par
la respiration , lequel agit particulièrement sur les
personnes délicates et sensibles.

Afin que la respiration pût s'exécuter commodément, le Créateur a disposé avec une infinie sagesse , les parties intérieures du corps. Plus de soixante muscles sont dans un mouvement continuel, pour opérer cette fonction, en dilatant la
poitrine et en la resserrant tour-à-tour. Rien de
plus admirable que la structure de la trachée-artère : son extrémité supérieure est recouverte d'une
valvule , qui , la fermant exactement au moment
de la déglutition , empêche que les alimens n'y
passent, et que la respiration ne soit interrompue.
On ne découvre pas moins de merveilles dans les
parties inférieures de cet organe, dans les bronches, où l'air entre par la respiration ; dans les
vésicules; dans la distribution des veines et des artères qui accompagnent partout ces bronches et
ces vésicules, et dont la surface est infiniment
multipliée, afin que le sang qu'elles contiennent
puisse recevoir de toutes parts les impressions de
l'air.

Que d'actions de grâces ne dois-je pas au Créateur, qui, après m'avoir départi la faculté de respirer, a jusqu'ici, par sa bienveillance, conservé
le souffle de ma vie ! Quels sentimens de reconnoissance et d'adoration devroient s'élever dans
mon ame, quand je viens à considérer que, dans
chaque minute, je respire dix-huit à vingt fois ,
c'est-à-dire douze cents fois dans une heure! Mille
accidens pourroient interrompre, arrêter entièrement cette fonction. Combien ne seroit-il pas facile, pendant que je mange et que je bois, ou

même pendant mon sommeil, qu'il m'entrât dans
la trachée des choses nuisibles, qui sur-le-champ
me causeroient la mort! Ah! si la Providence ne veilloit continuellement sur moi ; si elle ne prévenoit
les suites funestes de mes inattentions et de ma
négligence, depuis long-temps je ne serois plus.
Mais quelle est ma gratitude pour ces marques
continuelles de bonté ? La respiration est une de
ces faveurs dont je jouis à chaque instant, sans
me souvenir, hélas ! que c'est à Dieu que j'en suis
redevable. Si je prenois l'heureuse habitude de
me rendre attentif aux grâces particulières et de
tous les momens, dont je suis comblé, j'en contemplerois avec plus de ravissement l'ensemble
des merveilles de la création, et j'en serois plus
vivement touché. Arbitre de mes jours, maître de
ma vie et du souffle qui l'entretient, ah ! daigne
m'inspirer toi-même les sentimens que je te dois,
et me donner la force, aussi-bien que le désir de
célébrer ton infinie bienfaisance !

CLXXX· CONSIDÉRATION.

Merveilles de la voix humaine.

Soit que l'on considère le principe de la voix humaine, soit que l'on s'occupe de ses variations,
ou de son organe, il est impossible de réfléchir
sur son admirable mécanisme, sans être saisi d'é-
tonnement, et pénétré de reconnoissance.

Au fond de la gorge, et au sommet de la trachée-
artère, est une machine assez composée, formée
de l'assemblage de différentes pièces diversement
configurées, les unes cartilagineuses, les autres

ligamenteuses et tendineuses : tel est le *larynx*, ou le principal organe de la voix. Au milieu est une ouverture qu'on nomme la *glotte*, recouverte par l'*épiglotte*, petit cartilage qui peut s'élever et s'abaisser, pour ouvrir et fermer le canal. Tout l'air que le poumon chasse dans la trachée, au moment de l'expiration, est forcé d'enfiler cette ouverture étroite ; et c'est du frottement de cet air, que dépend en général la formation de la voix.

Mais ce n'est pas à cela seul que se reduit le mécanisme de cet organe. Il n'est pas simplement un instrument à vent : il est, à la fois, un instrument à vent et à cordes ; et même beaucoup plus à cordes qu'à vent. Sur chaque lèvre de la glotte, est un ruban que différens cartilages sont chargés d'allonger ou de raccourcir, de relâcher ou de tendre : tensions et longueurs dont dépend la diversité des tons. Ces rubans sont comme des cordes vocales : mais il faut un archet pour les faire vibrer. L'air que le poumon chasse vers la glotte, en fait l'office, et le poumon lui-même peut être regardé comme la main qui conduit l'archet. Mais ne croyez pas que cela soit fondé sur de simples conjectures : l'expérience le confirme. Si l'on détache la trachée avec les principales pièces du larynx d'un animal mort depuis plusieurs jours, et qu'on souffle fortement dans cette trachée, par son extrémité inférieure, en même temps qu'on tient les rubans de la glotte plus ou moins bandés, aussitôt on entend la voix ou le cri propre à l'espèce de l'animal ; et cette voix ou ce cri hausse ou baisse de ton, suivant qu'on tend ou qu'on relâche les rubans de la glotte. Une chose bien digne de remarque dans cette singulière expérience, c'est que la voix ou le cri est toujours parfaitement reconnoissable, que la trachée ait appartenu à un homme ou à quelque animal. Le mugissement du taureau, le bêlement de la brebis, le cri du chien qui souffre, celui du coq, etc., sont si bien caractérisés, qu'on ne peut s'y méprendre. Cependant, combien de choses manquent ici à l'instrument vocal, pour modifier et déterminer la voix ! Non-seulement le larynx se trouve fort mutilé, mais il n'existe plus ni palais, ni langue, ni dents, ni lèvres, etc.

L'agrément de la voix dépend de la conformation de toutes les parties intérieures de la bouche, des cavités du nez, etc. : elle ne peut être agréable, qu'autant qu'elle retentit dans les parois de ces deux organes. Quand le nez est bouché, comme il arrive dans l'enchifrènement, la voix devient désagréable; et ce désagrément, loin de venir de ce qu'on *parle du nez*, comme on le dit communément, vient au contraire ici de ce qu'on n'en parle pas.

L'étendue des capacités dans lesquelles l'air sonore résonne, contribue beaucoup à l'agrément et à la modification des sons. Voilà pourquoi la voix devient plus grave vers la quinzième ou la seizième année. A cet âge, l'intérieur de la bouche augmente en dimensions : l'air sonore se modifie dans de plus grands espaces, et il arrive, par rapport aux différens tons de la voix, ce qui arrive lorsqu'on joue d'un instrument dans un endroit plus spacieux : les sons deviennent plus graves. Joignez encore à cette cause les dimensions de la poitrine, la force des muscles, le ressort des organes, qui est augmenté notablement.

La prérogative de l'homme sur les animaux, relativement à la voix, consiste en ce qu'il peut la modifier d'une infinité de manières. Le son de la *voix* A, est différent de celui qui se fait entendre quand on prononce les *voix* E, I, O, U, quand même on les prononceroit toutes sur le même ton. La raison de cette différence est au nombre des mystères de la nature. Pour faire entendre les cinq voix représentées par nos cinq voyelles, il faut ouvrir plus ou moins la bouche, et pour cet effet, celle de l'homme a une conformation différente de celle de tous les animaux. Ceux mêmes d'entre les oiseaux qui apprennent à imiter la voix humaine, ne sont jamais capables de prononcer distinctement les diverses voyelles; et de là vient que cette imitation est si imparfaite. Quant aux *articulations* qui sont représentées par les consonnes dans l'écriture, trois de nos organes concourent principalement à les former : les lèvres, la langue et le palais. Le nez y participe aussi : quand il est bouché, il devient impossible de prononcer certaines lettres, au moins d'une façon intelligible.

Ce qui prouve combien est merveilleuse l'organisation qui rend notre bouche capable de prononcer les mots, c'est que l'art humain n'a pu venir à bout de l'imiter qu'en très-petite partie, et fort imparfaitement. On imite le chant de l'homme, cela est vrai, mais on n'imite pas si aisément l'articulation des sons, ni la prononciation des différentes voyelles. Le jeu de l'orgue appelé *voix humaine*, ne produit d'autres sons que ceux qui se rapprochent de la voix *è* ou *ein*; et tous les efforts de l'art ne sauroient parvenir à imiter nettement la plupart des mots qu'il nous est si facile de prononcer.

Puissent ces réflexions nous faire sentir tout le prix de la parole, qui nous distingue si avanta-

geusement du reste des animaux ! Qu'elle seroit
triste la société humaine, si nous étions privés totalement de la faculté de transmettre nos pensées
par le discours ; si nous ne pouvions épancher
notre cœur dans le sein de l'amitié ! Vous qui, dès
votre enfance, avez été privés de ce don précieux ;
ô vous, pour qui la nature a été si avare, vous
m'apprenez, par votre infortune, à estimer mon
bonheur, et à remercier Dieu d'avoir mis au nombre des biens dont il me comble, là faculté de me
servir de la parole. Mais pour en faire un usage
qui réponde à sa destination, je dois l'employer à
glorifier l'Être suprême, à édifier mes frères, à les
instruire et à les consoler.

CLXXXI^e CONSIDÉRATION.

Du cerveau, des nerfs, et des muscles.

Toutes les fonctions corporelles dépendent primi-
tivement d'un fluide moteur, dont nous ne connoissons point la nature, mais dont l'existence
paroît démontrée ; et les nerfs, qui servent à transporter ce fluide dans toutes les parties du corps,
sont universellement reconnus comme le principal agent de toute l'économie animale. Tel est le
lien qui unit intimement deux substances tout-à-
fait disparates ; qui établit entre l'une et l'autre
une dépendance mutuelle, une réciprocité d'actions qui subsiste autant que leur union, ou autant que la substance matérielle se trouve propre
à remplir les fonctions auxquelles l'a destinée le
Créateur. On peut donc regarder les nerfs comme
les ministres fidèles de cette substance active qui

anime notre corps. Ce sont eux qui communiquent son action à tous les organes qui lui sont soumis : c'est par leur moyen qu'elle est avertie de tous les changemens et de toutes les modifications auxquels ces organes sont exposés. Sensibles aux impressions des corps étrangers, les nerfs les transmettent jusqu'à l'ame, et la font entrer en commerce avec tous les êtres matériels qui l'environnent. Mais, précisément parce qu'ils touchent de plus près à l'ame, leur structure paroît plus profondément cachée : ici, nous apercevons les bornes circonscrites à nos connoissances par l'Auteur de la nature.

Le cerveau, principe des nerfs, est aussi un vrai dédale, où l'anatomiste se perd ; dans lequel se trouve même un certain nombre de pièces très-apparentes, dont il ignore absolument l'usage, ou sur lesquelles il ne peut former que des conjectures.

Deux substances assez distinctes composent la masse du cerveau : la substance corticale, et la substance médullaire, connue de tout le monde sous le nom de *cervelle*. La première, qui sert pour ainsi dire d'*écorce* à la seconde, est un assemblage merveilleux d'une multitude innombrable de vaisseaux sanguins, d'une finesse extrême. Les artérioles qui se ramifient à l'infini dans cette substance, se dégradant continuellement, dégénèrent enfin en des vaisseaux blancs, transparens et comme cristallins, qui donnent naissance à la substance médullaire, toute composée de tubules plus blancs et plus déliés encore, et qui se groupent en quelque sorte pour former les nerfs qui ne sont ainsi qu'un prolongement de la substance médullaire. La masse du cerveau se trouve partagée en deux parties égales, séparées l'une de l'autre par ce qu'on nomme la *faulx*. Cette division, marque certaine de la sagesse et de l'intelligence suprême, empêche, lorsqu'on est couché sur le côté, que la portion supérieure ne presse l'inférieure, et ne gêne les fonctions de ce viscère.

A la base, ou à la partie postérieure du crâne, est une autre substance de même nature que la substance médullaire, qu'on nomme *moëlle allongée*; et qui n'est point revêtue de substance corticale. La substance médullaire se prolonge dans l'épine du dos, et y prend le nom de *moëlle épinière*. Le cerveau et la moëlle épinière ne forment proprement qu'une seule substance, qui change d'aspect par la dégradation des vaisseaux dont elle est composée.

Cet étonnant appareil d'artérioles et de tubules que présente le cerveau, et que l'œil perçant de l'anatomiste, armé des meilleurs verres, ne fait guère qu'entrevoir, indique assez que ce viscère est un véritable organe sécrétoire, destiné à séparer un suc très-important. Ce suc précieux est le *fluide animal,* qui, filtré par les milliards de couloirs, de plus en plus déliés, qu'il a été forcé de parcourir, entre dans les nerfs, et communique à toutes les parties le sentiment, le mouvement et la vie.

Les nerfs sont des cordons blanchâtres, formés de divers faisceaux de filets droits et parallèles, liés ensemble par un tissu cellulaire. Ils se divisent en différentes parties, par lesquelles ils se distribuent à toutes les parties du corps. On compte dix paires de nerfs qui partent immédiatement du cerveau; et trente qui partent de la moëlle épinière. Les filets nerveux sont si prodigieusement fins,

que les meilleurs microscopes ne sauroient nous
aider à décider s'ils sont creux ou solides : mais
quantité d'observations et d'expériences ont enfin
appris qu'ils sont creux dans toute leur longueur,
et destinés à la transmission d'un fluide extrêmement subtil et actif qu'on croit analogue à l'éther
ou au fluide électrique. Les nerfs sont revêtus
d'une double enveloppe, qui n'est que le prolongement des deux enveloppes qui recouvrent le cerveau. Mais ils s'en dépouillent à leur extrémité,
et se terminent par une sorte de pulpe. Ceux qui
entrent dans la composition des organes des sens
sont entièrement à nu, et ont ainsi un plus grand
degré de délicatesse ou de sensibilité.

On ne peut douter que l'ame n'ait son siége
dans quelque partie du cerveau : c'est de ce viscère que tirent directement leur origine les dix
principales paires de nerfs, parmi lesquels se trouvent ceux qui sont destinés aux sensations de l'o-
dorat, de la vue, de l'ouïe, etc. ; et il est très-
vraisemblable que les trente autres paires qui ne
naissent point immédiatement du cerveau, et qui
ne paroissent point s'y terminer directement, ont,
cependant, par des routes qui nous échappent,
une communication réelle avec cet organe et avec
le siége de l'ame. On n'est pas mieux instruit sur
la portion du cerveau dans laquelle se trouve ce
siége de l'ame humaine. Il semble cependant qu'on
doit le supposer à l'origine des nerfs : instrumens
qui la mettent en communication avec les objets
du dehors, et lui donnent la faculté de réagir sur
ces mêmes objets. Si ces organes sont convenablement disposés, les opérations de l'ame se font
régulièrement et sans obstacle : elles sont troublées
au contraire, quand les nerfs sont dérangés. Ainsi,

l'organiste, placé devant le clavier d'un instrument bien d'accord, forme des airs agréables et
suivis : il ne produit que des sons discordans, ou
un bruit confus, si l'orgue est dérangé par quelque accident.

Chaque division des nerfs se rend à la partie pour
laquelle elle est destinée, et dont la structure répond aux fonctions qu'elle doit exercer, ou au sentiment que les nerfs de cette division doivent y occasioner. Le toucher, le goût, l'odorat, l'ouïe et
la vue, sont cinq genres de sensations qui ont
sous eux un nombre presque infini d'espèces. L'é-
branlement que l'impression des objets produit sur
les nerfs, donne naissance à ces différens genres
de sensations, dont les organes des sens sont les
instrumens.

En vain, toutefois, l'homme démêleroit-il, au
moyen des sens, ce qui lui est avantageux ou nuisible, s'il ne pouvoit se donner aucun mouvement
pour atteindre l'un, et pour éviter l'autre. Il a
donc été pourvu d'organes qui lui procurent cette
faculté ; ce sont les *muscles* qui, par leur dilatation
et leur contraction, communiquent à toutes les parties les mouvemens et le jeu nécessaires aux besoins de l'animal.

Un équilibre admirable règne partout entre les
forces musculaires. L'action de chaque muscle est
balancée par celle d'un autre, ou par le propre
ressort du muscle, ou par un poids opposé, etc.
C'est de la savante combinaison et du balancement raisonné de ces différentes puissances que
résultent l'attitude et les mouvemens divers du
corps humain, ainsi que la flexion et l'extension
de ses membres.

Ces préliminaires étoient indispensables pour

entendre le mécanisme des différens organes des sens, qui vont nous faire admirer d'une manière plus particulière la suprême intelligence de l'Auteur des êtres animés.

CLXXXII^e CONSIDÉRATION.

Des sens en général, et du toucher en particulier.

De tous les êtres qui font partie de notre globe, l'homme est le plus parfait qui soit sorti des mains du Créateur, et il paroît être l'objet de toutes ses complaisances. Tout ce qui est créé ici-bas répond, d'une manière plus ou moins directe, plus ou moins sensible, à ses besoins divers ; ou tourne à son agrément. Il étoit dans l'ordre que l'Auteur de la nature donnât à l'homme les moyens de jouir du spectacle qui l'environne, et d'en tirer les avantages qu'il peut en attendre. Ce commerce entre lui et les objets corporels, suppose nécessairement une organisation particulière dans les différentes parties de son corps, et c'est cette organisation qui renferme ce que l'on connoît sous le nom général d'*organes des sens.*

On distingue cinq de ces organes dans l'homme : la peau, le nez, la langue, l'œil et l'oreille. C'est par l'entremise de ces sens qu'il se trouve, pour ainsi dire, lié avec tous les êtres matériels qui l'environnent : c'est par leur ministère qu'il jouit de tous les avantages que ces êtres peuvent lui procurer : c'est par leur secours qu'il est en état de veiller à sa propre conservation, et d'éviter tout ce qui pouvoit lui nuire. Les trois premiers ne produisent l'effet auquel ils sont destinés, qu'autant que les objets extérieurs qui doivent les mettre en action leur sont immédiatement appliqués. Il n'en est pas ainsi de l'oreille et de l'œil; leur ébranlement dépend d'une substance médiatrice entre ces organes et les objets qui doivent agir sur eux.

On peut dire que le *toucher* est le sens universel des animaux : il est la base de toutes les autres sensations, puisque la vue, l'ouïe, l'odorat et le goût, ne sauroient avoir lieu sans le contact. Mais, en tant que le toucher s'exerce autrement dans la vue que dans l'ouïe, et dans l'ouïe que dans les autres organes des sens, on peut, à cet égard, distinguer le sens du toucher proprement dit, d'avec cette sensation universelle dont nous venons de parler.

Les nerfs du toucher, qui, comme le sens du même nom, sont répandus dans tout le corps, partent de la moëlle épinière, passent par les ouvertures latérales de toutes les vertèbres, et se distribuent par tout le corps. Ils se trouvent même dans les parties qui servent aux autres sens, parce qu'indépendamment des sensations qui leur sont particulières, elles doivent encore être susceptibles du tact. De là vient que les yeux, les oreilles, le nez et la bouche reçoivent des impressions entièrement dépendantes du toucher, et que ne produisent point les nerfs qui leur sont propres.

Comme la sensation ne s'opère que par l'entremise des nerfs, chaque membre sent plus vivement, à proportion qu'il en a davantage ; et le sentiment cesse dans les parties qui en sont dépourvues, ou qui sont obstruées, ou dans lesquelles on a coupé les nerfs. On peut faire des incisions dans les grais-

ses, amputer des os, couper les ongles et les cheveux, sans causer de douleur : ou celle que l'on
croit éprouver alors n'est que l'effet de l'imagination. L'os est environné d'une membrane nerveuse, les ongles sont affermis dans un lieu où il
y a des entrelacemens de nerfs ; et ce n'est que
lorsque quelqu'un de ces nerfs vient à être attaqué, que l'on éprouve de la douleur. La dent, par
exemple, en tant qu'os, n'a aucune sensibilité :
mais le nerf qui s'y trouve peut occasioner de la
douleur, lorsqu'il est trop fortement irrité.

En répandant le sens du toucher par tout le
corps, Dieu a manifestement eu en vue le bien de
l'homme. Les autres sens sont placés dans des endroits particuliers, et les plus convenables aux fonctions qu'ils ont à exercer. Mais comme il étoit
nécessaire, pour la conservation et le bien-être
du tout, que chacune des parties fût avertie de
ce qui peut lui être ou utile ou nuisible, agréable
ou désagréable, il falloit que le sens du toucher
fût répandu dans le corps entier.

C'est encore par un effet de la sagesse divine
que plusieurs espèces d'animaux ont le tact plus
subtil que l'homme. Cette finesse est nécessaire à
leur genre de vie, et elle les dédommage de la privation de quelques autres sens. Les cornes du limaçon, par exemple, sont d'une sensibilité exquise:
le moindre obstacle les lui fait retirer avec une
extrême promptitude. Et quelle ne doit pas être
la finesse du toucher dans l'araignée, puisqu'au
milieu de cette toile qu'elle a si artistement ourdie, elle s'aperçoit des moindres ébranlemens que
l'approche des autres insectes y occasione !

Mais, sans nous arrêter au toucher des animaux,
il suffit de considérer ce sens tel qu'il se trouve

dans l'homme, pour être rempli d'admiration. Le toucher réside dans toute l'étendue de la peau. Cette membrane fort épaisse est composée de quatre parties, dont la première et la plus intérieure, est appelée *cuir*. Le *corps papillaire* qui constitue la seconde, est composé de plusieurs éminences ou mamelons, formés principalement par les extrémités des nerfs qui se rendent à la peau. Il est le véritable organe du tact : organe plus ou moins sensible, selon que les mamelons y sont plus ou moins multipliés, plus ou moins éminens : d'où il suit que la sensation du tact doit être d'autant plus vive, que les corps agissent sur une plus grande étendue de cet organe ; et c'est une des raisons qui la rendent telle dans les mains, dont les doigts peuvent embrasser les corps par un plus grand nombre d'endroits. La troisième partie de la peau n'est autre chose que le *corps muqueux*, que plusieurs confondent avec la quatrième, ou l'*épiderme*, membrane très-mince, demi-transparente, qui recouvre toute la peau, et qui se détruit sans causer de douleur sensible.

Quoique l'organe dont nous parlons soit naturellement très-parfait dans l'homme, il peut acquérir différens degrés de perfection, au point qu'il s'est trouvé des aveugles capables de distinguer les couleurs par le tact seul.

Je rends grâce à Dieu, de ce qu'avec les autres sens dont il m'a doué, il m'accorde aussi celui du toucher. De combien de connoissances ne seroit pas privée mon ame, si mon corps avoit moins de sensibilité ! Je ne pourrois d'ailleurs discerner ce qui m'est avantageux, ni éviter ce qui m'est nuisible. Ah ! que mon ame n'a-t-elle un aussi vif sentiment du beau et de l'honnête, un goût aussi

décidé pour la vertu, que mon corps a de sensibilité pour le plaisir ! Originairement ce sentiment
moral de l'honnête et du beau fut imprimé dans
mon cœur : mais combien ne s'y est-il pas affoibli !
et que je serois à plaindre, si je venois à en être
dépouillé totalement ! Dieu de bonté, daigne me
préserver de ce malheur : il me réduiroit au rang
des brutes qui ne te connoissent point.

CLXXXIII° CONSIDÉRATION.

Le goût.

Le corps humain est une machine chargée de se
remonter elle-même, et douée de toutes les facultés nécessaires pour remplir cette destination. Nous
avons vu l'organe du toucher rangé à l'entour,
comme une espèce de corps-de-garde, pour l'avertir, de toutes parts, des secours qui lui arrivent
et des dangers qui le menacent. Le goût est à la
porte, pour examiner tout ce qui se présente, avant
de l'admettre dans l'intérieur, et pour n'y introduire que ce qui est salutaire. Je ne serois pas aussi
heureux que je le suis, si je n'avois pas la faculté
de distinguer les diverses espèces d'alimens ; et mes
plaisirs diminueroient de beaucoup si la pomme
et la poire, la figue et le raisin avoient pour moi
la même saveur. Le pouvoir de discerner les saveurs, ou le sens du goût, est donc un présent
de la Divinité, comme il est une preuve de sa
sagesse.

La bouche, l'œsophage et l'estomac, quoique
très-distingués les uns des autres, peuvent néanmoins être regardés comme un seul et même

organe, par rapport au goût. Ces trois parties concourent à désirer ou à rebuter un même objet : et l'on remarque constamment que si la bouche nous donne de l'aversion pour un mets, le gosier se resserre pour lui refuser l'entrée ; et que, s'il passe malgré cet obstacle, l'estomac le repousse et le rejète. Cependant l'organe du goût est plus particulièrement répandu dans toute l'étendue de la bouche, et principalement dans la langue : celle-ci est, ainsi que le palais et le gosier, parsemée de houppes nerveuses, abreuvées d'une très-grande quantité de lymphe, destinée à faire fondre les sels que contiennent les alimens.

Pour mettre cet organe en jeu, il faut que les corps savoureux soient appliqués sur les houppes ou papilles nerveuses. Les sels sont généralement reconnus pour les corps parmi lesquels se trouvent les substances qui ont le plus de saveur ; et l'intensité de l'impression qu'ils produisent, dépend de l'étendue des surfaces selon lesquelles ils s'appliquent sur les papilles. Plus donc ils sont divisés, plus leur impression doit être vive. C'est ce qui arrive par leur mélange avec la salive, laquelle, pour ainsi dire, leur sert de véhicule. Aussi remarquons-nous que les alimens ne nous font éprouver aucune sensation, s'ils ne sont humectés ; parce que, sans cela, les parties sapides ne sont ni assez divisées, ni assez atténuées pour pénétrer jusqu'à l'organe.

Le goût, ainsi que le toucher, dépend donc des nerfs ; et l'on s'en aperçoit en disséquant la langue. Après avoir enlevé la membrane qui la recouvre, on observe une multitude de racines où des nerfs aboutissent ; et c'est précisément où les papilles nerveuses se trouvent, que nous avons

la

la sensation du goût : où elles manquent, la sensation manque aussi. L'examen de la langue du
chat et du chien achève de nous convaincre de
cette vérité. Chez ces animaux, les papilles nerveuses ne sont situées que sur les parties posté-
rieures de la langue : celles de devant en sont privées. Au contraire, leur palais en est parsemé. De
là vient que chez eux le bout de la langue n'est
point susceptible de goût.

Arrêtons-nous quelques instans à méditer sur
l'art avec lequel est formé l'organe du goût, dont
néanmoins aucun anatomiste n'a pu observer encore toutes les parties. C'est par l'effet d'une grande
sagesse que la langue a, de préférence à tous les
autres membres, une si grande abondance de nerfs
et de fibres, et qu'elle est remplie de petits pores,
afin que les parties savoureuses pénètrent plus profondément, et en plus grand nombre, jusqu'aux
papilles nerveuses. C'est par un effet de la même
sagesse, que les nerfs dont les branches s'étendent
dans le palais et dans le gosier, pour favoriser la
mastication, prolongent aussi leurs rameaux vers
le nez et les yeux ; comme pour avertir ces organes de contribuer, de leur part, à discerner les
alimens.

Une autre chose non moins digne de toute notre
reconnoissance, c'est la durée des organes du goût.
Quelque délicate qu'en soit la structure, ils se conservent plus long-temps que les instrumens les plus
durs. Nos habits s'usent ; notre chair se flétrit ; nos
os se dessèchent : le goût leur survit. Quelles fins
admirables ne découvre-t-on pas seulement dans
l'appareil de ces organes ! O homme ! tu es la seule
créature qui sache qu'elle est douée de sens ; la
seule qui soit capable de s'élever à Dieu, par la

III. D

contemplation et par l'usage de ces mêmes sens. Efforce-toi donc, avec le secours de la grâce, d'en faire un salutaire usage. Eh! qui pourra, si tu le lui refuses, rendre à l'Être suprême l'hommage qui lui est dû? Tu jouis du sens du goût plus qu'aucun des autres animaux. Il n'est que peu d'alimens dont ils aiment à se nourrir; et le Créateur t'a préparé des mets aussi variés qu'abondans. Pense aux richesses que te procurent en ce genre le règne animal, le règne végétal et le règne minéral. Le Ciel et la terre, l'air et l'océan m'offrent leurs tributs : partout où je porte mes regards, je découvre les dons de Dieu. Le sommet des montagnes, le creux des vallons, le fond des lacs, me fournissent des alimens et des plaisirs.

C'est donc avec raison que nous faisons un très-grand cas de ce présent du Créateur. Toutefois, ne l'estimons pas au delà de ce que demande le but pour lequel il nous fut accordé. Le sens du goût n'est même qu'un moyen pour nous conduire à des fins plus nobles. Insensé qui fais consister tout ton bonheur dans les plaisirs dont il est l'organe, et qui n'aimes à vivre que pour flatter ton palais par l'usage d'alimens savoureux et de boissons délicieuses, ah! cesse de te rabaisser ainsi jusqu'à la brute; et souviens-toi que tu as une âme immortelle, qui ne peut être rassasiée que par les biens véritables! Avoir du goût pour ces biens, aimer à s'en nourrir, voilà en quoi consistent la sagesse et la félicité de l'homme et du chrétien.

CLXXXIV^e CONSIDÉRATION.

L'odorat.

Au-dessus de la bouche s'avance le nez, comme une espèce de sentinelle, pour veiller à la conservation de la machine animale. Cet organe est destiné à remplir plusieurs fonctions.

On remarque, au fond du nez, deux cavités qui pénètrent dans la bouche, derrière le voile du palais : elles donnent passage à une grande partie de l'air que nous respirons. Il est bien plus aisé de respirer par le nez que par la bouche ; on respire long-temps, et avec facilité, lorsque celle-ci est fermée ; ce qui n'arrive point quand le passage du nez est obstrué, et qu'on ne peut respirer que par la bouche. On sait que les cavités du nez concourent à l'agrément de la voix, et que jamais les sons ne sont plus agréables, que lorsqu'elle retentit dans les parois de cet organe. Il s'y sépare aussi une sérosité ou mucosité, nécessaire pour humecter les parties intérieures du nez, et pour les mettre à l'abri d'une sécheresse qui feroit perdre à la membrane dont il est tapissé, une grande partie de sa sensibilité.

Mais la principale fonction du nez est d'être l'organe de l'odorat, dont le siége est cette membrane connue sous le nom de *membrane pituitaire,* de laquelle nous venons de parler. Elle est composée de deux lames ; l'une intérieure, très-ferme, et qui sert de périoste aux os du nez ; l'autre extérieure, mollasse, parsemée dans toute son étendue de glandes et de papilles nerveuses, qui

sont le principal organe sur lequel les parties odorantes déploient leur action. Vous concevrez combien ces particules sont subtiles, si vous faites
attention qu'elles échappent à la vue aidée des
meilleurs microscopes ; et que leur dissipation,
quoique très-abondante, ne diminue pas sensiblement le poids des corps d'où elles s'échappent.

L'air sert de véhicule aux parties odorantes : c'est
par son ministère qu'elles sont portées dans le
nez, et qu'elles sont appliquées sur la membrane
pituitaire pendant le temps de l'inspiration : car,
quoique l'air soit imprégné de particules odorantes, et que le nez soit plongé dans ce fluide, on
ne sent point les odeurs, si, par un inconvénient
quelconque, l'enchifrènement par exemple, on
perd l'usage de l'inspiration par le nez.

La respiration par le nez n'est pas la seule condition nécessaire pour sentir les odeurs : cette sensation exige encore une disposition particulière
dans la membrane pituitaire. Lorsque celle-ci est
abreuvée d'une trop grande quantité de sérosités,
elle tombe dans un relâchement qui prive de la
faculté de sentir : ce qui arrive encore lorsqu'elle
a trop de tension.

Plus la membrane pituitaire a d'étendue, plus
l'odorat est fin ; comme cela se remarque surtout
dans le chien de chasse, chez lequel cette membrane a tant d'extension, qu'elle se replie même
en dehors ; et, pour qu'elle soit mieux frappée
des émanations les plus subtiles, cet animal a soin
de l'humecter avec sa langue. L'étendue de cette
membrane ne suffiroit pas néanmoins pour lui
donner un sentiment aussi exquis, si les nerfs qui
s'y distribuent n'étoient pas en grand nombre ; et
s'ils n'étoient à découvert jusqu'à certain point.

De là vient encore que l'impression des odeurs est
très-active. C'est parce que les parties extrémement
fines des corps odorans s'appliquent sur des
nerfs nus et très-voisins du cerveau, qu'elles ont
la propriété de faire revenir promptement ceux qui
tombent en foiblesse, ou qui sont submergés. Outre les nerfs olfactifs qui se distribuent à la membrane pituitaire, elle reçoit encore une branche
du nerf ophthalmique; et c'est à l'impression que
les odeurs fortes produisent sur ce dernier, qu'on
doit attribuer les larmes qu'elles font quelquefois
couler.

Les parties odorantes, après avoir fait leur impression sur les houppes nerveuses de la membrane pituitaire, se mêlent-elles avec les liqueurs
qui sont dans les routes de la circulation? On a
quantité d'exemples de personnes assez violemment purgées pour avoir respiré les parties volatiles de certaines matières qu'elles piloient, ou
même pour avoir respiré l'odeur d'une potion purgative: quelques auteurs rapportent que d'autres
ont vécu plusieurs jours sans prendre de nourriture, et seulement en respirant des odeurs. Peut-
être faut-il attribuer cet effet à l'introduction de
ces émanations subtiles dans les vésicules du poumon, où elles se mêlent avec le sang.

On peut considérer l'organe de l'odorat comme
un supplément de celui du goût. Il est le goût des
odeurs, et comme l'avant-goût des saveurs: et si
nous prenons avec confiance tout ce qui est approuvé par la bouche, c'est surtout quand l'odorat
le lui a conseillé. En effet, rarement trouve-t-on
mauvais au goût ce qui plaît à l'odorat. Aussi ce
sens est-il beaucoup plus fin chez les animaux
obligés de manger ce qu'ils trouvent, que dans

l'homme, qui, sur ce point, n'a encore que des actions de grâces à rendre à la Providence, dont la bonté a si exactement proportionné ses facultés à ses besoins.

CLXXXV° CONSIDÉRATION.

Structure merveilleuse de l'oreille.

L'ouïe, ce sens précieux qui nous met en communication avec le monde moral, est un de ceux dont l'organisation présente le plus de ces rapports frappans qui annoncent une Intelligence souveraine. L'oreille de l'homme est une machine acoustique de la plus savante composition, et dont le détail auroit droit de nous étonner, si nous ne devions être toujours préparés à des merveilles, dès que notre raison s'applique à l'examen des productions de l'Artiste suprême.

La position de l'oreille annonce déjà une grande sagesse : elle est placée dans l'endroit du corps le plus convenable, près du cerveau, siége commun de toutes les sensations. Sa forme extérieure mérite aussi notre admiration. Si elle n'étoit que chair, la partie supérieure retomberoit vers le bas, et empêcheroit la communication des sons : si elle eût été pourvue d'os, il en résulteroit d'autres inconvéniens, et des douleurs insupportables quand on voudroit se coucher sur le côté. C'est par cette raison que le Créateur a choisi une substance cartilagineuse, qui, à la flexibilité de la chair, réunit la fermeté de l'os, et dont le poli et les plis sont très-propres à réfléchir les sons : car l'usage de toute cette partie externe est de les réunir et de les envoyer au fond de l'oreille.

Trois cavités principales partagent l'intérieur de cet organe. Celle qui se présente la première est une sorte de *conque* ou d'entonnoir, dont l'ouverture est à l'extérieur; la seconde se nomme la *caisse*; la troisième, ou la plus intérieure, est le *labyrinthe*. Dans la conque se trouve une ouverture, qu'on appelle le *conduit auditif*, dont l'entrée est garnie de petits poils qui servent de barrière contre les insectes qui tenteroient d'y pénétrer : c'est aussi dans le même dessein que toute l'étendue de ce conduit est humectée d'une humeur à la fois gluante et amère, qui se sépare des glandes.

Le tympan, ou *tambour* se trouve placé obliquement au fond du conduit auditif. Cette partie a réellement beaucoup de ressemblance avec l'instrument dont elle porte le nom; car d'abord il y a, dans la cavité du conduit auditif, un anneau osseux sur lequel est tendue une membrane ronde, sèche et mince : en second lieu, sous cette peau, un cordon, rendant ici le même service que la corde de boyau rend au tambour, augmente par ses vibrations l'ébranlement du tympan, et sert, tantôt à donner plus de tension à la membrane, tantôt à la relâcher. Dans la cavité ou caisse qui est sous cette peau, se trouvent quelques osselets fort petits, mais très-remarquables : le *marteau*, l'*enclume*, l'*orbiculaire* et l'*étrier*, dont l'usage est de contribuer à l'ébranlement et à la tension de la peau du tympan. Un conduit qui, d'un côté, s'ouvre dans la bouche, et de l'autre, dans la caisse, renouvelle sans cesse l'air de celle-ci. La troisième cavité, qui, par ses routes tortueuses, ne ressemble pas mal à un labyrinthe, présente une espèce de vestibule, trois canaux demi-circulaires, et une partie tournée en spirale, nommée le *limaçon*. Le limaçon est enveloppé d'un conduit qui va en s'étrécissant en forme de cône, depuis la base jusqu'à la pointe. Il est divisé par une cloison qu'on nomme la *lame spirale*, composée d'une foule innombrable de petites cordes de diverse épaisseur et de diverse longueur, comme celles d'un clavecin. Chacune de ces fibres répond, vraisemblablement, à une fibre analogue du *nerf auditif*, qui part du cerveau, où est le siége de l'ame; à laquelle les impressions sonores se trouvent transmises de la manière dont nous allons l'expliquer.

L'air, véhicule du son, rassemblé par la conque ou l'entonnoir, frappe le tambour et lui communique les ébranlemens qu'il a reçus lui-même. L'air enfermé dans la caisse frémit à son tour, et fait frémir la fibre de la lame spirale qui se trouve à son unisson. Ce frémissement se communique à une fibre correspondante du nerf auditif, laquelle, aboutissant au siége de l'ame, occasione à celle-ci la sensation de ce son. Si plusieurs sons différens se font entendre à la fois, le frémissement simultané de différentes fibres analogues de la lame spirale donne la perception simultanée de ces différens sons. Ainsi, une portion d'air infiniment petite, que nous mettons en mouvement, sans savoir de quelle manière, fait en un instant connoître à un ami nos pensées, nos conceptions, nos désirs, aussi parfaitement que si son ame étoit dans la nôtre.

L'air est un fluide. Si l'on jette une pierre dans une eau paisible, il en résulte des ondulations qui s'étendent plus ou moins, selon le degré de force imprimée à la pierre. Un mot prononcé pro-

duit dans l'air le même effet que le caillou lancé
dans l'eau. Celui qui profère ce mot, pousse l'air
hors de sa bouche : cet air communique à l'air
extérieur qu'il rencontre, un mouvement d'ondulation ; et cet air agité vient, par la route que
nous avons décrite, ébranler dans l'oreille le nerf
auditif. L'ame éprouve alors une sensation pro-
portionnée à l'impression reçue ; et, en vertu d'une
loi mystérieuse du Créateur, elle se fait des représentations d'objets et de vérités.

De quelle joie je me sens pénétré lorsque j'entends mes semblables ! et que ma situation seroit
déplorable, si je venois à être privé de cette faculté précieuse ! Oui, à certains égards, cette privation me rendroit plus malheureux que celle
de la vue. Si j'étois né privé de l'ouïe, il me seroit très-difficile de recevoir des instructions tou-
chant la religion, Dieu, mon ame et le salut. Je
ne pourrois que difficilement acquérir les lumières nécessaires pour faire quelques progrès dans
les arts ou dans les sciences.

Afin de nous faire mieux sentir sa bonté pour
nous, Dieu permet, de temps en temps, qu'il
naisse des hommes privés du sens de l'ouïe.
Pourrois-je considérer un de ces infortunés, sans
apprendre à mieux estimer mon bonheur, et sans
exalter la gratuité dont, à cet égard, l'Etre suprême daigne user envers moi ? Le bon usage de
l'ouïe est un des moyens les plus naturels de lui
témoigner ma reconnoissance pour un si grand
bienfait.

CLXXXVI CONSIDÉRATION.

L'œil.

DE tous les sens, la vue est celui qui fournit à l'ame les perceptions les plus promptes et les plus étendues. Il est la source des plus riches trésors de l'imagination ; et c'est à lui principalement que nous devons les idées du beau, de l'ordre et de l'unité du tout dans la variété même des objets qui le composent.

Infortunés qu'un sort rigoureux a frustrés, dès la naissance, de l'usage de la vue, hélas ! le plus beau jour ne diffère point pour vous de la nuit la plus sombre ! Jamais la lumière ne porta la joie dans vos cœurs. Vous ne la voyez point se jouer dans le brillant émail d'un parterre, dans le plumage varié d'un oiseau, dans le majestueux arc-en-ciel. Vous ne contemplez point, du haut des montagnes, les coteaux couronnés de pampres ; les champs couverts de moissons dorées ; les prairies ornées de riantes verdures, arrosées de rivières qui fuient en serpentant ; ni les habitations des hommes dispersées çà et là dans ce grand tableau. Vous ne promenez point vos regards sur l'immense océan ; et ces légions innombrables de l'armée des Cieux sont pour vous comme si elles n'existoient pas. L'épaisse obscurité qui vous environne ne vous permet pas de jouir de la contemplation de l'homme, ni de considérer en lui ce que la nature a de plus grand, ou ce que vous avez de plus cher. Mais quels dédommagemens vous sont réservés pour l'avenir ! vos ténèbres seront changées en lu-

mières ; et , devenus habitans du Ciel , vous porte-
rez vos regards sur toutes les parties de l'univers.

Pour nous à qui le Créateur a , dès-à présent ,
départi une portion de cette lumière , admirons-
en les effets dans l'organe qui nous la communique. La nuit a , par degrés , retiré son voile de
dessus la surface de la terre ; la riante aurore annonce l'astre du jour : il paroît , et la nature semble créée de nouveau. Quelle majesté ! quelles
couleurs ! quel éclat ! Mais par quelle secrète mécanique mes yeux me communiquent-ils des perceptions si vives , si diversifiées , si abondantes ?
Comment découvré-je , avec tant de facilité et de
promptitude , tout ce qui m'environne ?

L'œil surpasse infiniment tous les ouvrages de
l'industrie des hommes : sa structure est la chose
la plus étonnante dont l'entendement humain ait
pu acquérir la connoissance. Considérons-en d'a-
bord les parties externes. De quels retranchemens,
de quelles défenses les yeux n'ont-ils pas été pourvus ! Ils sont placés dans la tête , à une certaine
profondeur , et environnés d'os très-solides , afin
qu'ils ne puissent pas être facilement blessés. Les
sourcils contribuent aussi à la sûreté et à la conservation de cet organe : les poils qui forment ce
bel arc au-dessus des yeux , empêchent que la
sueur du front ne s'y introduise. Les paupières sont
toujours prêtes à les secourir ; et comme elles se
ferment aux approches du sommeil , elles empêchent l'action de la lumière de troubler notre repos.
Les cils , en même temps qu'ils ajoutent à la beauté ,
nous garantissent du trop grand jour : ils excluent
la lumière superflue , et arrêtent jusqu'à la moindre poussière dont les yeux pourroient être of-
fensés.

Mais la structure intérieure de cet organe est infiniment plus admirable encore. L'œil est composé de tuniques, d'humeurs, de muscles et de veines. La tunique, ou membrane extérieure, qu'on appelle *cornée*, renferme toutes les parties qui le composent. Elle est transparente dans sa partie antérieure, et opaque dans tout le reste. La partie transparente conserve le nom de *cornée*; la portion opaque, connue sous celui de *sclérotique*, recouvre à peu près les deux tiers du globe de l'œil : derrière elle se trouve l'*Uvée*, percée antérieurement d'un grand trou rond, connu sous le nom de *prunelle*, dont la circonférence extérieure, ou *l'iris*, est noire, bleue, ou de différentes couleurs. Cette enveloppe se divise aussi en deux parties : l'une antérieure, qui retient le nom d'*uvée*; l'autre postérieure, et qui prend celui de *choroïde*, beaucoup plus étendue que la première, et enduite d'une humeur noirâtre. La troisième membrane, ou la *rétine*, n'est qu'une expansion du nerf optique, formant une espèce de toile très-fine, sur laquelle se ramifient un assez grand nombre de vaisseaux.

Les humeurs de l'œil sont au nombre de trois. Une cavité que l'on remarque sous la cornée, cavité à laquelle on donne le nom de *chambre antérieure de l'œil*; et une autre comprise sous l'uvée, qu'on nomme *chambre postérieure*, renferment la première de ces humeurs, qu'on appelle *humeur aqueuse*, à cause de sa transparence et de sa fluidité. Elle peut se régénérer quand elle s'est écoulée par une blessure faite à la cornée. L'humeur cristalline, ou simplement le *cristallin*, est placé immédiatement au-dessous de l'humeur aqueuse, vis-à-vis de la prunelle : la

figure du cristallin est lenticulaire , et il est doué
d'une certaine consistance. Derrière le cristallin
est une substance extrêmement limpide et transparente, qu'on appelle *humeur vitrée*, parce qu'effectivement la masse totale de cette humeur renfermée dans les capsules qui la contiennent, imite
assez bien une masse de verre fondu.

Six muscles servent à mouvoir l'œil en divers
sens ; et la rapidité de ces mouvemens est extrême :
ils l'élèvent, l'abaissent, le tournent à droite ou
à gauche, obliquement ou en rond, selon que le
besoin l'exige.

Les diverses matières transparentes contenues
dans l'œil ont un degré de densité capable de causer des réfractions différentes ; et leur figure est
aussi déterminée de telle sorte, que tous les rayons
partis d'un point d'un objet, sont exactement
réunis dans un même point de la rétine, quoique
l'objet soit plus ou moins éloigné, qu'il soit situé
devant l'œil directement ou obliquement, et que
ces rayons souffrent une différente réfraction. Le
moindre changement dans la nature et la figure
des matières transparentes, feroit perdre à l'œil
tous ces avantages. Et des hommes osent soutenir
que les yeux, que le monde entier lui-même ne
sont que l'ouvrage du hasard.... ! Le Psalmiste l'a
dit : « Ce ne sont que les insensés qui disent dans
» leur cœur : *Il n'y a point de Dieu.* » Pour nous
qui, convaincus de l'existence de ce grand Être,
le regardons encore comme l'Auteur de tout ce
qui existe, nous nous écrions avec le même Prophète : *Celui qui a fait l'œil, ne le verroit-il
point !*

CLXXXVII^e CONSIDÉRATION.

Merveilles de la vision.

Nous savons que trois humeurs de différente densité, logées dans des capsules transparentes, partagent en plusieurs parties l'intérieur du globe de l'œil. Sur le fond est tendue une gaze très-fine, qui n'est que l'expansion d'un nerf, dont l'extrémité aboutit immédiatement au cerveau. Une peau noire tapisse intérieurement tout le globe. A sa partie antérieure est une ouverture qui se contracte ou se dilate, selon que la lumière est plus ou moins forte. Pourquoi ces humeurs, cette gaze, cette tapisserie, cette ouverture ?

La lumière vient, en ligne droite, des astres jusqu'à nous : mais ses rayons se plient, lorsque la densité des matières à travers lesquelles ils passent, augmente ou diminue. Si ces matières sont plus denses, les rayons se courbent en s'approchant de la perpendiculaire, qu'on suppose abaissée sur leur surface ; ils s'éloignent, si ces matières ont moins de densité : cela se nomme la *réfraction* de la lumière. Ainsi, deux rayons qui tombent parallèlement sur une lentille de verre, changent de direction, et tendent à se réunir en un point derrière la lentille. Là, par exemple, est une image distincte du soleil : en delà ou en deçà, l'image est confuse. Elle le devient pareillement, si l'on substitue à la lentille un verre plus ou moins convexe, ou un corps transparent, plus ou moins dense que le verre.

A la propriété de se *réfracter*, la lumière joint celle de se *réfléchir* de dessus les corps qu'elle éclaire. Il part donc de tous les points des objets,

des traits lumineux , et ces traits tendent à s'é-
carter les uns des autres : mais ils se rapprochent
dès qu'ils rencontrent des corps transparens plus
denses ou plus convexes, et leur réunion se fait
d'autant plus promptement, que cette densité ou
cette convexité est plus considérable..

Placez une lentille de verre au volet d'une chambre obscure : présentez un carton à cette lentille,
vous aurez sur-le-champ un tableau où tous les
objets du dehors seront peints dans la plus grande
précision , et suivant toutes les règles de la perspective la plus exacte; ce sera même un tableau
mouvant, si ces objets se meuvent : vous y verrez
les ruisseaux se précipiter des montagnes et ser-
penter dans les plaines ; les oiseaux planer dans
les airs ; les poissons se jouer à la surface de l'eau;
les troupeaux bondir sur les prairies.

Substituez à la lentille un œil de bœuf fraîche-
ment dépouillé de ses enveloppes : un tableau semblable au précédent, mais dont toutes les figures
seront peintes beaucoup plus en petit, se tracera
sur la toile qui recouvre le fond de cet organe.

La structure de l'œil du bœuf est la même, pour
l'essentiel, que celle de nos yeux : ainsi, déjà vous
pénétrez le mécanisme de la vision. Les humeurs
de l'œil sont la lentille de la chambre obscure ; la
toile, ou la rétine, en est le carton, la peau noire
qui tapisse l'intérieur du globe, fait l'office du
volet qui écarte le jour ; la prunelle, en se contractant ou en se dilatant, selon que la lumière est
plus ou moins forte, modère l'action des rayons
sur la rétine. Les rayons traversent donc la cornée,
ensuite l'humeur aqueuse, le cristallin, puis l'humeur vitrée ; et après avoir été suffisamment réfractés et réunis dans ce passage, ils viennent

peindre sur la rétine l'image des objets extérieurs avec une justesse et une netteté parfaites : ou plutôt, il n'y a peinture nulle part, mais seulement ébranlement de fibres. Le nerf optique communique au cerveau les divers ébranlemens qu'il reçoit, et excite dans l'ame des perceptions conformes aux impressions produites par les objets extérieurs.

L'image de ces objets se peint renversée sur la rétine, et c'est toutefois pour cela qu'ils se représentent à nous dans leur véritable situation. Les plus grands objets s'y dessinent avec une petitesse extrême ; et cependant nous les apercevons dans leur véritable grandeur. Comment se fait-il que quand, d'une haute tour, nous voyons au-dessous de nous plusieurs milliers de maisons, chacune d'elles se peigne si exactement dans un aussi petit espace ? Des millions de rayons viennent, par une très-étroite ouverture, se réunir sur la rétine, sans se confondre, et en gardant toujours le même rapport qu'avoient entr'eux les points de l'objet d'où ils sont partis. Si, du haut d'un mât de vaisseau, on considère une flotte cinglant à pleines voiles, que d'objets s'offrent à notre vue ! Quand, de cette hauteur, on contemple la mer elle-même, que de milliers de vagues on y découvre ! Chacune d'elles cependant réfléchit des masses de rayons sur notre œil, dont le volume est si petit. Que, dans un jour serein, élevé sur une montagne, je promène ma vue sur les contrées voisines, je ne puis revenir de mon étonnement, en voyant une campagne de cinq à six lieues carrées, chaque arbre, chaque herbe même exprimée en détail sur un vélin de quelques lignes. Autre sujet d'admiration. J'ai deux yeux, et toutefois l'objet ne

me paroît pas double, parce qu'il fait son impression sur des points correspondans de chaque rétine.

Mais tous les objets qui frappent mes regards
ne sont pas visibles pour moi seul. Je viens d'être
étonné du nombre des rayons qu'ils envoient sur
ma prunelle : ils en envoient autant sur tous les
espaces semblables de la masse d'air qui les environne. Partout où je me transporte, de nouveaux
rayons remplacent les précédens, et me rendent
visibles les mêmes objets que j'apercevois avant
d'avoir changé de place. Tous les rayons nécessaires pour cet effet existent déjà, et n'attendent
que des yeux. Piquez une feuille de papier avec
une épingle, et regardez par cette ouverture,
beaucoup plus étroite que celle de votre œil : vous
ne laissez pas d'apercevoir encore les objets, quoiqu'ils vous paroissent bien plus petits.

Quel est l'homme qui se donne la peine de réfléchir sur toutes ces merveilles ? L'habitude de
voir nous fait regarder cette opération comme une
chose extrêmement simple et facile à comprendre.
Nous savons, il est vrai, comment l'image se
forme au fond de l'œil : nous savons en quoi toutes
les parties qui le composent y contribuent. Mais
l'œil ne peut avoir l'idée de ce qui se passe en lui :
il faut donc que l'impression des rayons se propage jusqu'au siége de l'ame ; et, pour décrire ce
qui s'y passe, comment elle voit l'objet, quels
sont les ressorts qui la déterminent à se le représenter, il faudroit être plus qu'un homme.

Au reste, ce qui demeure inaccessible à notre
entendement est l'ouvrage d'une Intelligence souveraine qui se manifeste partout, tant en nous
que hors de nous, et qui est toujours accompagnée d'une bonté sans bornes. Pourrois-je donc

méconnoître cette bonté, et ma bouche pourroit-elle cesser d'annoncer les merveilles de sa puissance? merveilles qui, pour surpasser toutes més conceptions, n'en sont pas moins dignes d'une réconnoissance éternelle.

CLXXXVIII^e CONSIDÉRATION.

De l'utilité de nos sens.

J'ai des sens, c'est-à-dire que, par le moyen de divers organes merveilleux, je peux me procurer une multitude de sensations. Par les *yeux*, j'acquiers la perception de la lumière et des couleurs; par les *oreilles*, celle des différens sons; par l'*odorat* et par le *goût*, celle des émanations agréables ou désagréables des odeurs et des saveurs, du doux et de l'amer, et d'autres propriétés des corps dont je peux faire usage : par le *toucher*, enfin, j'ai le sentiment du chaud et du froid, du dur et du mou, du sec et de l'humide, etc.

Je me représente maintenant combien je serois misérable, si j'étois privé dés organes de la vue, de l'ouïe, du goût, de l'odorat et du toucher. Si je n'étois point doué du premier, comment pourrois-je me dérober aux périls qui m'environnent; me faire une idée de la magnificence des Cieux, des beautés de la nature, et de tant d'objets agréables dont la terre est remplie? Sans l'organe de l'ouïe, comment serois je instruit d'un grand nombre de dangers qui me menacent de loin? comment jouirois-je du commerce de mes semblables, de l'harmonie et des charmes de la musique?

comment, dans ma jeunesse, aurois-je pu recevoir les instructions de mes maîtres, apprendre à
bien connoître Dieu et toutes les vérités précieuses
que la Religion renferme ; acquérir cette foule de
notions qui enrichissent mon ame et me distinguent si avantageusement des brutes ? Si l'odorat
et le goût m'avoient été refusés, pourrois-je discerner les alimens qui me sont salutaires d'avec
ceux qui me seroient nuisibles ; jouir des parfums
du printemps, et de mille objets qui me procurent des sensations si délicieuses ? Sans le tact,
enfin, serois-je en état de découvrir ce qui m'est
contraire ; serois-je capable de veiller à ma propre conservation ? Je ne saurois donc trop me ré-
jouir et bénir Dieu de ce que je puis voir, entendre, goûter, sentir et parler. J'adore mon bienfaisant Créateur, je reconnois et je célèbre sa
bonté. Ma bouche s'ouvrira pour le glorifier par
des cantiques de louanges et d'actions de grâces.
Mes oreilles seront attentives à l'hymne universel
que toutes les créatures entonnent à son honneur.

Ah ! qu'il ne m'arrive jamais de méconnoître le
prix de mes sens, ou d'en abuser ! Le Créateur me
les a donnés pour les fins les plus nobles ; et combien ne seroit-ce pas outrager sa bonté libérale et
déshonorer l'admirable structure de mon corps,
si je ne les employois qu'à des fonctions animales,
sans me proposer des vues plus relevées ! Quel malheur, de ne chercher sa félicité que dans les plaisirs des sens, et de les préférer aux plaisirs vraiment
ravissans du cœur et de l'esprit ! Un temps viendra
où mes yeux ne seront plus sensibles à la beauté des
objets extérieurs, où les sons d'une voix touchante
ne flatteront plus mon oreille, où mon odorat ne
trouvera plus de charmes à sentir les parfums les

plus délicieux. Un temps viendra où presque tous mes sens ne trouveront ni agrément, ni satisfaction dans les choses terrestres. Eh ! que je serois alors infortuné, si je ne connoissois rien qui pût nourrir mon esprit, consoler mon ame, remplir mes désirs! Puissé-je donc, en faisant usage de mes sens, ne perdre jamais de vue le grand but de mon existence ! Que leurs organes me servent à glorifier mon Créateur ; et que, dès ici-bas, je commence à m'habituer à ces nobles occupations, auxquelles, après la résurrection future, ils seront employés dans le Ciel.

Jusqu'ici je n'avois pas envisagé mes sens sous leurs plus grands rapports. Je ne m'étois point dit qu'ils étoient des chefs-d'œuvre sortis des mains de Dieu : je ne les avois point regardés comme une preuve démonstrative que mon corps, même dans ses moindres organes, n'est point l'ouvrage d'un aveugle hasard. Maintenant, je commence à saisir, dans une assez belle partie de leur ensemble, les merveilles de la Sagesse suprême, et je suis frappé d'étonnement en me considérant moi-même et toutes les œuvres de ses mains.

Bienfaisant Auteur de mon être, ah ! pardonne si, en me servant de mes sens, je n'ai point élevé mes pensées jusqu'à toi, ou du moins, si elles n'ont point été suivies de la plus tendre reconnoissance! Enseigne-moi à n'en faire usage que d'une manière qui réponde au but pour lequel ils m'ont été donnés. Que désormais j'emploie souvent mes yeux à contempler tes ouvrages : que toutes les fois que j'élèverai mes regards vers le Ciel, ou que je me contemplerai moi-même, je sois excité à louer ou à bénir ton admirable bienveillance. Et, quand je verrai les maux divers qui

font gémir une grande partie de mes semblables,
ah ! que mon œil ne soit point sec, ni mon cœur
fermé à la compassion ! que de douces larmes viennent mouiller mes yeux, lorsque je recevrai quelques nouvelles marques de la bonté divine, ou
que je serai assez heureux pour faire du bien aux
affligés, pour les soulager dans leurs détresses, et
pour essuyer leurs pleurs !

CLXXXIX^e CONSIDÉRATION.

Des rapports qui se trouvent entre nos sens
et les objets de la nature.

Nos organes sont en rapport avec notre état actuel ; et y désirer quelque chose de plus, seroit
vouloir nous mettre en contradiction avec tout ce
qui nous environne. Des degrés différens de force
et d'intensité dans les organes de nos sens produi-
roient en nous d'autres perceptions, d'autres idées,
qui seroient moins appropriées à notre situation
présente. Soit au moral, soit au physique, nous
ne pourrions qu'y perdre, au lieu d'y gagner.
Au moral, notre liberté en seroit gênée. En effet, si nos sens augmentoient de force, leur empire seroit moins résistible ; si cette force étoit
beaucoup moindre qu'elle ne l'est à présent, ils
auroient sur notre ame une action trop foible.
Dans l'un et l'autre cas, l'équilibre que nous devons faire régner entre notre raison, notre imagination et nos passions, se trouveroit à peu près
détruit : d'une ou d'autre manière, nous serions
presque contraints, ou nécessités. Dieu a tout ba-
lancé, tout ménagé pour ce grand objet : aux yeux

d'un observateur attentif, quantité de choses, dans ce monde, ne s'expliquent raisonnablement que d'après cette fin.

Au physique, les proportions entre nous et la nature entière cesseroient d'être ce qu'elles sont, et ce qu'elles doivent être pour notre avantage réel. L'Etre dont la sagesse infinie nous a fait tels que nous sommes, avec tous les corps qui sont autour de nous, a disposé nos sens, nos facultés et nos organes, de telle sorte qu'ils puissent nous servir aux nécessités de la vie, à ses agrémens, et à tout ce que nous devons faire en ce monde. Nous pouvons, par le secours des sens, connoître les choses, les distinguer, les examiner autant qu'il le faut pour les appliquer à notre usage et les faire servir à nos besoins.

Toutes foibles, toutes bornées que sont nos facultés, elles suffisent, non-seulement pour nous faire trouver les moyens de pourvoir à tant de besoins divers, mais même pour nous conduire au Créateur, par la connoissance qu'elles nous donnent des créatures. Par leur moyen, nous pénétrons assez avant dans l'admirable conformation des êtres et dans leurs effets surprenans, pour reconnoître et exalter les divins attributs de celui qui les a formés. Cette connoissance, telle qu'elle est, se trouve parfaitement assortie à notre état ici-bas. Nous puisons en elle les premières notions de nos devoirs envers Dieu, envers nos semblables, envers nous-mêmes, et c'est à quoi se réduisent tous ceux que nous avons à remplir en ce monde.

Une preuve que nos facultés suffisent à nos besoins, c'est que, si l'on nous demandoit quel seroit le sens que nous désirerions de voir ajouter à ceux

que nous possédons, nous ne saurions que répondre. Nous n'avons aucune idée d'un sens différent
de ceux dont nous sommes doués, et les nouvelles faces sous lesquelles ce sens nous montreroit
les objets de la nature, loin de nous les rendre
utiles, pourroit nous les rendre désagréables ou
même nuisibles.

Mais, sans demander d'autres sens, voyons si
nous serions fondés à désirer quelque perfection
plus grande, selon nous, dans nos organes ac-
tuels. Supposons-leur, pour un moment, plus de
finesse et de vivacité, et examinons ce qui en résulteroit. D'abord, la grandeur, et, jusqu'à un
certain point, la forme extérieure des objets seroient autres à notre égard : mais oserions-nous
assurer que ces changemens ne seroient pas in-
compatibles avec notre nature, ou du moins avec
un état aussi commode et aussi agréable que celui
où nous nous trouvons présentement ?

Pour nous convaincre que, sur cette terre qui
nous a été assignée pour demeure, le sage Archi-
tecte de l'univers a mis de la proportion entre nos
organes et les corps qui doivent agir sur eux, il
suffit de considérer combien peu, par exemple,
nous sommes capables de subsister dans une région de l'air un peu plus élevée que celle où nous
respirons ordinairement.

Si le sens de l'ouïe venoit à acquérir beaucoup
plus de vivacité qu'il n'en a dans l'état actuel des
choses, combien ne serions-nous pas distraits par
le plus petit bruit ! et l'oreille même pourroit-
elle en soutenir l'impression ? Qui trouveroit une
retraite assez tranquille, pour s'y livrer, je ne dis
pas seulement aux charmes de la méditation,
mais au soin de ses affaires les plus pressantes ?

Où rencontrerions-nous un asile assez reculé, pour y goûter en paix les douceurs d'un profond sommeil ?

Supposons qu'un homme eût la vue plus subtile encore qu'elle ne l'est par le secours du meilleur microscope : il discerneroit des objets plusieurs millions de fois moindres que le plus petit de ceux que nous apercevons présentement ; il seroit en état de découvrir la contexture et le mouvement des infiniment petites parties dont chaque corps est composé. Mais, avec un œil si perçant, il ne pourroit soutenir ni l'éclat du soleil, ni même la lumière du jour ; il ne pourroit apercevoir à la fois qu'une très-petite partie d'un objet ; et seulement à une fort petite distance. Il lui seroit impossible et de voir, à un éloignement convenable, les objets qu'il lui importeroit d'éviter, et de distinguer, par le moyen des qualités sensibles, les choses les plus nécessaires à son existence. Il découvriroit les plus petites parties du ressort d'une montre ; et il ne pourroit embrasser d'un coup d'œil l'aiguille entière et les nombres du cadran : c'est-à-dire que son organe, en lui découvrant la configuration secrète des deux parties de la machine, lui en feroit perdre l'usage. Il seroit de même de tous les objets : cet homme en verroit, l'un après l'autre, dans des points presque indivisibles, quelques détails ; mais il perdroit l'ensemble qui fait naître de chacun d'eux et de leur assemblage l'utilité et la richesse.

Accordons la même finesse à ses autres sens : les saveurs les plus douces deviendront pour lui de violens caustiques ; les parfums les plus délicieux le feront tomber en syncope : les objets les moins rudes au toucher, lui feront éprouver les

sensations

sensations les plus douloureuses : l'existence mê-
-me sera pour lui une chose impossible.

Cessons donc de porter nos désirs au delà des
bornes que comporte notre condition actuelle. Reconnoissons avec gratitude que Dieu nous a constitués de la manière qui nous est la plus avantageuse, et tels que nous devons être à l'égard des corps
qui nous environnent, et avec lesquels nous sommes en relation. Si nos facultés ne peuvent ici-bas
nous conduire à une plus parfaite connoissance
des choses, c'est qu'elle nous est inutile. Un jour
viendra où, ayant à soutenir des rapports avec un
autre ordre de choses, nos sens augmenteront,
peut-être, et en perfection et en nombre. Notre
devoir maintenant est de faire un assez bon usage
de ceux dont nous sommes doués, pour mériter,
lorsque le temps ne sera plus, les facultés nécessaires à un être destiné à un bonheur infini.

CXC^e. CONSIDÉRATION.

Des os, et de leur assemblage.

L'EXAMEN des différentes parties qui composent notre corps, nous remplit d'admiration pour la main
qui l'a formé. Le sceau de l'ouvrier est empreint
sur son ouvrage ; il semble avoir pris plaisir à faire
un chef-d'œuvre avec la matière la plus vile. Mais,
sans les os, qui donnent de la consistance à toute
la machine, qui tiennent chaque organe à sa place, et font garder à tous les membres une situation convenable, un tel chef-d'œuvre ne pourroit
exister : cet édifice, où brille la plus sublime intelligence, ne seroit qu'une masse informe, dans

III.   E

laquélle toutes les parties, affaissées sur elles-mêmes, ne pourroient concourir au jeu de l'ensemble, au maintien de la vie animale..

Les os sont composés de deux matières, dont
l'une, purement gélatineuse, peut être comparée
à un ouvrage à réseau, entre les mailles duquel
s'insinue une substance dure, qui leur donne le
degré de consistance nécessaire. C'est de la même
manière que se forment les coquilles des animaux
testacés.

La conformation de ce réseau renferme sans
doute des particularités qui le différencient beaucoup des réseaux que l'art exécute. Il doit séparer, arranger et retenir les molécules qui s'y in-
crustent; tout cela dans un rapport direct à l'économie propre de chaque solide : ce qui paroît supposer beaucoup plus que de simples mailles, ou de
simples trous. Ainsi la substance gélatineuse, qui
est d'autant plus abondante dans les os que les
animaux sont plus jeunes, et qui, dans les premiers temps, a été leur seule partie constituante,
n'est pas seulement une espèce d'organe sécrétoire, dans lequel se déposent peu à peu les molécules ossifiantes : elle est, en quelque sorte, un
organe ordonnateur, constitué de manière à disposer ces mêmes molécules dans un ordre déterminé et constant.

On divise le corps humain, par rapport aux os,
en trois parties, la *tête*, le *tronc* et les *extrémités*. La tête comprend le crâne et la face : le tronc
est composé de l'épine, du thorax et du bassin :
chacune des extrémités supérieures consiste dans
l'épaule, le bras, l'avant-bras et la main ; chacune
des inférieures comprend la cuisse, le genou, la
jambe et le pied

Les jambes et les cuisses sont de grands os em-
boîtés les uns dans les autres, et unis par de forts
ligamens. Ce sont des espèces de colonnes égales
et régulières, qui s'élèvent pour soutenir l'édifice.
Mais ces colonnes peuvent se plier, et la rotule,
d'une forme inégalement arrondie, affermit l'articulation de la cuisse avec la jambe, et empêche
que les tendons des muscles ne se froissent les uns
contre les autres, dans le fléchissement du genou.
Chaque colonne a son piédestal, composé de pièces rapportées et artistement jointes, lequel se
tourne à volonté sous la colonne. Dans ce pied,
on ne voit que muscles, tendons, que petits os
étroitement liés, afin que cette partie soit à la fois
plus souple et plus ferme, selon les divers besoins.
Les doigts qui la terminent, avec leurs articulations
et les ongles dont ils sont armés, servent à tâter
le terrein, à s'appuyer avec plus d'adresse et d'a-
gilité, à se hausser, à se pencher, etc. Les pieds
s'étendent en avant, pour empêcher le corps de
tomber de ce côté, quand il se penche ou qu'il se
plie. Les deux colonnes se réunissent par le haut,
et sont encore brisées à cet endroit, pour donner à l'homme la facilité de se baisser et de s'as-
seoir.

Le corps de l'édifice, ou le tronc, est proportionné à la hauteur des colonnes. Il contient plusieurs des parties qui sont nécessaires à la vie, et
qui, par conséquent, doivent être placées dans
un lieu sûr. Deux rangs de côtes assez serrées, qui
sortent de l'épine, vont, en formant une espèce
de cercle, s'articuler, par leur portion cartilagineuse, au *sternum*, qui ferme la partie antérieure
du thorax, et tiennent ainsi à l'abri ces parties
délicates. Mais, comme les côtes ne pourroient

entièrement fermer le centre du corps, sans empêcher la dilatation de l'estomac et des intestins,
elles n'achèvent le cercle que jusqu'à un certain
endroit. Pour cet effet, des douze côtes que l'on
compte de chaque côté, il n'y en a que sept qui
s'articulent avec le *sternum :* les cinq inférieures,
ou fausses, ne s'étendent point jusqu'à ces os, et
laissent antérieurement un espace vide, qui donne à l'estomac la liberté de se distendre, lorsqu'il
est rempli d'alimens.

En considérant la disposition et l'ensemble des
parties qui constituent l'épine, on ne peut s'empêcher de reconnoître la main qui l'a formée. La
moindre compression qu'éprouveroit la moelle épinière, causeroit un dérangement très-marqué dans
l'économie animale : il ne falloit donc pas moins
qu'un canal osseux pour la mettre à l'abri d'un
pareil danger. Mais s'il eût été fait d'une seule pièce, il n'auroit pu se prêter à tous les mouvemens
que le corps est sans cesse obligé d'exécuter. L'auteur de la nature l'a composé de pièces assez multipliées pour se prêter à ces divers mouvemens. A
la plus grande solidité et à beaucoup de mobilité,
l'épine joint encore une légèreté extrême ; car chaque vertèbre est percée d'un grand trou, outre
qu'elle n'est, en plus grande partie, composée que
d'une substance spongieuse. Cette colonne porte
sur le bassin, la dernière partie du tronc, formée latéralement et antérieurement par les os des
hanches, où se trouve une cavité qui reçoit la
tête de l'os de la cuisse ; et, postérieurement, par
l'os *sacrum*, qui peut être considéré comme la
base de l'épine.

Du haut du tronc pendent les bras, terminés
par les mains, et qui ont une parfaite symétrie

entr'eux. Les bras tiennent aux épaules, qui leur
permettent un mouvement libre. Ils sont encore
brisés au coude et au poignet, pour pouvoir se
plier et se retourner avec promptitude. Les bras
ont la juste longueur pour atteindre à tous les endroits du corps : ils sont nerveux et pleins de muscles, afin qu'ils puissent, avec les reins, être souvent en action, et soutenir les plus grandes fâti-
gues. Les mains sont un tissu de muscles et d'osselets enchâssés les uns dans les autres : elles ont
toute la force et toute la souplesse convenables
pour saisir les corps voisins, pour les lancer, les
attirer, les repousser, les démêler, les détacher
les uns des autres. Les doigts, armés d'ongles à
leur extrémité, sont faits pour exercer, par la délicatesse et la variété de leurs mouvemens, les arts
les plus merveilleux. Les bras et les mains servent
encore, suivant qu'on les étend ou qu'on les replie, à rétablir l'équilibre dans le corps, et à en
prévenir les chutes.

Au-dessus des épaules s'élève le cou, ferme ou
flexible à volonté, et destiné à soutenir la tête qui
règne sur tout le corps. Cette tête fortifiée de tous
côtés par des os très-durs, pour mieux conserver
le précieux trésor qu'elle renferme, s'emboîte dans
les vertèbres du cou, et a une communication très-
prompte avec toutes les autres parties. Le crâne
est composé de huit os, qui, par leur concours,
forment cette boîte osseuse où se trouve le cerveau, le cervelet et la moelle allongée : quoique
très-solide partout, il se trouve néanmoins percé
en beaucoup d'endroits, pour donner passage à la
moelle, aux nerfs et aux vaisseux sanguins. La
face, qui fait la seconde partie de la tête, comprend les deux mâchoires. Dans la supérieure est un

trou par où passe l'air pour entrer, par le nez, dans
les poumons, sans quoi les enfans ne pourroient
téter, ni les adultes tenir dans leur bouche aucune
liqueur. Sur le bord de chacune d'elles, se voient
les alvéoles, cavités où sont implantées les dents,
les plus durs de tous les os, et qui sont destinés à
broyer les alimens, pour en préparer la digestion.
Les dents *incisives*, au nombre de quatre à chaque mâchoire, dont elles occupent la partie antérieure, sont des os plats, tranchans par leur extrémité, et formant un arc de cercle, qui est
comme la mesure des morceaux qu'il faut couper.
Les dents *canines* qui suivent, au nombre de
deux à chaque mâchoire, une de chaque côté,
sont pointues, pour s'enfoncer facilement dans les
alimens qui font quelque résistance, et que les
dents incisives n'ont pu diviser : leurs pointes, en
s'enfonçant dans les alimens, en retiennent une
partie, tandis que la main emporte le reste. Ces
dents sont en plus grand nombre dans les animaux voraces, tels que les loups et les lions. Après
que les alimens ont été coupés par les dents anté-
rieures, il faut qu'ils soyent broyés et triturés ; ce
qui exige des surfaces larges, dures, raboteuses :
et c'est aussi la forme des dents *molaires*, entre
lesquelles les alimens se trouvent broyés, comme
entre les meules d'un moulin. Ces dents, au nombre de seize, forment, avec les précédentes, les
vingt-huit que l'on compte d'ordinaire jusqu'à
l'âge d'environ vingt-cinq ans : les quatre dernières qui complètent le nombre de trente-deux, sont
connues sous le nom de *dents de sagesse*, parce
qu'elles croissent ordinairement fort tard. On a
des exemples de quantité de personnes en qui elles

n'ont commencé à percer que vers la quatre-vingt-
tième année.

L'assemblage des os entre eux forme ce qu'on
appelle leur articulation : l'une les unit, sans leur
permettre de se mouvoir; l'autre leur laisse cette
faculté. L'os de la cuisse se meut en tout sens dans
la cavité qui le reçoit, par un mouvement qu'on
appelle de *genou*. L'articulation de l'os du coude
avec celui du bras, semblable à une *charnière*,
ne permet que deux mouvemens : l'un de flexion
et l'autre d'extension. Lorsque deux os sont disposés de manière que l'un peut faire des mouvemens
de rotation sur l'autre, comme la première vertèbre du cou sur la seconde, c'est un mouvement
de *pivot*. Les os sont encore unis entre eux par
des liens fermes et élastiques, tels que des cartilages et des ligamens : souvent même l'articulation est enveloppée par une membrane. Une humeur, connue sous le nom de *synovie*, et continuellement filtrée par des glandes qui la versent
dans les articulations et dans les gaînes des tendons, sert à lubrifier la surface des os, et à rendre
leurs mouvemens plus aisés.

Qui n'admireroit la nature des os, leur formation et leur assemblage? Ils sont très-durs : et cependant ils ont de la légèreté, parce qu'ils sont
creux et remplis d'une multitude de trous. Qu'y
a-t-il de plus souple, pour tous les divers mouvemens? mais, en même temps, quoi de plus ferme et de plus durable? Après que les parties d'un
corps sont séparées par la corruption, les jointures et les liaisons peuvent à peine se détruire. Qui
a pu réunir tant de merveilles? Quel est l'auteur
d'un si étonnant ouvrage? Ah! pourrois-je, en le
contemplant, ne pas m'écrier avec le Prophète :

« Tous mes os diront : Seigneur, qui est sembla-
» ble à vous (1) ? »

CXCI^e CONSIDÉRATION.

De la peau qui recouvre tout le corps, et de quelques-unes de ses fonctions.

Une enveloppe commune recouvre tout le corps;
et, en même temps qu'elle en garantit les parties intérieures, elle sert à donner aux parties externes toute leur beauté. Sans la peau qui rend
l'objet si agréable et d'un coloris si doux, l'homme
seroit un être hideux, et nous nous ferions horreur à nous-mêmes.

Les fonctions de la peau ne se bornent point à
celles que nous venons d'indiquer. Nous avons déjà
vu qu'elle étoit l'organe du tact, qui réside principalement dans le *corps papillaire*, c'est-à-dire dans
ces houppes que forment en s'épanouissant les extrémités des nerfs cutanés. Mais, avant de considérer quelques autres destinations de cet organe, examinons-en plus particulièrement la
structure.

La peau, en faisant abstraction du corps papillaire, qu'on peut même regarder comme une partie du *corium*, et dont nous avons parlé en traitant de la peau comme organe du toucher, est un
composé de trois membranes, dont la plus interne se nomme le *cuir*; la seconde, le *corps réticulaire*; et la plus apparente, l'*épiderme* ou *sur-
peau.*

L'*épiderme* est le plus extérieur des tégumens

(1) Ps. 34, v. 10.

du corps humain, celui qui est le plus exposé à
l'air, et qui en supporte le mieux le contact : qualités qui lui sont communes avec l'émail des dents,
la tunique profonde de la trachée-artère, et celle
de l'œsophage. Rien de plus simple, et néanmoins,
rien de plus extraordinaire que sa texture. Dépourvu de vaisseaux, de nerfs et de pores ; à peine
organisé, d'une délicatesse extrême et demi-transparente, il est, en même temps, d'une ténacité
qui lui fait opposer la résistance la plus soutenue
à la macération et à tous les autres moyens de
corruption. D'excellens observateurs présument
qu'il est une espèce d'efflorescence du *cuir*, auquel il reste adhérent par une infinité de fibres.
Cette membrane, d'ailleurs, se détruit sans causer de douleur sensible, et se régénère aisément.
Ce qui paroît le plus solidement établir son importance, c'est qu'on le retrouve dans tous les
corps organisés de l'un et de l'autre règne : il n'est
pas jusqu'à l'embryon de trois mois, chez lequel
on ne puisse déjà le distinguer.

Au-dessous de l'épiderme, on trouve le *corps
muqueux*, membrane très-peu consistante, appelée *réseau de Malpighi*, parce que cet auteur
est le premier qui en ait conçu une idée exacte.
Elle difflue aisément en une espèce de mucosité ;
et il est rare qu'en l'isolant de l'épiderme et du
cuir, on puisse lui conserver son intégrité, ou sa
forme de membrane. C'est ce réseau qui donne
aux différens individus la couleur qui leur est propre. Chez tous, le *cuir* est blanc, ainsi que l'*épiderme* : il n'est que les Maures qui aient ce dernier un peu jaunâtre. Mais le corps réticulaire est
presque aussi diversement coloré qu'il y a d'hommes, d'âges et de climats différens : il n'est pas

E 5.

jusqu'à l'état de maladie qui ne lui apporte des modifications.

De ces modifications de couleur naissent les cinq principales variétés qui s'observent dans l'espèce humaine, et qui tiennent à l'influence du climat, qui en est la cause principale, à la nourriture et aux mœurs. Le blanc, plus ou moins clair, est commun aux Européens, aux peuples de l'Asie occidentale, à ceux du nord de l'afrique, aux Groënlandais et aux Esquimaux : ceux qui habitent la partie méridionale de l'Asie sont d'un brun tanné, tirant sur l'olive : les Ethiopiens sont noirs : les naturels des contrées de l'Amérique sont d'un rouge cuivré : enfin, les peuples qui occupent les bords de la mer Pacifique sont plus ou moins bruns. Il en est de ces variétés comme de toutes celles qui distinguent un homme d'un autre homme, ou une nation d'une autre nation : ce sont des nuances quelquefois à peine perceptibles, et d'après lesquelles on ne pourroit établir que des classes et des divisions arbitraires.

Le *corium*, ou *cuir*, que recouvrent l'épiderme et le réseau muqueux, est une membrane poreuse, tenace, très-extensible et plus ou moins épaisse. Elle est composée de plusieurs couches de tissu cellulaire, dont les superficielles sont plus denses, et les profondes plus lâches : celles-ci contiennent, excepté dans quelques parties du corps, un suc huileux qu'on nomme *graisse*. Outre les nerfs et les vaisseaux absorbans, le *cuir* admet un grand nombre de vaisseaux sanguins : il renferme encore dans son épaisseur une multitude innombrable de petites glandes qui fournissent à la peau une humeur onctueuse, limpide, très-pénétrante, très-difficile à se dessécher, et bien différente de

la sueur, ou de cette vapeur forte qui s'élève de
certaines parties du corps. Enfin , toute l'étendue
de ce qui forme le *corium*, si l'on en excepte les
paupières, la paume des mains , etc. , èst couverte de poils foibles, courts, et plus ou moins
lanugineux. Il est des endroits où, destinés à des
usages particuliers , ces poils sont plus longs : tels
sont les cheveux, les sourcils, les cils, etc. Les
poils ne diffèrent pas moins entre eux par leur
souplesse, leur frisure, et surtout par leur couleur , qui répond assez fréquemment à celle des
yeux : mais toutes ces variétés sont indistincte-
ment soumises aux influences de l'âge, du climat, d'une multitude de causes naturelles, ou
d'une affection maladive. Les poils sont d'une nature presque incorruptible : nulle autre partie du
corps humain dont la nutrition et la reproduction
soient aussi faciles ; ils repoussent même après
leur chute complète, à moins qu'une maladie de
la peau ne s'y oppose : nulle autre enfin qui soit
aussi essentiellement électrique.

Les tégumens communs ont un grand nombre
d'usages ; nous l'avons déjà insinué. L'effet des
topiques appliqués sur la peau, les frictions, etc.
ne permettent pas de douter qu'il n'existe dans le
corps des vaisseaux qui pompent principalement à
la surface externe, tous les fluides étrangers avec
lesquels la peau est en contact ; et même le fluide aérien. Ces vaisseaux servent à introduire dans
les routes de la circulation les parties les plus subtiles des médicamens qu'on applique sur la peau.
Les anciens étoient tellement persuadés de l'existence de ces conduits, et de l'usage que nous leur
attribuons, que presque toute leur pratique se ré-
duisoit en bains , en fomentations et en frictions.

Mais une des grandes utilités de la peau est d'ê-
tre un organe excrétoire, propre à débarrasser la
masse des liquides, de tout ce qui lui est inutile
ou étranger. Les miasmes qui s'échappent à travers son tissu, les différentes odeurs qui passent par
cet organe, les sueurs, etc., démontrent qu'elle
est appelée à remplir ces fonctions. Elle sépare
surtout un fluide dont le séjour cause dans l'économie animale de fâcheux accidens, et qui diffère
de la sueur, en ce que celle-ci s'échappe par la
peau, sous une forme sensible, tandis que le genre
d'évacuation dont nous parlons se fait sous une
forme insensible. Il est cependant des auteurs qui
les regardent comme essentiellement différentes.
Quoi qu'il en soit, la transpiration insensible est
un fluide aériforme qui s'exhale continuellement,
et qui a la plus grande analogie avec la transpiration pulmonaire, ou l'air expiré par le poumon :
ces deux fonctions paroissent n'être établies que
pour s'aider mutuellement, et pour que l'une com-
pense le défaut de l'autre. On regarde aussi la
transpiration cutanée et l'urine, comme deux fluides de même nature.

La perte de cette vapeur, dans un adulte de
taille et d'embonpoint ordinaires, ne peut être
que très-difficilement soumise à un calcul certain.
Il n'est pas plus possible de l'apprécier au moyen
des balances employées depuis *Sanctorius* pour
équilibrer le corps dans ses différens états, parce
que ce fluide n'est pas la seule matière qui trans-
sude par la peau. D'ailleurs, il n'est peut-être
aucun homme chez qui cette évacuation se fasse
en raison égale : on trouve même, à cet égard,
des variétés de peuples et de familles. Sanctorius
avoit pensé que les cinq huitièmes des alimens et

de la boisson se dissipoient par la transpiration.
Les découvertes modernes nous ont appris que la
plus grande partie de cette perte est due, dans
l'acte de la respiration, à l'acide carbonique, et
à l'eau qui est dissoute, soit par cet acide, soit
par l'air chaud qui est expiré.

Ainsi se montre la nature, toujours riche en
effets, et simple en moyens. Quelle variété, en
outre, dans la texture d'un même organe ! quelle
finesse, par exemple, dans la peau du visage !
quelle grossièreté, non moins convenable toutefois, dans celle du derrière de la tête ! quelle dureté, quelle épaisseur dans celle qui revêt la plante des pieds, pour la rendre capable de résister
aux fatigues ! Partout la peau est percée comme
un crible : mais ces pores sont insensibles ; et
quoique la transpiration et la sueur s'exhalent à
travers, jamais cependant, rarement du moins,
ils ne permettent au sang de s'échapper. Cette
peau a toute la délicatesse nécessaire pour être
transparente, et pour donner à la face humaine
un coloris vif, doux et gracieux. Moins serrée
et moins unie, le visage paroîtroit sanglant et
comme écorché. Qui a su tempérer et mélanger
les couleurs, pour créer cette carnation que les
peintres admirent, et n'imitent jamais qu'imparfaitement ? Qu'il est puissant cet Être, qui, en se
jouant, fait des choses et si grandes et si belles !

CXCII^e CONSIDÉRATION.

L'enfance, la jeunesse, l'âge viril.

Nous avons considéré l'organisation de l'homme, la structure de son corps, les sens divers qui le mettent en communication avec les objets extérieurs : examinons à présent les différens états par lesquels il passe, depuis sa naissance jusqu'à la mort.

Si quelque chose est capable de nous donner une idée de notre foiblesse, c'est l'état où nous nous trouvons immédiatement après notre naissance. Incapable de faire aucun usage de ses organes, et de se servir de ses sens, l'enfant qui naît a besoin de secours de toute espèce : il est, dans ces premiers temps, plus foible qu'aucun des animaux ; il ne peut se soutenir, ni se mouvoir ; il semble avoir à peine la force nécessaire pour exister. Il annonce par des gémissemens les souffrances qu'il éprouve, comme si la nature vouloit l'avertir qu'il est né pour souffrir, et qu'il ne vient prendre place dans l'espèce humaine que pour en partager les infirmités et les peines qu'attira sur elle la désobéissance du premier des hommes.

La forme du corps et des membres de l'enfant qui vient de naître, n'est pas bien exprimée : toutes les parties semblent, au premier aspect, trop arrondies : elles paroissent même gonflées, lorsque l'enfant se porte bien et qu'il ne manque pas d'embonpoint : mais à mesure qu'il prend de l'accroissement, la surabondance des sucs et le gonflement de toutes les parties diminuent. Il est aisé de voir que ces formes, cette surabondance, ce gonflement, tous les états qui précèdent, sont nécessaires pour amener ceux dont ils sont suivis ; ce qui a lieu dans toutes les opérations de la nature, par les sages institutions de son divin Auteur.

L'enfant commence à bégayer à douze ou quinze mois : la voix qu'il prononce plus aisément, est l'a, parce qu'il ne faut pour cela qu'ouvrir les lèvres et pousser un son. Il en est qui, à deux ans, prononcent distinctement, et répètent tout ce qu'on leur dit : mais la plupart ne parlent qu'à deux ans et demi, et très-souvent beaucoup plus tard. Jusqu'à trois ans, la vie est fort chancelante : elle s'affermit dans les deux ou trois années suivantes ; et l'enfant de six à sept ans est plus assuré de vivre, qu'on ne l'est à tout autre âge.

Alors a commencé pour lui la saison des jeux bruyans et folâtres. A mesure qu'il se fortifie, les exercices du corps deviennent pour lui une habitude d'autant plus impérieuse, que ses membres y puisent tout à la fois la souplesse, la vigueur et l'agilité nécessaires au parfait développement des organes. Mais déjà les premières leçons du devoir sont venues se faire entendre à la raison naissante : Heureuses les familles où c'est la religion elle-même qui les dicte, et qui les soutient par des exemples domestiques ! En même temps que les années s'avancent, les instructions deviennent plus sérieuses, plus suivies ; et elles finissent par resserrer les délassemens, les jeux, les exercices du corps, dans des bornes fort étroites au gré de l'enfant, mais bien suffisantes pour ses vrais intérêts.

Vers la quatorzième année, le son de la voix, jusqu'alors enfantin, devient rauque et inégal ;

après quelque temps, il se trouve plus plein, plus fort, plus assuré, plus grave : on entre dans l'adolescence, âge critique, où, pour la conservation de la santé et même de la vie, la sagesse et la pureté des mœurs sont si importantes ! Le corps achève de prendre son accroissement en hauteur : les jeunes gens grandissent presque tout-à-coup de plusieurs pouces. Il en est qui ne croissent plus après la quatorzième ou la quinzième année : chez d'autres, le temps de l'accroissement se prolonge jusqu'à vingt-deux ou vingt-trois ans. Presque tous, alors, sont minces de corps ; leur taille est effilée : mais peu à peu la chair augmente, les muscles se dessinent, les intervalles se remplissent, les membres se moulent et s'arrondissent ; et le corps est, avant l'âge de trente ans, dans les hommes, à son point de perfection pour les proportions et pour la force. Les femmes parviennent d'ordinaire à ce point beaucoup plutôt ; et chez elles, le corps est généralement, à vingt ans, aussi parfaitement formé que celui de l'homme l'est à trente.

Les proportions du corps humain offrant des variations, des différences assez considérables d'une personne à l'autre, il a fallu des observations long-temps répétées, pour trouver un milieu entre ces différences, afin de donner une idée des proportions qui font ce qu'on appelle la *belle nature*. C'est aux efforts pour imiter et copier exactement la nature, c'est à l'art du dessin qu'on doit, en grande partie, ce que l'on peut savoir en ce genre.

Toutes les passions sont des mouvemens de l'ame qui peuvent être exprimés par les mouvemens du corps, et surtout par ceux du visage. On peut juger, par l'action extérieure, de ce qui se passe à l'intérieur ; et connoître, à l'inspection des change-

mens qui surviennent dans les traits, la situation
actuelle de l'ame.

Qu'il est admirable, cet Être pour qui tous les
autres êtres terrestres ont été créés ! On ne se lasse
point de le considérer ; et plus on le médite, plus
on se sent pénétré de reconnoissance et d'amour
pour le souverain Bienfaiteur. Occupons-nous de
ces salutaires méditations ; et voyons tout ce que
nous sommes, afin que nous puissions lui rendre
tout ce que nous lui devons.

CXCIII^e CONSIDÉRATION.

Soins de Dieu pour les hommes dès leur naissance.

Quelle multitude incroyable de besoins j'avois
au moment de ma naissance ! Ce ne fut pas sans
peine, ce ne fut pas sans le secours d'autrui, que
je vins au monde ; et j'eusse bientôt perdu la vie
que je venois de recevoir, si l'on n'eût préparé
d'avance tout ce qui étoit nécessaire pour me la
conserver, si des mains charitables n'eussent daigné prendre soin de moi, dans cet état de dénû-
ment et de foiblesse ; ou plutôt si vous-même,
ô mon Dieu ! n'eussiez veillé à ma conservation.

La Providence a eu soin de moi lorsque j'étois
encore dans le sein de ma mère, et que toute la
science, toute l'industrie humaine, ne pouvoient
me secourir. Ce sont ses mains qui m'ont formé :
elles ont arrangé tous les membres de mon corps ;
Dieu a marqué à mes veines les routes qu'elles
devoient tenir, et les a remplies de sucs propres
à y faire circuler la vie. *Il m'a revêtu de peau*

*et de chair ; et il m'a affermi par des os et par
des nerfs* (1). Je n'étois, peu de temps après avoir
été conçu, qu'une masse informe; sa toute-puissance a façonné cette masse ; et, l'unissant à une
ame intelligente, il a fait de moi une créature digne d'être son image.

Cette même Providence qui veilloit sur-moi,
lors de ma formation, m'a continué ses soins paternels, et ne m'a jamais oublié. Dès mon entrée
dans le monde, elle m'a procuré des amis tendres,
qui m'ont reçu avec affection, et qui n'ont épar-
gné ni dépenses, ni peines pour me faire du bien.
Ces amis fidèles, c'étoient mes parens. Quelle misérable créature j'eusse été, si Dieu ne leur eût
inspiré pour moi un amour si désintéressé ! Mais
à quoi m'auroit servi cet amour, s'ils eussent été
dénués de tout moyen de m'assister ? Plus ils m'auroient aimé, plus leur indigence leur eût paru
amère ; plus ils se seroient trouvés malheureux de
ne pouvoir fournir à mes besoins. C'est le Père
commun des hommes qui a pourvu à ce qu'ils ne
manquassent point de ce qui leur étoit nécessaire
pour y subvenir

Les soins de Providence divine se sont étendus
plus loin encore. De tout temps elle avoit jeté les
fondemens de mon bonheur. Foible et chétive
créature, je ne savois ni ne pouvois savoir quelle
seroit ma destinée, tandis que tout lui étoit parfaitement connu. Elle voyoit l'ensemble de ma
vie : tous les événemens dont ma carrière devoit
être remplie, elle les voyoit avec toutes leurs
suites sous tous leurs rapports ; et elle y modifioit,
y réformoit, selon sa sagesse, sa justice ou sa mi-

(1) Job. 10. 11.

séricorde, les dangereux effets de ma mauvaise
volonté ou de mon ignorance. Elle savoit ce qui,
en genre de biens, ou en genre d'infortunes et
d'épreuves, me seroit le plus avantageux pour mon
état futur, si je voulois entrer dans ses vues et me
conformer à ses desseins. C'est à elle que je dois les
facultés dont j'ai été doué : c'est à elle que je dois
la mesure d'esprit, de talens qui devoient m'être
propres, pour mon avantage personnel, et pour
le bien général de cette société, dont l'harmonie
exige des rangs, des qualités et des talens divers,
comme elle exige, dans les individus, des physionomies différentes, des traits variés à l'infini, sans
quoi tout seroit désordre et confusion.

J'ai tout emprunté de cette Providence admirable et féconde, de cette source de lumière et
de tout bien : et, si elle m'a tout donné, comment pourrois-je en tirer vanité, et me l'attribuer
à moi-même ? *O homme, qu'avez-vous, que
vous n'ayez reçu ? et si vous l'avez reçu, quel
sujet auriez-vous de vous en glorifier* (1) ? il est
vrai que, par mes soins et mon application, j'ai
dû contribuer au développement de mes facultés,
à l'accroissement de mes lumières, au digne emploi
de ce que Dieu avoit mis de bon en moi. Mais quel eût
été le fruit de mes soins et de mes études, s'il n'eût
daigné me prêter son secours ? C'est à lui, c'est à
sa Providence, que je dois les positions favorables
dans lesquelles je me suis vu placé ; les premières
leçons de mes parens et de mes maîtres ; tant de
circonstances de ma vie qui ont servi à m'instruire, ou à me corriger. Eh ! en combien de rencontres, de combien de manières, n'ai-je pas

____

(1) 1 Cor. c. 4, v. 7.

abusé de ce que Dieu avoit fait pour moi ! Peut-être, hélas ! ai-je à me reprocher d'avoir fait tourner à son déshonneur, à mon préjudice et à celui de mes semblables , ce qui ne m'avoit été donné que pour servir à sa gloire, à mon bonheur, et au bien commun ; peut-être ai-je porté la désolation dans cette société, dans cette grande famille, dont j'aurois pu ménager les véritables intérêts, et faire l'ornement. Daignez oublier, ô mon Dieu, cet abus de vos dons ; et, dans votre miséricorde, aidez-moi à le réparer par tout le bien qu'il sera en mon pouvoir de faire.

Sur quelque époque de ma vie que se fixent mes regards, je ne vois de la part de ce tendre Père, que des bienfaits, et le plus grand de tous, celui que j'ai peut-être le plus méconnu, et dont l'abus m'a rendu le plus criminel, c'est celui de m'avoir fait naître chrétien. Si par la suite, et surtout dans le feu de ma jeunesse, les passions, l'exemple, les sophismes de l'irréligion, m'ont égaré des sentiers de la vérité et de la vertu, quels secours ne m'a-t-il pas offerts pour m'éclairer et pour me ramener ! Lorsque je lui ai été fidèle, il m'a garanti des piéges du vice, de ma propre foiblesse et de tous les attraits d'un monde corrupteur. Dans mille sortes de dangers, dans l'infortune, il fut mon soutien, mon refuge, mon unique ressource. Quand, menacé des horreurs du tombeau, la pâleur décoloroit mon front, il ralluma le flambeau de ma vie près de s'éteindre ; et quand le souvenir de mes péchés affligeoit mon ame, sa grâce l'a récréée.

O toi qui m'as tant aimé dès le premier instant de mon existence, et qui fais goûter au sein de l'amitié, la plus douce consolation de la vie, sois

béni à jamais ! Et quel bienfait, Seigneur, que
ce cœur capable de sentir ; ce cœur qui, maintenant consacré à toi tout entier, exalte avec reconnoissance ce que tu as fait pour moi ! Le plus
grand bien que je puisse goûter sur la terre, est
d'approcher de mon Dieu, de célébrer ses faveurs,
de glorifier le nom du Tout-Puissant. Dans mes
frayeurs, dans mes angoisses, dans tous mes périls, dans ma misère, je me confie en sa seule
bonté : fortifié par lui, la mort même n'a rien
qui m'épouvante. Quand les cieux passeront avec
un bruit sifflant de tempête ; quand l'édifice de
l'univers s'écroulera, je ne serai point enseveli
sous ses débris ; et je bénirai la main puissante
qui m'élèvera au-dessus des ruines du monde.
Grand Dieu ! l'éternité même ne suffira point pour
te rendre l'honneur, l'hommage et la louange qui
te sont dus.

CXCIV⋅ CONSIDÉRATION.

Besoins des hommes.

Il n'est point sur la terre de créature qui ait autant de besoins que l'homme. Nous venons au
monde dans un état de nudité, de destitution et
d'ignorance. La nature nous a refusé cette industrie
et cet instinct que les bêtes montrent presque en
naissant : elle ne nous a donné que la raison pour
acquérir, avec le temps, l'habileté et les talens
qui nous sont nécessaires. A cet égard, les animaux peuvent nous paroître dignes d'envie. Ne
sont-ils pas heureux, en effet, de n'avoir aucun
besoin de ces habillemens, de ces commodités,

de ces armes dont nous ne pouvons nous passer, et de n'être dans l'obligation, ni d'inventer, ni d'exercer cette foule de métiers et d'arts sans lesquels l'homme ne sauroit subvenir à ses diverses nécessités? Ils naissent, pour ainsi dire, tout armés; et s'il leur manque quelque chose, ils peuvent aisément se le procurer au moyen de cet instinct naturel qu'ils n'ont qu'à suivre aveuglément. Leur faut-il des habitations? ils savent s'en creuser ou s'en construire. Ont-ils besoin de lits, de couvertures, d'habits? ils ont l'art d'en filer, d'en tisser, et de se débarrasser des vêtemens qui leur deviennent inutiles. S'ils ont des ennemis, ils sont pourvus d'armes pour se défendre; s'ils sont malades ou blessés, ils savent trouver les remèdes qui leur conviennent. Et nous, supérieurs aux autres animaux, et faits pour leur commander, nous avons et plus de besoins, et, au premier coup d'œil, moins de moyens de les satisfaire.

Pourquoi donc, à tous ces égards, le Créateur a-t-il moins avantagé les hommes que les bêtes? C'est qu'il forma l'homme pour la société, et voulut qu'il ne pût être heureux que du bonheur commun. La Sagesse suprême se manifeste ici, comme en toute autre chose. En assujettissant l'homme à tant de besoins, elle a voulu mettre continuellement en exercice cette raison qui nous fut donnée pour nous rendre heureux, et qui nous tient lieu de toutes les ressources des autres animaux. Sujets à une multitude de besoins corporels, nous sommes forcés de faire usage de notre raison; d'acquérir la connoissance du monde et de nous-mêmes; d'être vigilans, actifs, laborieux, pour nous garantir de l'indigence, de la douleur, du chagrin, et pour répandre sur la vie les agré-

mens et le bonheur dont elle est susceptible. L'u-
sage de la raison est, en même temps, le seul
moyen de maîtriser les passions, et d'éviter, dans
les plaisirs, les excès qui nous deviendroient funestes. Si nous pouvions sans peine nous procu-
curer, les fruits et les autres alimens, insensiblement nous nous abandonnerions à l'indolence, à
la mollesse, et nous consumerions la vie dans une
oisiveté honteuse. Les nobles facultés de l'homme
s'affoibliroient, elles s'engourdiroient. Les liens de
la société se romproient, parce que nous ne serions plus dans une dépendance réciproque. Les
enfans mêmes n'auroient plus besoin de l'assistance
de leurs parens; moins encore de celle des autres
hommes : le genre humain retomberoit dans la
barbarie. Dans cet état plus que sauvage, nous
ne serions plus des êtres sociables, nous ne serions
plus des hommes; il n'y auroit plus, entre tous
les individus de l'espèce humaine, ni subordination, ni prévenance, ni bons offices mutuels.

C'est donc à nos besoins que nous sommes redevables au développement de nos facultés. Ils
éveillent notre esprit; ils lui donnent de la force
et de l'étendue; ils appellent l'industrie, et versent sur nos jours des commodités et des agrémens inconnus aux animaux. C'est le besoin qui
nous rend humains, compatissans, raisonnables,
et réglés dans toute notre conduite : c'est à lui
que nous devons une multitude d'arts et de sciences. Une vie active et laborieuse est nécessaire à
l'homme. Si ses facultés et ses forces ne sont point
exercées, il devient à charge à lui-même : il tombe
peu à peu dans une stupide ignorance, dans une
grossière et basse volupté, dans tous les vices
qu'elles entraînent après elles. Le travail, au con-

traire, met toute la machine en mouvement, lui donne un utile ressort, et procure à l'ame d'autant plus de satisfaction qu'il exige plus d'industrie, d'esprit, de réflexion et de lumières. Dieu attacha le plaisir à l'emploi du temps, la peine à sa perte. Gardons-nous de prendre l'inaction pour le repos. Les soins de la vie, quand ils ne sont pas excessifs, en font la consolation et les charmes les plus réels. Celui qui n'en a point, est obligé de s'en imposer de volontaires, sous peine de rester malheureux. L'ame jouit quand elle est occupée : oisive, elle éprouve des tourmens insupportables. La joie est un fruit qui ne peut croître que dans le champ du travail ; et quand ce n'est pas un plaisir, c'est un supplice d'exister.

De quels doux sentimens nos besoins ne sont-ils pas la source ! Si, après avoir reçu la naissance, les secours de nos parens nous devenoient inutiles, nous rapporterions tout à nous-mêmes ; nous ne vivrions que pour nous, et nous serions des brutes. Au contraire, les besoins de l'enfance, l'état de destitution où nous nous trouvons en naissant, sollicitent la tendresse et la compassion de la mère et du père : les enfans, de leur côté, s'attachent aux parens par le sentiment du besoin et de la reconnoissance, ils se laissent conduire par eux. Formés par leurs instructions et par leurs exemples, ils apprennent à faire un bon usage de leur entendement, à respecter les mœurs ; et, devenus hommes de bien, ils parviennent à mener, au sein de l'amitié, une vie honnête et heureuse.

Et, avec de tels avantages, nous pourrions regretter ceux que les animaux paroissent avoir sur nous ! Il est vrai que nous n'avons ni fourrures ni plumes pour nous vêtir ; point de griffes pour

nous

nous défendre : mais ces présens ne feroient que nous dégrader ; en nous réduisant à une perfection purement animale. Nos sens, nos mains et la raison suffisent pour nous procurer des vêtemens, des alimens, des armes, tout ce qui est nécessaire à notre sûreté, à notre entretien, à nos plaisirs, et pour nous mettre en état d'appliquer à notre usage toutes les richesses de la nature.

Ils sont donc les vrais fondemens de notre bien-être, ces besoins dont tant d'hommes murmurent; ils sont des moyens choisis par la sagesse et la bonté divine pour nous y conduire. Si nous étions assez raisonnables pour les employer convenablement à ses vues, que de chagrins nous nous épargnerions! De cent infortunés, à peine en seroit-il un qui pût attribuer ses malheurs à la nature; et nous serions forcés de reconnoître que la somme des biens l'emporte de beaucoup sur celle des maux, que nos peines sont adoucies par toutes les jouissances que la société nous procure ; et qu'il dépend généralement de nous de mener une vie non-seulement supportable, mais encore remplie d'agrémens.

CXCV^e CONSIDÉRATION.

Nécessité du repos de la nuit.

Le travail est nécessaire à l'homme : il doit indispensablement s'y livrer, quels que soient son état et sa condition, et il est certain qu'une grande partie des commodités et du bonheur de la vie en dépendent. Mais ses forces seroient bientôt épui-

III.   F

sées, et il ne tarderoit pas à devenir incapable de
se servir des membres de son corps et des facultés de son ame, si Dieu n'avoit continuellement
soin de lui communiquer l'activité nécessaire pour
remplir les devoirs de sa vocation. Comme nous
perdons, à chaque instant, quelque partie de notre propre substance, nous nous épuiserions bientôt, et nous tomberions dans une consomption
mortelle, si nos esprits n'étoient sans cesse renou-
velés et ranimés. Pour que nous puissions suffire
au travail qui nous est prescrit, il faut que notre
sang fournisse toujours cette matière déliée, ce
fluide infiniment subtil qui, mettant en jeu les
nerfs et les muscles, entretient l'action et le mouvement du corps. Les alimens ne pourroient ni se
digérer parfaitement, ni se distribuer régulièrement dans toutes ses parties, si la machine étoit
toujours en action. Il faut que le travail de la
tête, celui des bras ou des pieds, soit interrompu
pour un temps, afin que la chaleur et les esprits ne soient plus employés qu'à aider les fonctions relatives à la nutrition.

Mais qui nous rendra cet important service ? A
l'entrée de la nuit, les forces qui ont été en exercice pendant le jour, diminuent ; les esprits vi-
taux s'affoiblissent, les sens s'émoussent, et nous
sommes invités au sommeil, sans pouvoir nous y
refuser. Dès que nous nous y livrons, il nous res-
taure et nous rafraîchit. Les méditations de l'esprit et les travaux des mains s'arrêtent tout-à-coup ;
et, dans cette inaction si approchante de la mort,
les membres fatigués se réparent : cette réparation
les rend plus souples et plus flexibles ; elle entretient dans l'ordre tous les mouvemens du corps ;
elle ranime nos facultés intellectuelles, et répand

dans notre ame une sérénité, une activité nouvelles.

A quels maux ne s'exposent donc pas ceux qui, pour des vues frivoles, pour un vil intérêt, souvent pour satisfaire d'infâmes passions, se dérobent à eux-mêmes les heures destinées au sommeil! Ils troublent l'ordre de la nature ; ordre établi pour leur avantage ; ils énervent, par leur propre faute, les forces de leur corps, et s'attirent une fin prématurée. Insensés! pourquoi vous priver d'un bien dont le Père commun favorise également les pauvres et les riches, les petits et les grands, les ignorans et les savans? Pourquoi abréger des jours qu'une sage Providence vous donne le moyen de prolonger par un doux sommeil? Pourquoi vous dérober volontairement le repos si restaurant qu'il est destiné à vous procurer ? Hélas ! il viendra des nuits où, loin de goûter ses douceurs, vous vous agiterez dans un lit d'angoisses, où vous compterez tristement des heures longues et douloureuses; et peut-être ne sentirez-vous tout le prix du sommeil que lorsqu'il fuira loin de vous.

Chaque nuit, une multitude de mes semblables sont privés des bienfaits du repos par l'affliction ou par la maladie. Je vous rends grâces, ô mon Dieu! de ce que vous ne permettez pas que je sois du nombre de ces infortunés. Le sommeil verse toujours sur moi ses bienfaisans pavots; et jusqu'ici, peu de mes nuits ont été troublées par l'insomnie, comme peu de mes jours se sont passés dans la douleur. Soyez béni pour des momens si agréablement écoulés! Continuez, Dieu de miséricorde, à me regarder d'un œil favorable; et, si le souhait que je vais former n'est pas contraire à votre volonté sainte, ne permettez pas que l'avenir me prépare beaucoup de nuits tristes et douloureuses.

***

CXCVI⁰ CONSIDÉRATION.

Méditation sur le sommeil, et sur la mort dont il est l'image.

ON passe de la veille au sommeil avec plus ou moins de rapidité, suivant le tempérament et l'état actuel de la santé : mais qu'il soit prompt ou tardif, il vient toujours de la même manière, et les circonstances qui le précèdent sont les mêmes dans tous les hommes.

La première chose qui arrive quand nous nous endormons, c'est l'engourdissement des sens, qui, ne recevant plus l'impression des objets extérieurs, se relâchent, et peu à peu tombent dans l'inaction. L'attention diminue et se perd; la mémoire se trouble; les passions se calment; la suite des pensées et des raisonnemens se dérègle. Tant que l'on s'aperçoit du sommeil, ce n'en est que le premier degré : on ne dort point encore, on ne fait que sommeiller. Essayez d'épier le moment où le sommeil s'empare de vos sens : cette attention même suffira pour en écarter les approches, et vous ne vous endormirez point avant que cette idée se soit évanouie. Le sommeil vient sans qu'on l'appelle : c'est un changement dans notre manière d'être où la réflexion n'a point de part, et plus on fait d'efforts pour le produire, moins on y réussit. Pour dormir tout-à-fait, il ne faut plus avoir cette conscience, ce sentiment libre et réfléchi de soi que l'état de veille peut seul nous donner.

Quand le sommeil est devenu profond, toutes les fonctions volontaires, toutes celles des sens, sont arrêtées : mais les fonctions vitales s'exécutent avec plus d'aisance. Dans les veilles, elles sont quelquefois troublées par les mouvemens volontaires ; et la vitesse des fluides est augmentée dans certains vaisseaux, retardée dans d'autres. Le sang se dépense, pour ainsi dire, en actions externes ; et, conséquemment, il arrose avec moins d'abondance les parties internes. La circulation est très-forte dans les parties qui sont en mouvement, et elle presse continuellement les humeurs dans les vaisseaux sécrétoires ; tandis que, dans d'autres, elle est très-foible. Un doux sommeil rétablit partout l'équilibre : les vaisseaux sont également ouverts, les liqueurs coulent avec uniformité ; la chaleur se conserve au même point : en un mot, rien ne se perd, tout va au profit de la machine ; et l'homme, après un sommeil paisible, se sent délassé, frais, vigoureux et dispos.

Toutes ces circonstances sont bien propres à nous faire sentir la bonté de Dieu envers nous. Que de préparatifs ! quels tendres soins, pour nous procurer le bienfait du sommeil ! Ce qui déjà mérite notre attention et notre reconnoissance, c'est qu'il est accompagné d'un entier appesantissement des sens, et qu'il nous saisit à l'improviste, sans que nous puissions lui résister. La première de ces circonstances le rend plus profond et plus restaurant, la seconde en fait une nécessité inévitable. Et quelle sagesse ne se manifeste pas dans la résolution des muscles pendant le sommeil ! celui qui s'engourdit d'abord est destiné à défendre un de nos organes, le plus précieux, le plus exposé aux dangers : dès que nous nous disposons à dormir, la paupière s'abaisse d'elle-même, couvre et garantit l'œil jusqu'au réveil.

Je poursuis cette méditation, et je réfléchis sur l'état dans lequel je me trouve durant tout le temps où je suis livré au sommeil. Je vis alors, sans le savoir, sans le sentir. Les battemens du cœur, la circulation du sang, la digestion, la séparation des humeurs, toutes les fonctions naturelles et vitales enfin continuent et s'opèrent dans le même ordre. Mon ame paroît suspendre pour un temps son activité, et peu à peu elle perd toute sensation, toute idée distincte. Les sens amortis interrompent leurs opérations accoutumées : les muscles par degrés, se meuvent plus lentement, jusqu'à ce qu'enfin tous les mouvemens volontaires aient cessé. L'homme ne semble alors qu'un être qui végète. Le cerveau ne peut plus transmettre à l'ame les notions qu'il y occasionoit dans l'état de veille : elle ne voit aucun objet, quoique le nerf de la vue n'ait reçu aucune altération ; et elle ne verroit rien, quand même les paupières seroient ouvertes ; les oreilles le sont, et elles n'entendent point. En un mot, la situation d'un homme qui dort est merveilleuse à tous égards, et peut-être n'en est-il plus qu'une pour lui sur la terre qui soit aussi remarquable : c'est l'état où nous réduit la mort.

Le sommeil et la mort se rapprochent et sont pleins de conformités : qui pourroit penser à l'un sans se représenter l'autre ? Aussi imperceptiblement, ô homme ! que tu tombes aujourd'hui dans les bras du premier, aussi insensiblement un jour tu tomberas dans les bras de la mort. Celle-ci, il est vrai, annonce souvent son arrivée plusieurs heures et même plusieurs jours d'avance ; mais l'instant effectif où elle viendra te saisir arrivera tout-à-coup ; et, lorsque tu paroîtras sentir son atteinte, elle sera déjà surmontée. Les sens qui interrompent leurs fonctions durant le sommeil, sont également incapables d'agir à l'approche de la mort. Dans l'une et l'autre circonstance ; les idées s'obscurcissent : nous oublions tous les objets qui nous entourent : nous nous oublions nous-mêmes, et peut-être le moment où l'on meurt est-il aussi peu sensible que le moment où l'on s'endort.

Je fais donc tous les jours l'apprentissage de la mort : le sommeil en est la vive image ; et dans l'un et l'autre état je suis sous la garde de Dieu même. Si, durant mon sommeil, sa bonté n'étendoit sur moi une main protectrice, à combien de dangers je serois exposé pendant la nuit ! S'il n'entretenoit et ne dirigeoit les battemens de mon cœur, la circulation de mon sang, le mouvement de mes muscles ; le premier sommeil qui suivit ma naissance eût été celui de ma mort ; et si Dieu m'avoit privé du bienfait du sommeil, depuis long-temps j'aurois perdu les forces et la vie.

Je ne réfléchis point sur toutes ces choses, sans que mon cœur m'indique les devoirs que j'ai à remplir envers un si grand bienfaiteur, alors, plein de reconnoissance et de joie, je bénis le Créateur de tous les êtres, qui se montre mon Dieu dans tous les momens de mon existence.

———

4

CXCVII[e] CONSIDÉRATION.

Les songes.

L'INACTION de notre ame pendant le sommeil n'est pas si complète, que ses facultés soient absolument sans exercice. Nous avons alors des idées, des représentations; et, dans cet état, notre imagination travaille souvent avec beaucoup de vivacité. Les fibres sensibles sur lesquelles les objets agissent tandis que nous veillons, en reçoivent une tendance aux mouvemens qui leur ont été imprimés. Si quelque impulsion intérieure les ébranle pendant le sommeil, elles retraceront aussitôt à l'ame les idées qu'elle avoit eues pendant la veille. La succession de ces idées et leur association correspondront à l'espèce de fibres ébranlées, aux liaisons qu'elles auront contractées entr'elles, et à l'ordre suivant lequel les mouvemens tendront à s'y propager : il en naîtra un songe plus ou moins composé, et dans lequel il y aura plus ou moins d'enchaînement ou de suite. Cet état ne diffère de celui de la veille, que parce que les idées n'y conservent pas le même ordre ; que la volonté n'y a plus le même pouvoir de régler jusqu'à un certain point l'imagination, et qu'on n'y a plus, à proprement parler, la conscience réfléchie de ce qui se passe en soi. Tout songe suppose quelques idées interceptées, sur lesquelles les facultés de l'ame ne peuvent plus agir.

Pourquoi les perceptions qui affectent l'ame pendant le sommeil sont-elles si vives ? pourquoi les sensations sont-elles alors rappelées si fortement ?

d'où viennent ces illusions qui séduisent l'ame ?
N'en cherchons point la cause ailleurs que dans
le silence des sens. Pendant la veille, les sens se
mêlent en partie à presque toutes les opérations
de l'esprit. C'est la perception plus ou moins distincte des objets environnans, et celle des rapports
de leur état actuel avec leur état antécédent, qui
persuadent à l'ame qu'elle veille. Ces perceptions
du dehors viennent-elles à s'affoiblir? les perceptions du dedans en deviennent plus vives : l'attention en est moins partagée. Enfin, les sens s'as-
soupissent-ils entièrement? c'est un songe. Il arrive néanmoins assez fréquemment que les perceptions du dehors, encore qu'elles soient foibles,
se lient, dans un sommeil peu profond, aux perceptions du dedans, beaucoup plus vives : ce qui
produit des singularités qui surprennent.

Les images que l'on aperçoit alors dans les songes, sont souvent parfaitement ressemblantes, et
tous les objets se peignent au naturel. Des tableaux si vrais et si réguliers sembleroient ne pouvoir être tracés que par l'ame d'un peintre. Cependant, ils sont exécutés par les hommes même qui
n'ont aucune idée de l'art du dessin ; de beaux
paysages se présentent avec toute l'exactitude et
le fini du pinceau le plus habile.

Une circonstance qui mérite particulièrement
d'être remarquée, c'est que les songes sont l'image
du caractère de l'homme. Des fantômes qui occupent son imagination pendant la nuit, on peut
conclure, en général, s'il est vertueux ou vicieux.
L'homme dur continue à l'être pendant le sommeil; et l'ami de la vertu conserve, même en dor-
mant, ses inclinations douces et bienfaisantes. Un
songe impur, et vicieux, peut être occasioné par

la disposition actuelle du corps, par des circonstances extérieures ou accidentelles : mais notre
conduite, au moment du réveil, montre si ces
songes doivent nous être imputés : il suffit de faire
attention au jugement que nous en portons alors.
L'homme de bien n'est point indifférent à cet
égard ; et si, dans son sommeil, il s'est écarté des
règles de la justice et de la vertu, il s'en afflige
en s'éveillant. L'ame qui s'endort dans le sentiment de son Dieu, ne manque guère d'avoir, dans
ses songes, des idées et des représentations célestes, en quelque sorte. Souvent aussi la bonne conscience console l'homme juste pendant le sommeil, par le doux sentiment de la grâce divine.

Puisque les songes ne sont ordinairement que
la représentation des objets qui nous ont occupés
dans la veille, un devoir pour l'homme sage est
de régler si bien son imagination, qu'il n'ait que
des songes pour ainsi dire raisonnables. Ce seroit là une manière bien agréable de prolonger la
durée de notre être pensant.

Mais le sommeil n'est pas le seul temps où des
objets mal liés et bizarres mettent du désordre
dans les idées. Combien de gens qui rêvent, même en veillant ! Les uns élevés par leurs richesses
ou par les dignités, ont d'eux-mêmes une idée
que personne ne partage avec eux. D'autres, se
repaissant du chimérique espoir de vivre à jamais
dans la mémoire des hommes, font consister leur
bonheur dans une vaine renommée. Dans l'ivresse
de leurs passions et de leurs espérances, ils rêvent
qu'ils sont heureux : mais cette félicité frivole et
mensongère se dissipe comme un songe du matin. « Ils ressemblent, dit un Prophète, à un homme
» qui, ayant faim, songe qu'il mange : mais,

» quand il est réveillé, son ame est vide. Ils sont
» encore comme celui qui, ayant soif, songe qu'il
» boit : mais, quand il est réveillé, il est las, et
» son ame est altérée (1). »

Ah ! loin de nous le bonheur qui ne gît que dans l'illusion ! N'aspirons qu'à des biens solides et permanens, qu'à cette gloire qui ne s'évanouira point, et qui, au moment de la mort, lorsque nous réfléchirons sur les jours de notre vie qui se seront écoulés, ne nous coûtera ni larmes ni remords.

CXCVIII^e CONSIDÉRATION.

Le lit.

En nous occupant des bienfaits de Dieu relatifs au sommeil, il y auroit de l'ingratitude à passer sous silence les moyens qu'il nous fournit de le goûter avec agrément. Pendant l'été peut-être ne sentons-nous pas ce bienfait avec toute la reconnoissance qu'il doit nous inspirer, mais dans la saison où le froid va toujours en augmentant, on aperçoit quelle faveur Dieu nous fait, en permettant que nous puissions prendre notre repos dans un lit doux et commode. Si, dans ces nuits froides, nous venions à en être privés, la transpiration se feroit moins bien ; la santé en souffriroit, et le sommeil ne seroit ni si paisible, ni si restaurant. A cet égard, le lit est déjà un bienfait considérable pour l'homme. Mais, d'où naît la chaleur que j'y éprouve ? Je serois dans l'erreur si je croyois que c'est le lit qui me réchauffe. Bien loin qu'il puisse me communiquer la chaleur, c'est de moi qu'il la

______
(1) Isaïe , 29. 8.

6

reçoit. Seulement il empêche que celle qui s'exhale de mon corps ne se dissipe dans l'air : il la retient et la concentre.

Je sentirai de plus en plus le prix de ce bienfait, si je considère combien de créatures concoururent à me procurer un sommeil tranquille. Combien d'animaux ont été chargés de me fournir leurs plumes ou leur laine ! Supposons qu'un lit ordinaire contienne trente-six livres de plumes, et qu'une oie n'en ait qu'une demi-livre environ sur le corps : il faudra, pour garnir ce seul lit, la dépouille de soixante-douze de ces oiseaux. Et outre cela, que d'autres matériaux, que de mains, que de travail un lit n'exige-t-il pas !

C'est par de semblables calculs qu'on peut sentir tout le prix des bienfaits de Dieu. D'ordinaire, nous ne considérons que fort superficiellement les présens qu'il nous fait. Nous en serions tout autrement frappés, si nous les examinions en détail. Réfléchissez sur les diverses parties dont votre lit est composé, et vous serez étonné de voir que, pour vous le procurer, il a fallu le travail de dix personnes au moins : il a coûté la vie à beaucoup d'animaux ; il a fallu que les champs fournissent du lin pour les couvertures et les draps ; les forêts, des planches pour le bois, etc. Et vous verrez qu'une partie assez considérable de la création a dû être mise en mouvement pour que vous puissiez jouir d'un doux repos. Les mêmes réflexions, vous pourrez les faire sur les bienfaits les plus communs et les plus journaliers. Votre linge, vos habits, votre chaussure, votre pain, votre boisson, en un mot, toutes les nécessités de la vie sont le résultat du concours et de la peine d'une multitude innombrable de personnes et d'animaux.

Pourriez-vous donc vous mettre au lit sans éprouver quelque sentiment de reconnoissance ? A la fin de chaque journée, vous avez mille sujets de rendre grâces à Dieu ! mais n'eussiez-vous que celui-là, il mériteroit toute votre gratitude. Quel doux repos, quel agréable soulagement ne vous procure pas le lit, après les travaux du jour ! Dans les nuits froides, des appartemens échauffés par le plus grand feu ne vous seroient pas, à beaucoup près, aussi commodes. Le lit donne, à peu de frais, une chaleur égale et tempérée. Concluez de là que si c'est une ingratitude impardonnable de se mettre à table et de la quitter sans donner des louanges et sans rendre grâces à celui qui la couvre pour nous de mets si différens, c'en seroit une aussi grande, de se mettre au lit et d'en sortir sans bénir la Divinité, puisque le soulagement qu'elle nous procure par le repos que nous y prenons, n'est pas moins doux, ni moins utile à la santé. Louez donc le Seigneur toutes les fois que, sur votre couche, vous allez chercher un sommeil paisible : louez-le à votre réveil, et n'oubliez jamais combien toutes ses faveurs sont précieuses.

Cette obligation est d'autant plus étroite, qu'il n'y a que trop de vos frères qui ne sauroient trouver dans leurs lits le repos qu'ils y cherchent, ou qui même n'ont point de lit. Ah ! ces infortunés méritent toute votre compassion. Combien n'y en a-t-il pas qui, exposés à toute l'inclémence des saisons, voyageant ou par terre ou par mer, détenus dans les prisons, ou habitant de chétives cabanes, soupirent après un lit, et se croiroient les plus heureux des hommes, s'ils pouvoient seulement avoir une partie de ce qui compose le vôtre ! Combien, parmi les habitans d'une ville, ne

s'en trouve-t-il pas dans quelqu'une, de ces tristes
circonstances ; et que d'avantages n'avez-vous pas
sur eux ! Combien de vos semblables qui veillent
pour vous toutes les nuits ; le soldat à son poste,
le navigateur sur la mer... etc., etc. ! Mais combien plus encore qui, quoique pourvus de lits,
ne peuvent y trouver le sommeil qu'ils invoquent
à grands cris ! Dans le circuit d'une seule demi-
lieue, il n'est que trop de malades que les douleurs empêchent de dormir, d'affligés que le chagrin tient éveillés, de pécheurs que les remords
tourmentent, d'infortunés auxquels des peines
secrètes, l'indigence et les inquiétudes, ne laissent
éprouver qu'une longue et pénible insomnie. S'il
n'est point en votre pouvoir d'adoucir leurs souffrances, au moins accordez-leur votre compassion. Toutes les fois que vous vous mettez au lit,
adressez des vœux au Ciel pour vos malheureux
frères qui n'en ont point, ou qui ne peuvent jouir
des douceurs qu'il vous procure. Priez pour ceux
que le chagrin, la douleur ou la pauvreté privent
du sommeil ; priez pour ceux dont la terre est le
seul lieu de repos durant la nuit. Pensez ensuite
à votre lit de mort, vous ne dormirez pas toujours
aussi tranquillement que vous le faites : elles vien-
dront ces nuits où vous baignerez votre couche de
vos larmes, et où vous vous trouverez environné
des angoisses de la mort. Mais elles ne tarderont
pas à être suivies d'un doux repos et d'un paisible
sommeil, si vous vous endormez dans le sein de
l'Éternel. Que dis-je ? votre ame s'éveillera, pourvue de forces nouvelles, pour contempler la face
du Dieu vivant. Dans les jours mêmes de santé et
de prospérité, pensez, pour votre corps, à ce dernier lit que la terre vous donnera, jusqu'au grand

jour de la résurrection pour votre ame, à ce bonheur constant, ineffable qui vous est destiné, si vous travaillez à vous en rendre digne : pensez-y souvent avec consolation et avec joie.

CXCIX· CONSIDÉRATION.

De la rapidité avec laquelle la vie s'écoule.

Lא vie de l'homme est fragile et passagère. Depuis le moment de notre naissance, chaque pas nous conduit à la mort ; et combien en est-il qui arrivent à cet instant fatal, avant d'avoir commencé de vivre !

Avec quelle rapidité les jours, les semaines, les mois et les années s'écoulent, ou plutôt s'envolent ! On en jouit à peine, qu'ils sont déjà évanouis ! Essayez de les retracer à votre mémoire et de les suivre dans leur course : pourriez-vous en détailler toutes les époques ? Et, s'il n'y avoit eu dans votre vie certains momens trop remarquables pour ne s'être pas gravés dans votre souvenir, vous seriez encore moins en état de vous en rappeler l'histoire. Combien d'années de votre enfance consacrées aux amusemens du jeune âge, et dont vous ne pouvez dire autre chose, sinon qu'elles se sont écoulées ! Combien d'autres passées dans l'insouciance de la jeunesse ; disons mieux, dans cette effervescence où l'égarement des passions et l'ivresse des plaisirs ne vous laissoient, par un coupable délire, ni la volonté, ni le temps de faire un retour sérieux sur vous-même ! A ces années ont succédé celles d'un âge plus mûr. Vous pensâtes alors qu'il étoit temps de changer de conduite, et d'agir en homme : mais les affaires et les embarrras qu'elles traînent à leur suite prirent tous vos momens, et il ne vous en resta aucun pour méditer sur vos premières années. Votre famille s'augmenta; vos inquiétudes, vos soins pour satisfaire à ses besoins, s'accrurent avec elle. Insensiblement le temps de la vieillesse approche, et peut-être alors n'aurez-vous encore ni le loisir, ni la force de vous rappeler le passé; de réfléchir sur le terme où vous serez arrivé, sur ce que vous aurez fait ou négligé de faire; d'envisager, pour tout dire enfin., le but pour lequel Dieu vous avoit placé dans ce monde. Cependant, qui peut vous promettre d'atteindre à cet âge avancé?

Mille accidens déchirent le tissu délicat de la vie, avant même qu'elle ait acquis l'étendue qui lui est propre. L'enfant qui vient de naître, tombe, et se réduit en poussière. Ce jeune homme qui donnoit les plus belles espérances est moissonné dans ses plus beaux jours : une maladie violente, un événement imprévu l'a précipité dans le tombeau. Les dangers se multiplient avec les années : la négligence et les excès enfantent des germes de maladie, et disposent le corps aux atteintes cruelles des épidémies. Le dernier âge est en butte à plus de maux encore : en un mot, l'homme ne fait que paroître; et la moitié de ceux qui naissent, dans le court espace des dix-sept premières années, deviennent victimes de la mort.

D'après le nombre d'hommes que, par approximation, l'on juge devoir exister aujourd'hui sur la terre, et l'estimation qu'on a faite du cours de la vie humaine, il meurt, dans l'espace d'environ trente-trois ans, mille millions d'hommes; dans une année, autour de trente millions; chaque jour, quatre-vingt-deux mille ; chaque heure, trois mille quatre cents , chaque minute, soixante ; chaque seconde , un homme. Quel effrayant calcul....! Et qui m'assure qu'à cet instant même mon nom ne va pas grossir la liste des morts....? Au moment où je lis cette ligne , un de mes semblables meurt ; et , avant qu'une heure soit écoulée, plus de trois mille hommes se précipiteront dans l'abîme de l'éternité...! Quel juste motif de penser souvent à la mort !

Telle est l'histoire abrégée , mais fidèle , de la vie. O toi, pour qui la sagesse n'est pas un vain nom ; apprends à employer cette vie si importante et si courte, de manière à pouvoir acquérir la science de compter tes jours par le digne usage que tu en auras fait, et de racheter le temps qui s'envole avec une étonnante rapidité. Pendant que tu t'occupes de ces réflexions , quelques minutes t'ont encore échappé : mais, quel trésor précieux d'heures et de jours n'amasserois-tu pas , si, du nombre prodigieux de ces heures dont tu peux disposer, tu en donnois souvent quelques-unes à de si utiles considérations ! Penses-y mûrement : chaque instant est une portion de ton existence , qu'il t'est impossible de reprendre , mais dont le souvenir peut te causer ou de cuisans remords , ou de bien doux contentemens.

Quelle satisfaction de pouvoir faire un heureux retour sur le passé, et de se dire à soi-même : « J'ai » vécu long-temps, et , durant ce grand nombre » d'années, j'ai semé , en bonnes œuvres, de quoi » recueillir des fruits abondans de gloire et de » bonheur ! Je ne souhaite point de les recom- » mencer, et je ne regrette pas qu'elles se soient » écoulées. » Tu seras en état de tenir ce langage,

si tu remplis la fin pour laquelle la vie te fut donnée, et si tu consacres ce court espace de temps
aux grands intérêts de l'éternité.

CC^e CONSIDÉRATION.

La vieillesse et la mort.

Tout change dans la nature ; tout s'altère, tout
périt. Le corps de l'homme n'est pas plus tôt arrivé
au point de perfection, qu'il commence à déchoir.
Le dépérissement est d'abord insensible ; il se passe
même plusieurs années avant que nous nous aper-
cevions d'un changement considérable : cependant nous devrions sentir le poids de nos années
mieux que les autres ne peuvent en compter le
nombre ; et, comme ils ne se trompent guère sur
notre âge, dont ils se forment une idée assez juste
par les changemens extérieurs, nous devrions encore moins nous tromper sur l'effet intérieur qui
les produit, si nous nous observions avec plus de
soin, si nous nous flattions moins, et si, en
toutes choses, les autres ne nous jugeoient pas
beaucoup mieux que nous ne nous jugeons nous-
mêmes.

Lorsque le corps a enfin acquis toute son étendue en hauteur et en largeur, par le développement de toutes ses parties, il augmente en épaisseur. Le commencement de cette augmentation
est le premier point de son dépérissement : car
cette extension n'est pas une continuation de développement ou d'accroissement intérieur ; c'est
une simple addition de matière surabondante qui
enfle le volume du corps et le charge d'un poids

inutile. Cette matière est la graisse qui survient
d'ordinaire à trente ou quarante ans. A mesure
qu'elle augmente, le corps a moins de légèreté et de
liberté; les membres s'appesantissent. Peu à peu,
les membranes deviennent cartilagineuses; les cartilages deviennent osseux; les os plus solides; les
fibres plus dures, plus sèches; toutes les parties
se retirent, se resserrent. Les mouvemens sont
plus lents, plus difficiles; la circulation des fluides
se fait avec moins de liberté; la transpiration diminue; les sécrétions s'altèrent; la digestion devient lente et laborieuse, les sucs nourriciers sont
moins abondans, et ne pouvant être reçus dans
la plupart des fibres, devenues trop foibles, ils ne
servent plus à la nutrition : la peau se dessèche,
les rides se forment insensiblement; les cheveux
blanchissent; les dents tombent; le visage se dé-
forme; le corps se courbe, etc. Les premières nuances de cet état se font apercevoir avant quarante
ans : elles augmentent par des degrés assez lents jusqu'à soixante; par des degrés plus rapides jusqu'à
soixante et dix. La caducité commence alors, la
décrépitude suit; le corps meurt peu à peu et par
parties; la vie s'éteint lentement; et la mort, qui
n'est que le dernier terme de cette suite de degrés, termine ordinairement, avant l'âge de qua-
tre-vingt-dix ou cent ans, la vieillesse ou la vie.

Les causes de notre destruction sont donc nécessaires, et la mort est inévitable. Mais, lorsque
le corps est bien constitué, on peut en prolonger
la durée par des ménagemens, par la modération
dans les passions, par la tempérance, et par la
sobriété dans les plaisirs.

Toutes les parties qui composent le corps étant
moins solides dans les femmes, celles-ci doivent

vivre plus que les hommes. Par la même raison, les hommes foibles qui approchent davantage de la constitution des femmes, doivent vivre plus long-temps que ceux qui paroissent plus forts et plus ro-bustes.

Cette cause de la mort naturelle est commune à tous les animaux, et même aux végétaux : un chêne ne périt que parce que les parties qui sont au centre deviennent si dures, qu'elles ne peuvent plus recevoir de nourriture.

La durée totale de la vie peut se mesurer, en quelque façon, par celle de l'accroissement. Un arbre, ou un animal qui croît en peu de temps, périt plus tôt qu'un autre auquel il en faut davan-tage pour croître. L'homme croît en hauteur jus-qu'à seize ou dix-huit ans, quelquefois plus ; mais le développement entier de toutes les parties de son corps en grosseur, n'est achevé qu'à trente ans. Les chiens prennent en moins d'un an leur accroissement et leur longueur, et ce n'est que dans la seconde année qu'ils achèvent de prendre leur grosseur. L'homme qui est trente ans à croî-tre, quant à son parfait développement, vit qua-tre-vingt-dix ou cent ans, et quelquefois il pro-longe sa vie beaucoup plus. Le chien, qui ne croît que pendant deux ou trois ans, n'en vit que dix ou douze. Il en est de même de la plupart des animaux. Les poissons, qui ne cessent de croître qu'au bout d'un très-grand nombre d'années, vi-vent des siècles ; et cette longue durée de leur vie doit dépendre de la constitution particulière de leurs arêtes, qui ne prennent jamais autant de so-lidité que les os des animaux terrestres.

On voit par tout ce qui vient d'être dit, com-bien sont chimériques les prétendus moyens de

rajeunir et d'immortaliser le corps. Malgré tous
nos soins, il deviendra la proie de la mort et la
pâture des vers. Occupons-nous donc spécialement
de notre ame, et ornons-la des vertus qui doivent
lui acquérir la véritable immortalité.

N'attendons pas, pour nous souvenir de Dieu
qui nous a créés, l'âge où les forces languissent,
où le cœur est épuisé, où il ne reste plus de volonté pour le bien, de force pour la vertu; où
tout, jusqu'au désir, s'éteint et meurt. Qu'il est
affreux d'être surpris, dans l'oubli de son Dieu,
par l'hiver de la vie! l'habitude des vices a jeté
des racines profondes, ils se sont attachés à chaque fibre du cœur, ils font corps avec lui. Il est
bien tard de commencer à semer dans la saison de
recueillir. Rien, il est vrai, n'est impossible à Dieu :
mais, si l'on combat pour la première fois, il est
bien rare et bien difficile de vaincre.

O toi, dont les années sont encore dans leur
printemps, ne te fie point à ces miracles de la grâce, et mets à profit l'âge heureux où tu es, l'instant dont tu jouis. Les hommes passent comme les
fleurs qui s'épanouissent le matin, et qui, le soir,
sont flétries et foulées aux pieds. Les générations
s'écoulent comme les ondes d'un fleuve rapide :
rien ne peut arrêter le temps qui entraîne tout
après lui. Toi-même, ô mon fils! toi-même qui
jouis maintenant d'une jeunesse si brillante et si
vive, tu te verras insensiblement changé, sans
l'avoir prévu. Les grâces riantes, les doux plaisirs
qui t'accompagnent, la force, la santé, s'éva-
nouiront comme un beau songe : la vieillesse lan-
guissante viendra rider ton visage, courber ton
corps, tarir dans ton cœur la source de la joie,
te dégoûter du présent, te faire craindre l'avenir,

te rendre insensible à tout, excepté à la douleur. Ce temps te paroît éloigné : hélas ! tu te trompes ; le voilà qui arrive. Ce qui vient avec tant de rapidité n'est pas éloigné de toi, et le présent qui s'enfuit en est déjà bien loin. Ne compte donc jamais sur le moment actuel, mais soutiens-toi avec courage dans le sentier de la vertu, qui peut te conquérir une jeunesse immortelle.

CCI^e CONSIDÉRATION.

Terme de la vie humaine.

Chaque homme meurt au moment arrêté ou prévu dans les conseils éternels. Le temps de la mort n'est pas déterminé avec moins d'exactitude que celui de la naissance : mais il ne s'ensuit pas que le terme de la vie soit soumis à une fatalité inévitable. Il n'en existe point dans le monde : tout ce qui arrive pouvoit arriver ou plus tôt, ou plus tard ; il pouvoit même ne point arriver, et il auroit toujours été possible que l'homme qui meurt aujourd'hui, eût vécu plus ou moins long-temps. Dieu n'a compté les jours de personne d'après un décret absolu et arbitraire, ni sans avoir égard aux circonstances où cet homme devoit se trouver. Cet Être infiniment sage ne fait rien sans des motifs dignes de lui : mais, quoique le terme de la vie ne soit en lui-même ni nécessaire, ni fatal, il ne laisse pas d'être certain par rapport à Dieu.

Quand un homme meurt, il y a toujours des causes qui amènent sa mort, à moins qu'elle ne soit arrêtée par une puissance supérieure. L'un succombe à une maladie mortelle, l'autre est victime d'un accident subit et imprévu. Celui-là périt dans le feu, celui-ci dans les eaux. Dieu a prévu toutes ces causes : il n'en a pas été le spectateur oisif et indifférent; mais il les a toutes pesées dans sa sagesse; il les a comparées avec ses desseins, et il a vu s'il pouvoit les approuver ou les permettre. S'il les a permises, il les a par là même déterminées ; et c'est dans ce sens qu'il existe un décret divin, en vertu duquel l'homme mourra dans tel temps et par tel accident. Ce décret ne ressemble en rien à la fatalité ; et néanmoins, il aura son exécution. En effet, les mêmes raisons que Dieu pourroit avoir aujourd'hui pour retirer un homme du monde, ainsi que pour l'y laisser, lui étoient connues de toute éternité : il en jugeoit alors, comme il en juge à présent. Qui pourroit le porter à changer de dessein ? Nos prières, comme dans la personne d'Ezéchias, roi de Juda ? Mais ces prières entroient dans sa prévision même pour la prolongation de nos jours, jusqu'à un terme fixé. Les remèdes employés dans la maladie pour notre guérison ; notre sobriété, notre tempérance; les soins raisonnables que nous aurons pris de notre santé ? Mais tout cela encore, tout ce qui tenoit au bon usage que nous devions faire de notre liberté, entroit dans les motifs de ses déterminations, et dans la connoissance qu'il avoit de tout ce qui étoit relatif au cours de notre vie et à nos derniers momens.

Il se peut, d'un autre côté, que Dieu, en prévoyant les causes de la mort d'un homme, ne les ait point positivement approuvées : en ce cas, il aura du moins, comme nous l'avons insinué, déterminé de les permettre, sans quoi elles ne pourroient avoir lieu. Si la permission de ces causes a été résolue, Dieu veut donc que nous mourions dans le temps où elles doivent se rencontrer. A la vérité, il seroit porté à nous donner une plus longue vie, et il désapprouve les causes qui nous en privent : mais il ne convenoit point à son infinie sagesse d'y mettre obstacle. Il voyoit l'univers dans son ensemble, et découvroit des raisons qui l'engageoient à permettre que l'homme mourût en tel temps, quoiqu'il n'approuvât pas les causes, la manière, ni les circonstances de cette mort. Ou sa sagesse trouve des moyens de les diriger à des fins utiles ; ou bien il prévoyoit qu'une plus longue vie, dans les circonstances où l'homme se trouvoit, ne pourroit être avantageuse à lui-même, ni au monde ; ou enfin il voyoit que, pour que cette mort pût être prévenue, il faudroit une nouvelle et toute différente combinaison des choses ; combinaison qui ne s'accorderoit pas avec le plan général de l'univers, et qui empêcheroit que d'autres biens considérables ne pussent s'effectuer. En un mot, quoique Dieu désapprouve quelquefois les causes de la mort d'un homme, il a cependant toujours des raisons très-sages et très-justes de les permettre.

Que ces considérations servent à nous faire envisager la mort avec des dispositions courageuses et chrétiennes. Ce qui la rend si redoutable, c'est principalement l'incertitude de l'heure où elle doit arriver, et de la manière dont nous sortirons de ce monde. Si nous savions d'avance quand et comment nous mourrons, peut-être l'attendrions-nous avec plus de fermeté. Or, rien de plus efficace, pour nous rassurer à cet égard, que la persuasion d'une Providence qui veille sur notre vie, et qui, dès avant la création, a déterminé, avec une sa-

gesse

gesse et une bonté sans bornes, pour ceux qui se conformeront à ses vues et qui se reposeront sur elle, le temps, la manière et toutes les circonstances de notre mort. Elle abrége ou prolonge nos jours, selon qu'elle juge que cela nous est plus utile, tant pour ce monde que pour l'autre ; pourvu, d'ailleurs, que nous ayons fait un bon usage de la vie, ou que nous en ayons réparé l'abus par notre repentir. Persuadés de cette consolante vérité, attendons tranquillement la mort. Puisque son heure est incertaine, tenons-nous prêts à la recevoir à chaque instant. Nous ignorons, il est vrai, quel en sera le genre : mais, devenus vertueux et fidèles, il nous suffit de savoir que nous ne mourrons que de la manière la plus avantageuse et pour nous et pour ceux qui nous appartiennent. Continuons donc sans inquiétude notre pélerinage terrestre : soumettons-nous à toutes les dispositions de la Providence ; et ne redoutons jamais les périls auxquels le devoir nous appelle.

Seigneur, vous êtes le Dieu du temps : vous êtes aussi le Dieu de l'éternité. O Éternel, recevez mes adorations ! Être immuable, vous n'êtes sujet à aucun changement ; et nous, foibles mortels, nous sommes, nous avons été ; nous fleurissons ; et notre corps retournera en poussière. Vous seul ne pouvez éprouver aucune variation : vous avez été, vous êtes, et vous serez le même dans toute l'éternité.

Le monde passe, et ses plaisirs s'envolent : ce n'est donc point en eux que je dois chercher mon bonheur. Assimilé aux anges par la plus noble partie de moi-même, et destiné à trouver ma patrie dans le Ciel, dès ici-bas je suis aspirer à des plaisirs plus nobles.

III. G

Souverain Dispensateur de tous les biens, apprenez-moi vous-même à racheter le temps ; à marcher avec une sainte prudence, dans la route qui mène à l'éternelle félicité. Daignez, ah ! daignez m'alléger le poids du jour, jusqu'à ce que j'arrive au terme désiré, au doux repos que rien ne sauroit interrompre.

CCII^e CONSIDÉRATION.

Calcul de la vie humaine.

Nous nous plaignons du peu de durée de la vie ; et nous en perdons tous les momens, comme s'il étoit en notre pouvoir de les faire renaître. Sans doute, la vie est courte ; et c'est pour me bien convaincre de cette importante vérité, que je vais examiner l'emploi des jours que j'ai vécu ; quoique, hélas ! j'ai bien lieu de craindre que cet examen ne soit pour moi un sujet de honte et de remords.

Je ne rappellerai point les jours dont il ne fut pas en mon pouvoir de régler l'usage, ils se passèrent du moins dans l'innocence. Mais comment se sont écoulés ceux dont je puis me rendre compte à moi-même ? Combien d'heures j'ai employées à flatter mes sens, à soigner mon corps, à le parer pour l'ostentation et pour la vanité ! combien se sont écoulées dans des occupations presque inutiles, puisqu'elles ont été sans fruit pour cette ame qui fait la principale partie de mon être ! Que d'heures passées dans l'inaction, dans la poursuite et l'attente de biens qui jamais ne se sont réalisés, ou qui étoient d'ailleurs peu propres à faire mon bonheur !

Ainsi, en ne jetant qu'un coup d'œil rapide sur l'usage que j'ai fait de mes jours, j'en découvre déjà une multitude qui sont perdus pour l'esprit immortel qui m'anime. Si je les déduis du total de mes ans, combien s'en trouvera-t-il d'employés à une vie effective et réelle ? Il est évident que, des trois cent soixante-cinq jours qui composent une année, à peine en restera-t-il un huitième, et beaucoup moins peut-être, dont je puisse dire avec vérité : « Ceux-là sont à moi : je les ai fait servir » aux grands intérêts de mon âme, à l'acquisition » d'une souveraine félicité. » Ah ! combien d'instans perdus par ma propre faute, par un triste effet de mon insouciance et de ma foiblesse ! Combien de consacrés au vice, et souillés par le péché !.... Grand Dieu, que cette pensée est humiliante, et qu'elle est propre à me confondre ! Les mérites du Rédempteur et mon repentir peuvent seuls calmer mon effroi, et m'arracher aux peines éternelles que j'ai tant de fois encourues.

Une multitude d'heures, qu'un amour paternel m'avoit confiées pour acquérir un bonheur interminable, ont été follement prodiguées, et avec la plus noire ingratitude : heures précieuses durant lesquelles je me suis égaré, je me suis éloigné du meilleur, du plus tendre des pères. Peut-être je les ai sacrifiées au monde, à l'intempérance, à l'orgueil, à de faux plaisirs, à l'oisiveté ; peut-être les ai-je profanées par la volupté, l'envie, la médisance, la calomnie ; par ces vices qui decèlent un cœur destitué de tout amour pour son Dieu, de charité pour ses semblables ; peut-être, au lieu d'être employées à l'avancement du règne

2

de cet Être suprême, l'ont-elles été à combattre
ses vérités saintes, à violer tous ses préceptes, à
porter le trouble dans la société. Et, depuis même
que de salutaires inspirations m'ont rendu à la
vertu, combien de momens encore enlevés sans
retour à cette vertu qui fait seule notre gloire,
notre félicité! Distractions trop volontaires, froi-
deurs, sécheresses occasionées par une vaine
dissipation; doutes, inquiétudes, inégalités d'humeur... Que d'infirmités, tristes et déplorables
suites de la fragilité humaine, de la foiblesse de
la raison, de la force des anciennes habitudes!
car ces défauts peuvent se rencontrer, jusqu'à un
certain point, dans l'homme même qui a fait quelques progrès dans le bien. Et cependant la vertu, le bonheur en sont non-seulement retardés
dans leur accroissement, mais plus ou moins af-
foiblis et diminués.

Une année peut s'écouler ainsi, sans qu'on y
fasse une sérieuse attention; et toutefois, une
année importe beaucoup à un être dont la vie
réelle peut se calculer par des heures. Avant que
j'y aie bien réfléchi, elle est déjà terminée, sans
qu'il me soit possible d'en recommencer le cours.
Je ne souhaiterois pas de la faire renaître en tout
ou en partie, si je l'avois employée au salut de
mon ame. Mais, quand je vois combien peu j'ai
vécu d'une manière conforme à ma destination,
je voudrois au moins pouvoir rappeler cette partie
de mes jours dont j'ai fait un si mauvais usage...
Vains désirs! les années, les jours, les heures,
les momens, les bonnes et mauvaises actions dont
ils ont été mélangés, tout est pour jamais englouti
dans un abîme éternel.

Dieu de bonté, ô vous avec qui le sang adorable du Sauveur des hommes m'a réconcilié, ne permettez pas que les jours que j'ai déjà vécu, me deviennent un sujet d'angoisses, lors de ma dernière heure. Effacez toutes les fautes qu'ils m'ont vu commettre, et daignez me faire grâce à l'instant de ma mort, grâce au jour du jugement; grâce pendant l'éternité.

CCIII^e CONSIDÉRATION.

Proportion entre les naissances et les morts.

Que Dieu n'ait point abandonné à un aveugle hasard la vie des hommes et la conservation du genre humain ; qu'il veille sur nous avec des soins paternels : c'est ce qui se manifeste par l'exacte proportion selon laquelle, dans tous les lieux et dans tous les temps, les hommes paroissent sur le théâtre du monde et en disparoissent. Au moyen de cet équilibre perpétuel, la terre n'est ni déserte, ni surchargée d'habitans.

Le nombre de ceux qui naissent est presque toujours plus grand que le nombre de ceux qui meurent : on observe que, si la mort enlève annuellement dix personnes, il en naît douze ou treize. Ainsi, le genre humain se multiplie continuellement. Si cela n'étoit pas ; si le nombre des morts l'emportoit sur celui des naissances, un pays séroit naturellement dépeuplé au bout de quelques siècles : et d'autant plus que la population peut être arrêtée par divers accidens. En effet, que d'obstacles à la multiplication des hommes, dans la peste, la guerre, la famine ; dans d'autres causes particulières ; dans les villes, enfin, surtout celles

qui sont le plus peuplées, et où il meurt au moins
autant de personnes qu'il en naît !

Les registres de baptême montrent qu'il naît
moins de filles que de garçons : la proportion est
assez constamment de vingt à vingt-un. Mais la
navigation, l'état militaire, et divers accidens, rétablissent l'égalité entre les deux sexes. D'ordinaire, il y a plus de femmes que d'hommes dans les
villes : c'est le contraire dans les campagnes. Le
nombre des enfans, relativement à celui des familles, n'est pas réglé avec moins de sagesse. On
compte que, dans soixante-six familles, il n'y a
que dix enfans baptisés chaque année. Dans un
pays bien peuplé, sur environ cinquante à cin-
quante-quatre individus, il ne s'en marie qu'un
tous les ans; et chaque mariage produit quatre
enfans, selon l'évaluation la plus commune : mais
dans les villes, on ne compte communément que
vingt-cinq enfans sur dix mariages. Les hommes
en état de porter les armes font toujours la quatrième partie des habitans.

En comparant les listes mortuaires de différens
pays, il se trouve que, dans les années ordinaires,
c'est-à-dire dans celles où il n'y a point eu d'épidémies, il meurt une personne sur quarante,
dans les villages; sur trente-deux, dans les petites villes; sur vingt-huit, dans les villes moyen-
nes; sur vingt-quatre, dans les villes fort peuplées;
sur trente-six, dans toute une province.

De mille personnes, il en meurt annuellement
vingt-huit. De cent enfans qui meurent par an,
il y en a trois de morts lorsqu'ils viennent au monde; et à peine sur deux cents y en a-t-il un qui
meure au moment de la naissance. Entre cent
quinze morts, on ne compte qu'une femme qui

meure en couche ; et, parmi quatre cents morts,
il ne s'en trouve qu'une qui ait péri dans les douleurs de l'enfantement.

La plus grande mortalité a lieu, entre les enfans, depuis la naissance jusqu'à l'âge d'un an ;
de mille, il en meurt communément deux cent
quatre-vingt-treize. Mais, entre la première et la
seconde année de leur âge, il n'en meurt que
quatre-vingts ; et dans les treizième, quatorzième
et quinzième, le nombre des morts est si petit,
qu'il ne monte jamais au delà de deux. Voilà donc
l'époque de la vie la moins périlleuse. Quelques
savans ont observé qu'il y a plus de femmes que
d'hommes qui atteignent l'âge de soixante-dix à
quatre-vingt-dix ans ; mais qu'il y a plus d'hommes que de femmes qui passent la quatre-vingt-
dixième année et qui aillent jusqu'à cent.

Trois milliards de personnes, au moins, pourroient vivre en même temps sur la terre ; mais on
y en compte, tout au plus, un milliard quatre-
vingts millions, savoir : six cent cinquante millions en Asie, cent cinquante millions en Afrique,
autant en Amérique, et cent trente millions en
Europe. Supposez la population portée à trois milliards, la culture s'étendroit, les défrichemens
augmenteroient, et tout resteroit en proportion.

La conséquence la plus naturelle que nous puissions tirer de tout ce qui vient d'être dit, c'est
que Dieu a le plus grand soin de la vie des hommes, et qu'elle est très-précieuse à ses yeux. Seroit-il possible que le nombre des naissances et
des morts fût maintenu dans une telle égalité, et
que leur proportion fût si régulière et si constante
dans tous les temps et dans tous les lieux, si la
divine Sagesse ne présidoit à cette distribution ?

4

N'allons pas croire, néanmoins, que cet ordre si sagement établi nous autorise à compter avec certitude sur un certain nombre d'années. Gardons-nous de nous flatter d'une longue vie. La mort exerce ses plus grands ravages précisément dans les années où l'homme jouit de toute sa force; et c'est lorsque nous croyons avoir pris les mesures les plus judicieuses, lorsque nous avons formé les plus beaux plans, qu'elle vient nous surprendre au milieu de nos projets et de nos espérances.

Homme prudent, prépare-toi de bonne heure à ce dernier voyage : combien il t'importe d'y penser journellement et de t'y préparer ! Que ce soit là ta principale occupation : fais de bonne heure toutes les dispositions nécessaires, et sois prêt à tout événement. Vienne alors la mort quand il plaira au Seigneur de l'ordonner : elle te trouvera veillant; et tu pourras encore, dans tes derniers momens, bénir le Dieu qui te la rendra douce.

CCIV^e CONSIDÉRATION.

Sur la résurrection à venir.

Si la naissance et la mort sont, pour l'homme, deux époques bien importantes, il en est une dernière, par rapport à son corps, qui ne mérite pas moins d'être un des principaux objets de nos réflexions. La résurrection qu'il doit éprouver dans la suite des temps tient de si près à la nature de l'homme, qu'un instinct presque irrésistible a dicté aux peuples les plus sauvages, ainsi qu'aux nations les plus policées, ce respect pour les morts, qui leur a toujours fait considérer leurs dépouilles et leurs cendres mêmes comme des restes sacrés, qui, réunis dans chaque homme à la plus noble partie de lui-même, doivent un jour le reproduire, en quelque sorte, tout entier.

De là aussi le culte, la religion des tombeaux, et cette horreur universelle pour tout ce qui tend à les profaner. Si, comme l'ont pensé Socrate, Platon, Cicéron, Sénèque, ces vrais philosophes, ces sages de l'antiquité profane, le consentement de tous les peuples est la voix de la nature, où s'annonce-t-elle d'une manière plus précise, que sur la croyance d'un Être suprême, sur l'immortalité de l'ame, et sur l'objet dont nous parlons ?

La Religion chrétienne a fait de la résurrection des corps un des dogmes de notre foi, et elle nous la présente sous l'aspect le plus auguste et le plus imposant. C'est au même instant, c'est tous ensemble, à la fin des siècles, que les morts ressusciteront. Des signes terribles au Ciel et sur la terre annonceront à ceux qui n'auront pas encore subi la loi commune du trépas, ce grand jour du Seigneur, ce jour si ardemment désiré par ses saints, et si formidable à quiconque n'aura pas suivi leur exemple et marché sur leurs traces.

Aux yeux de l'univers rassemblé devant son Juge, qui se fera voir alors dans tout l'appareil de sa grandeur et de sa majesté, Dieu manifestera les trésors de sa puissance, de sa sagesse, de sa bonté, de son ineffable providence, de sa souveraine justice, si souvent méconnue. Il entrera, pour ainsi dire, lui-même en jugement avec nous, et justifiera ses voies blasphémées par l'orgueil et par l'impiété, tous ses attributs outragés par nos crimes : il se montrera tel qu'il est, tel qu'il a toujours été, le Dieu trois fois saint, devant lequel il ne restera plus de prétextes ni d'excuses à nos égaremens. D'un rayon de sa lumière il éclairera toutes les consciences : il nous placera en présence de nous-mêmes, et nous forcera, si nous avons été coupables, de nous accuser et de nous condamner malgré nous. Alors, nous ne pourrons lui rien taire, lui rien dissimuler : il aura sondé tous les cœurs ; il aura pénétré tous les replis de notre ame ; il aura tout vu, tout entendu, et rien n'aura échappé à la connoissance de celui qui est présent partout, et dans lequel nous avons la vie, le mouvement et l'être. Il nous placera les uns en face des autres, en face du monde entier : et par les mêmes rayons de sa vive lumière, qui étendront nos connoissances presque à l'infini, il rendra sensible à tous ce que des apparences trompeuses, des dehors hypocrites et mensongers nous auront dérobé réciproquement de nos petitesses, de nos misères et de nos plus secrets déréglemens.

Les vertus des justes brilleront, en même temps, de tout leur éclat ; leurs mérites seront appréciés : on saura tout le bien qu'ils auront fait, tout celui qu'ils auroient voulu faire. Leur vie humble et cachée, leur modeste silence et l'oubli d'eux-mêmes, leurs vues toujours droites et pures, relèveront encore le prix de leurs moindres actions. Ils seront vengés des dénominations odieuses qu'on donnoit à leur sagesse, à leur retenue, à leur piété ; des fausses couleurs sous lesquelles on se plaisoit à les peindre ; des imputations malignes ; des noires calomnies, des jugemens sévères ou précipités qu'on portoit de leur conduite la moins susceptible de reproches.

Quand tout aura été pesé dans les balances de
la vérité et de la justice, l'arrêt favorable ou fatal
sera prononcé ; et il sera rendu à chacun selon ses
œuvres. Notre corps réssuscité entrera en partage
de la gloire ou de l'ignominie, du bonheur ou du
malheur qu'il aura mérité. Il aura fait partie de
notre être ici-bas; il aura été l'instrument ordinaire
de nos bonnes ou de nos mauvaises actions : il sera
associé de nouveau à l'état de l'ame, à la destinée
de cet esprit immortel dont le sort se trouvera ir-
révocablement fixé. Celui qui aura semé dans l'esprit, recueillera les fruits glorieux de cette se-
mence toute divine : celui qui aura semé dans la
chair, qui aura assujetti son ame à son corps, sa
raison à ses sens; qui n'aura vécu que pour le
temps, pour une fausse gloire, pour des biens
aussi vains que fragiles, recueillera dans la chair
des fruits de douleur et d'opprobre.

Telle est la foi du chrétien : telles sont les
grandes et sublimes idées que nous donne la Religion, et qui sont si bien d'accord avec celles de
la raison même, dégagée des préjugés et de l'empire des passions.

Les ennemis conjurés d'une Religion et si pure
et si sainte, effrayés de ces terribles vérités, et ne
cherchant qu'à se dérober à toute conviction,
entassent, à leur manière, de vaines difficultés
pour les obscurcir. Répondons, en peu de mots,
à ce qu'ils peuvent dire de plus spécieux contre la
résurrection des corps : c'est du célèbre Nieuwen-
tyt, aussi habile anatomiste, aussi grand naturaliste que savant mathématicien, que nous allons emprunter ce qui doit suffire pour les confondre.

"Nous ne nous arrêterons pas au rassemblement

6

de toutes les particules de notre corps : comme s'il n'étoit pas aussi facile au Tout-Puissant d'en retrouver et d'en rapprocher les moindres parties, qu'il le lui a été de les former avec tant d'art ; de les nourrir, de les faire croître, de les conserver, et de les tenir réunies dans un seul tout pendant tant d'années. Allons droit aux faits principaux, qu'on peut nous objecter avec quelque apparence de raison.

Le corps de l'homme n'est pas à vingt ans ce qu'il étoit en sortant du sein de sa mère : il n'est pas à cinquante, à soixante, ce qu'il étoit à vingt : il s'en échappe continuellement, par la transpiration ou par d'autres voies, des particules innombrables, comme il en survient une prodigieuse quantité d'autres par l'aspiration, la nutrition, etc. Il y a plus encore : il aura pu être mangé, dans les eaux, par les poissons ; sur la terre, par les cannibales ; et, dans ces derniers cas, qui ne sont pas à beaucoup près sans exemple, il se sera changé en leur propre substance. Comment donc l'en séparer ? et quelle possibilité reste-t-il à ce que ce corps lui soit rendu ?

Il est vrai que le corps de l'enfant n'est pas précisément, et dans un certain sens, celui de l'homme fait, quoiqu'à vingt ans, à trente, à soixante, je puisse dire néanmoins qu'à proprement parler j'ai conservé essentiellement le corps qui m'est échu en partage, et que je ne suis pas, même à cet égard, un autre homme. Et c'est ce qui nous conduit nécessairement à distinguer en nous le corps *propre* du corps *visible*.

Sans doute, le corps qu'on me voit aujourd'hui n'a pas la même apparence que celui que j'avois en naissant. Il a dès lors acquis des développemens : avec le secours de la nourriture, il s'est agrandi, il a grossi ; de nouvelles particules de matière s'y sont réunies, beaucoup d'autres s'en sont échappées de mille manières différentes : mais tout cela n'en étoit pas des élémens primitifs, des parties nécessaires ; et, tout en variant sans cesse, cela n'empêchoit pas que je ne conservasse mon corps *propre*. Prenons-le dans les premiers momens de sa formation, où déjà il avoit en petit toutes ses parties essentielles; comme le bouton à l'égard de la fleur, le germe par rapport à la plante, l'amande, le pépin à l'égard de l'arbre, renferment déjà les linéamens de la fleur, de la plante, de l'arbre tout entier. L'insecte contient également les portions constituantes, et déjà toutes préparées, qui doivent servir un jour à former, en quelque sorte, le nouvel être qui, de chenille rampante, par exemple, deviendra papillon, sans cesser, dans le fait, d'être le même insecte.

De même, ce germe qui contient l'homme en petit est exactement son corps propre : il conserve toujours ses premières parties élémentaires, indestructibles, qu'il suffira au Tout-Puissant de recueillir, en quelque lieu qu'elles se trouvent, pour en faire, par telle addition accidentelle qu'il lui plaira, la base de notre *propre* corps ressuscité, soit pour la gloire, soit pour l'ignominie.

C'est ainsi qu'une connoissance plus réfléchie, plus approfondie de la nature, suffit déjà pour nous faire entrevoir la solution d'un problème qui nous sembloit si difficile à résoudre, et pour faire évanouir de prétendues absurdités, qui ne paroissent telles que par la foiblesse de nos lumières.

Que de mystères, dans la nature comme dans la

Religion, cesseront de l'être à nos yeux, lorsque
le voile épais qui nous en dérobe la clarté, ayant
été levé pour nous, l'obscurité fera place au grand
jour !

CCV· CONSIDÉRATION.

*Sur l'amour de la vie; influence de la vie
champêtre sur la santé.*

Non, je ne saurois condamner cette attache naturelle que tous les hommes ressentent pour la vie !
Ce n'est point là un de ces goûts passagers, une
de ces passions de l'âge ou des circonstances : c'est
un sentiment profondément gravé dans nos cœurs
par Dieu lui-même. L'amour de la vie est un de ses
dons : et quels motifs touchans n'eut-il pas en nous
l'accordant ! Guidés par ce penchant innocent et
doux, nous sentons la nécessité de pourvoir à notre
conservation, nous nous en faisons un devoir sa-
cré ; nous concevons qu'il est dans l'ordre de répri-
mer des inclinations déréglées, parce qu'il n'en est
aucune qui, nous faisant tomber en quelque excès,
ne puisse abréger le temps de notre séjour sur la
terre.

Tous les hommes sont donc tenus d'employer les
moyens convenables pour conserver un bien aussi
précieux que la santé ; et l'un des plus efficaces est,
sans doute, la vie qu'on mène à la campagne. Heureux, en effet, celui qui se trouvant, par état, plus
rapproché du sein de la terre, trouve, dans le commerce de la nature, ses plaisirs, ses travaux et sa
destination ! Placé à la vraie source de la jeunesse,
de la santé et du bonheur, son corps et son ame

vivent dans la plus parfaite harmonie : l'aimable candeur, l'innocente gaîté, le contentement, accompagnent tous ses pas, et il ne meurt que rassasié de jours.

Si l'on vouloit exposer les principes nécessaires à la santé et à une longue vie, il faudroit en revenir au tableau de la vie champêtre. Nulle part on ne trouve toutes les qualités qui y concourent aussi complètement réunies qu'à la campagne, où tout ce qui est autour de l'homme et dans l'homme le conduit directement à ce but. Un air pur et sain; une nourriture simple et frugale; des exercices convenables : de l'ordre dans toutes les parties de la vie; le spectacle de la nature dans toute sa naïveté, le doux repos, la sérénité qu'il communique à notre ame : quelles sources de santé et de restauration !

D'autre part, rien n'est aussi propre que la vie champêtre à imprimer au caractère de l'homme le ton nécessaire pour enlever à son ame ce qu'elle a de passionné, d'exalté, d'excentrique, en nous éloignant du tumulte et de la corruption des villes qui alimentent tous les excès. Ainsi, elle nous donne intérieurement et extérieurement cette tranquillité, cette égalité, si favorables à la conservation de la vie : elle nous offre une foule de jouissances, d'espérances, etc.; mais sans agitation, et tempérées par la nature. Il n'est donc pas étonnant que les exemples d'une longue et saine vieillesse se trouvent parmi ceux qui suivent cette manière de vivre, la première et la plus naturelle à l'homme.

Le bonheur général et individuel y gagneroit, sans doute, si la plupart des mains occupées à écrire étoient employées aux travaux rustiques, auxquels

les intérêts politiques même devroient nous ramener. Il est vrai que nous ne pouvons pas être tous
cultivateurs. Mais ne seroit-il pas du moins à désirer que les savans, les gens de cabinet, etc.,
partageassent leur vie en deux parties : semblables
aux anciens, qui, malgré les affaires d'état et leur
philosophie, ne regardoient point comme au-dessous d'eux de s'adonner, par intervalle, à la vie
champêtre ? Les suites désastreuses de la vie sé-
dentaire cesseroient, si l'homme qui s'y livre pas-
soit quelque temps à cultiver son champ ou ses
jardins : car, par la vie champêtre je n'entends
point la méthode ordinaire d'emporter avec soi les
livres et les soucis ; de lire, d'écrire et de méditer
en plein air, au lieu de le faire dans un appartement. Comme le séjour des champs rétabliroit l'é-
quilibre entre l'esprit et le corps, si souvent détruit par une application trop suivie ! comme, en
réunissant les exercices du corps, le plein air et la
sérénité de l'ame, il opéreroit chaque année un
rajeunissement et une restauration infiniment favorables au bonheur et à la durée de la vie !

Cette pratique produiroit aussi beaucoup d'avantages pour le moral. On enfanteroit moins de chi-
mères et de systèmes ridicules, on ne s'imagine-
roit plus voir le monde borné à son individu, ou
aux murailles qui le renferment. L'esprit auroit
plus de vérité, de justesse, de chaleur, de naturel :
qualités qui distinguent les philosophes de l'antiquité, et dont la plupart les devoient peut-être à
l'habitude de vivre au sein de la nature.

Homme raisonnable et sensible, ah ! travaille
sans cesse à entretenir en toi le goût des plaisirs
champêtres ! Qu'il est aisé de le perdre en me-
nant toujours une vie isolée, accablée d'affaires,

et en respirant sans cesse l'air corrompu d'un cabinet ! Quiconque l'a une fois perdu, ne ressent
plus les bienfaisantes influences de la nature : au
milieu du plus riant paysage, sous le ciel le plus
beau, il est sans ame et sans jouissances.

Dérobons-nous donc quelquefois aux soins de la
ville. Insensés que nous sommes ! pourquoi avons-
nous entassé ces quartiers de roche artistement tail-
lés ? Est-ce pour nous cacher le spectacle du firmament, pour nous ôter réciproquement la jouissance de l'air et du soleil ? L'influence de cet astre,
si nécessaire aux plantes, ne l'est pas moins aux
êtres animés : et ce n'est que dans les campagnes
qu'on la ressent tout entière.

Combien, dans l'enfance du monde, les hommes, au sein de l'innocence et de la gaîté, vi-
voient heureux aux champs ! Là, des plaisirs purs
remplissent le cœur de délices toujours nouvelles ;
on a la vue de tout le ciel ; un voisin incommode
ne nous y prive point de la clarté du jour. Oh ! si
les hommes connoissoient leur bonheur....! Ce
n'est pas dans l'obscurité des villes que la nature
le plaça ; il se trouve à la campagne, à la portée
de tous : celui même qui ne le cherche pas l'y rencontre. Les richesses de la nature forment ses trésors : son or, ce sont les épis et les fruits mûris
par le soleil : cachés dans les arbres touffus, ces
musiciens ailés valent pour lui les plus nombreux
orchestres. Ici, les jouissances viennent de la nature ; l'art qui l'imite n'ose que rarement, et avec
timidité, s'approcher d'elle.

Pauvreté des campagnes, oh ! que tu es riche !
Si la faim se fait sentir, chaque saison, pour la
satisfaire, nous distribue ses présens avec profusion : la charrue sert de table ; la feuille verte

rehausse le coloris des fruits qui la couvrent ; l'eau
d'une fontaine limpide tient lieu de vin , et nous
offre une boisson pure, source de la santé : son
doux murmure nous invite au repos ; tandis que
l'alouette, tantôt près de la terre, tantôt cachée dans
les nues, fait entendre ses chants joyeux ; et venant
voler rapidement à nos pieds, va se cacher dans
son nid , au milieu des sillons.

Et une vie si pleine de charmes pourroit m'être
indifférente....! je mépriserois les dons du Créateur....! Non : j'aimerai la vie; cette innocente
attache m'inspirera le désir de conserver mes jours,
de ne pas altérer mes forces , et de me procurer
une médiocrité tranquille et rassurante. Mais , je
n'aimerai mon existence qu'en conformant mes
désirs aux vues de la Providence divine. Je n'abhor-
rerai point la mort. Mes craintes, à cet égard , seront modérées. Je veux même m'accoutumer à son
image : je croirai que la fin du juste n'est que l'entrée dans une meilleure vie, seule capable de répondre à l'immensité de mes désirs.

CCVI^e CONSIDÉRATION.

Parallèle entre l'homme et les animaux.

Dans la comparaison que nous allons faire de ces
êtres si dissemblables sous tant de rapports, et qui
se rapprochent néanmoins sous tant d'autres , il se
trouvera des choses qui nous sont communes
avec les brutes : d'autres où elles ont des avantages
sur nous ; d'autres enfin où nous l'emportons infiniment sur elles.

L'homme réunit bien des genres de conformité

avec les animaux, en ce qu'il a de matériel. Comme
eux, nous avons la vie, un corps organisé produit
de la même manière, entretenu par la nourriture :
nous avons des esprits animaux, des forces pour
remplir les fonctions diverses qui nous sont assi-
gnées par notre Auteur, des mouvemens spontanés, des sens et des sensations, de l'imagination
et de la mémoire. Au moyen des sens, nous éprouvons, les uns aussi-bien que les autres, du plaisir
et de la douleur : ce qui nous fait désirer certaines choses, et en craindre d'autres. Comme les
animaux, un penchant naturel nous porte à conserver notre vie ; comme eux, enfin, nous sommes
sujets à ces accidens corporels et généraux que
doivent occasioner l'enchaînement et les divers
rapports des choses, les lois du mouvement, la
structure et l'organisation de nos corps.

Relativement aux avantages qui résultent des
sens, les animaux ont diverses prérogatives sur
l'homme. Une des principales, c'est qu'ils n'ont
besoin ni des habillemens, ni des commodités, ni
des armes que nous avons tant de peine à nous
procurer. Ils ne sont obligés ni d'inventer, ni d'apprendre les arts, qui, pour la plupart, nous deviennent en quelque sorte nécessaires. Naissant
tout vêtus, tout armés, s'il leur manque encore
quelque chose pour subvenir à leurs besoins, ils
n'ont qu'à suivre la nature, qui suffit à leur genre
de félicité ; elle ne les trompe jamais ; toujours
elle les conduit sûrement ; et, dès que leurs ap-
pétits sont satisfaits, ils ne désirent rien au delà.
Ils jouissent du présent ; sans soins et sans inquiétude sur l'avenir : un sentiment actuel les avertit
de leurs besoins, ils sont bientôt instruits des
moyens d'y pourvoir ; ils les emploient avec plai-

sir : ils se procurent ce qui leur convient, et en
jouissent avec satisfaction. Que dirai-je de plus ?
la mort les surprend sans qu'ils l'aient prévue, et
sans qu'ils puissent s'en affliger d'avance.

Sous plusieurs de ces rapports, l'homme le cède
aux animaux. Il faut qu'il médite, qu'il invente,
qu'il travaille, qu'il s'exerce, qu'il reçoive des instructions long-temps répétées, sous peine de rester
dans une perpétuelle enfance, et de se voir privé
des choses les plus indispensables. Ses inclinations, ses passions ne sont pas pour lui des guides
sûrs ; et il deviendroit malheureux, s'il s'aban-
donnoit à leur conduite. La raison seule met une
différence essentielle entre lui et les animaux : elle
supplée à ce qui lui manque, elle lui donne, à
d'autres égards, des prérogatives d'un ordre bien
supérieur, et auxquelles les brutes ne sauroient
atteindre. Au moyen de cette précieuse faculté, il
se procure le nécessaire, le commode, et même
le superflu : il multiplie les plaisirs des sens ; il les
ennoblit, et les rend d'autant plus touchans, qu'il
sait mieux soumettre ses désirs à la raison. Son ame
goûte une autre sorte de plaisirs, entièrement inconnus aux animaux. La science, la sagesse, l'ordre, la religion et la vertu en sont les sources :
et ces plaisirs surpassent infiniment tous ceux dont
les sens sont les organes ; parce que, loin d'être
en contraste avec la vraie perfection de l'homme,
ils l'augmentent continuellement ; parce que jamais ils ne l'abandonnent, pas même lorsque les
sens, émoussés par la maladie, la vieillesse, ou
quelque autre circonstance, deviennent insensibles à tout ; enfin, parce qu'ils le font de plus en
plus ressembler à Dieu même. Ajoutons que les
animaux sont renfermés dans une sphère très-

étroite : leurs désirs et leurs penchans sont en petit
nombre ; et par conséquent, leurs plaisirs sont peu
diversifiés. L'homme au contraire, a une infinité
de goûts : il sait tirer parti de tous les objets ; il n'est
rien qui ne puisse lui devenir utile. Lui seul acquiert de plus en plus ; marche sans cesse de découvertes en découvertes ; fait des progrès illimités
dans la carrière de la perfection et du bonheur. Toujours circonscrites dans leurs bornes étroites, les
bêtes n'inventent et ne perfectionnent jamais ; elles
restent toujours au même point ; et ne peuvent
que d'une manière très-foible s'élever, par cette
sorte d'éducation que quelquefois elles empruntent
de nous, au-dessus des autres individus de leur
espèce.

C'est donc principalement la raison qui nous
donne la supériorité sur les brutes ; et c'est en
cela que consiste essentiellement l'excellence de
la nature humaine. Faire usage de cette divine
faculté pour ennoblir les plaisirs des sens, pour
goûter de plus en plus les plaisirs intellectuels,
pour croître sans cesse dans la vertu : voilà ce qui
distingue l'homme ; voilà en partie sa destination
sur la terre, et le but que Dieu s'est proposé en
lui donnant l'existence. Notre grande affaire, le
premier et le plus constant objet de notre étude,
doit être de répondre à de si hautes destinées. La
recherche de ce que la raison nous montre de véritablement utile et bon peut seule nous conduire
au bonheur.

CCVII^e CONSIDÉRATION.

Comparaison des forces de l'homme avec celles des animaux.

Quoique le corps de l'homme soit, à l'extérieur, plus délicat que celui de la plupart des animaux, il est cependant très-nerveux : peut-être même est-il plus fort, par rapport à son volume, que celui des bêtes les mieux partagées à cet égard. En effet, si nous voulons comparer la force intrinsèque du lion avec celle de l'homme, nous devons considérer que cet animal étant armé de griffes, l'emploi qu'il fait de ses forces réelles nous en donne une fausse idée ; et que nous lui attribuons mal à propos ce qui n'appartient qu'à ses armes.

Mais il est une meilleure manière de comparer la force de l'homme avec celle des animaux : c'est par le poids qu'il est capable de porter. En général, des hommes endurcis au travail peuvent, sans de trop grands efforts, soulever des fardeaux de cent cinquante, et même de deux cents livres. Les porte-faix se chargent souvent d'un poids de sept à huit cents. A Londres, ceux qui travaillent sur les quais, et qui chargent ou déchargent les navires, portent quelquefois des fardeaux qui tueroient un cheval.

Un savant français, pour connoître la force de l'homme, fit faire une espèce de harnois, par le moyen duquel il distribuoit sur toutes les parties du corps d'un homme debout une certaine quantité de poids ; en sorte que chaque partie suppor-

toit tout ce qu'elle pouvoit supporter, relativement aux autres, et qu'il n'y en avoit aucune qui
ne fût chargée comme elle devoit l'être. Au moyen
de cette machine, un homme, sans beaucoup de
peine, portoit un poids de deux milliers.

Le volume du corps de l'homme est, relativement au volume du cheval, comme un à six ou à
sept : de sorte que, si cet animal étoit à proportion aussi fort que l'homme, il pourroit être chargé
de douze à quatorze milliers. Mais il s'en faut bien
qu'il puisse porter un tel fardeau.

Nous pouvons encore juger de la force de l'homme, par la continuité de l'exercice et par la légèreté des mouvemens. Les hommes qui sont exer-
cés à la course devancent les chevaux, ou du moins
soutiennent cette fatigue bien plus long-temps.
Dans un exercice plus modéré, un homme accoutumé à la marche fera, chaque jour, plus de chemin qu'un cheval ; ou, s'il ne fait que le même
chemin, lorsqu'il aura marché autant de jours
qu'il sera nécessaire pour que le cheval soit épuisé
de fatigue, l'homme sera encore en état de conti-
nuer sa route, sans en être incommodé. A Ispahan,
les coureurs de profession font près de trente lieues
en dix ou douze heures. Les voyageurs assurent
que les Hottentots devancent les lions à la course ;
et que les sauvages de l'Amérique, qui vont à la
chasse de l'orignal, poursuivent avec tant de vitesse ces animaux aussi légers que des cerfs, qu'ils
les lassent et les attrapent. On raconte mille autres
choses prodigieuses de la légèreté des sauvages à
la course ; des longs voyages qu'ils entreprennent
et achèvent à pied dans les montagnes les plus es-
carpées, dans les pays les plus difficiles, où il
n'existe aucun chemin battu, aucun sentier tracé.

Ces hommes font, dit-on, des voyages de mille à douze cents lieues, en moins de six semaines ou deux mois : est-il aucun animal, à l'exception des oiseaux, qui ait les muscles assez forts pour soutenir cette fatigue ?

L'homme civilisé ne connoît pas ses forces : il ne sait ni combien la mollesse lui en fait perdre, ni combien il pourroit en acquérir par un exercice bien dirigé. Cependant, il se trouve quelquefois parmi nous des individus d'une force extraordinaire : mais ce don de la nature qui leur seroit précieux s'ils étoient dans le cas de l'employer pour leur défense, ou pour des travaux utiles, est d'un très-petit avantage dans une société policée, où l'esprit fait plus que le corps, et où le travail de la main n'est pas celui de tous les membres qui la composent.

Ici encore, je reconnois la sagesse admirable avec laquelle Dieu a formé mon corps, et l'a rendu capable de tant d'activité. Mais, en même temps, je ne puis que regarder en pitié ces hommes qui passent leurs jours dans l'engourdissement et la paresse ; et qui, par la crainte de nuire à leur santé, ou même à leur vie, ne peuvent se résoudre à mettre leur forces en action. Et pourquoi Dieu nous les distribue-t-il avec tant de profusion, si ce n'est afin que nous en fassions usage ? Les consumer dans une telle indolence, c'est refuser de se conformer aux intentions du Créateur ; c'est se rendre coupable d'une ingratitude inexcusable. Ah ! je veux désormais employer toutes mes forces au bien de mes semblables, selon la condition où Dieu m'a placé : et, si les circonstances l'exigent, je mangerai mon pain à la sueur de mon visage. Ne suis-je pas plus heureux que tant de milliers de

mes

mes frères, qui sont excédés de peines et de fatigues, qui gémissent sous le joug et dans les travaux insupportables de l'esclavage, dont le front
honnête est couvert de sueur; et qui, lorsque leurs
forces sont presque épuisées, n'ont les moyens de
procurer ni soulagement, ni repos à leur corps
abattu ? Plus je me trouve heureux, en me comparant à ces infortunés, plus je veux m'appliquer
à remplir tous mes devoirs ; et le succès de mes
travaux excitera mon ame à bénir, avec des transports de gratitude, ce Dieu de bonté qui m'accorde
les forces nécessaires à ma condition, et daigne me
les conserver jusqu'à ce jour.

CCVIIIᵉ CONSIDÉRATION.

Comparaison entre les sens de l'homme et ceux des animaux.

Existe-t-il des animaux qui aient les sens plus
parfaits que ceux de l'homme ? Ce n'est que dans
certains cas particuliers qu'on peut répondre affir-
mativement à cette question : car l'homme, à cet
égard, est en général plus favorisé que la brute.
L'araignée, il est vrai, a le tact plus subtil; le
vautour, l'abeille et le chien ont l'odorat beaucoup plus fin : aidé de ce seul sens, le dernier
de ces animaux suit la trace du gibier; et l'on
dresse d'autres chiens à découvrir la truffe cachée
sous terre ; ce que fait aussi le porc, guidé par
l'odorat. L'ouïe est exquise dans le lièvre : le cerf
entend, dit-on, le son des cloches à la distance
de plusieurs lieues; et, sous terre, la taupe entend
mieux que l'homme qui en habite la superficie,

III. H

et qui vit en plein air. A l'égard de la vue, l'aigle, entre les oiseaux ; le lynx , parmi les quadrupèdes , l'emportent de beaucoup sur le roi de la nature.

Mais si l'on vient à considérer les animaux dans l'ensemble, comparativement à l'homme, on est frappé d'une grande prérogative qui a été donnée à ce dernier, par-dessus un très-grand nombre de brutes. L'homme est naturellement doué de cinq sens ; et à peine cet avantage est-il commun à la moitié des animaux. Les zoophytes qui forment l'anneau entre le règne animal et le règne végétal, n'ont peut-être que le sens du toucher. Plusieurs animaux n'ont que deux sens ; d'autres trois ; et ceux qui en ont cinq, sont comptés au rang des plus parfaits. Parmi les hommes, il s'en trouve chez qui tel sens est d'une subtilité extraordinaire. On voit des Indiens juger par l'odorat, du plus ou du moins d'alliage qu'il y a dans les métaux précieux, aussi-bien que nous le faisons en y appliquant la pierre de touche. D'autres, dit-on, découvrent à une très-grande distance, le lieu qui sert de retraite à une bête féroce. L'habitant des Antilles distingue, à l'odorat, si un Français ou un noir a passé sur son chemin. La perfection des sens supplée, en quelque sorte, chez le Sauvage, à la foiblesse des facultés intellectuelles. Bien des gens ont exercé et raffiné certains sens à un point étonnant ; et si l'homme n'avoit, comme les animaux, d'autres secours pour se procurer la nourriture et se mettre à l'abri des dangers, ses sens auroient sans doute acquis par l'exercice le plus haut degré de perfection. Mais la raison le dédommage amplement de ce que certains animaux semblent avoir de plus exquis à cet égard. On ne peut même qu'admirer, sur ce point, la sagesse infinie avec laquelle l'Auteur de la nature a su distribuer ses faveurs. Il a donné aux organes de l'homme tout ce qui leur est né-cessaire pour les usages auxquels ils sont destinés. Une plus grande perfection de ces organes fût devenue incommode, et n'eût pu tourner qu'à son désavantage : tandis qu'elle est nécessaire dans diverses espèces d'animaux, soit pour les mettre en garde contre les embûches qu'on leur tend continuellement, soit pour les mettre à la portée de veiller comme il convient à leur bien-être.

Supposons plus de vivacité et de subtilité à nos sens : il en résulteroit de grands inconvéniens. Si l'ouïe, par exemple, étoit aussi subtile chez nous que la sûreté de quelques animaux exigeoit qu'elle le fût chez eux, le bruit même le plus éloigné, et le chaos étourdissant d'un mélange de sons, interromproient continuellement nos ré-flexions, nos occupations, notre repos. Plus de fi-nesse dans la vue nous feroit paroître la plupart des objets hideux et dégoûtans.

Rendons grâces à Dieu, dont l'infinie sagesse a tellement mesuré le degré de nos sensations, que cette mesure nous suffit pour jouir pleine-ment des bienfaits de la nature, sans troubler l'exercice des nobles fonctions de la raison hu-maine. Les bornes de nos sens sont pour nous un gain plutôt qu'une perte, une perfection réelle, plutôt qu'une imperfection. Heureux celui qui abandonne à une raison éclairée, l'empire des sens, et qui jouit de tous les avantages qui doivent résulter d'une parfaite harmonie entre les sens, et la raison !

CCIX⁰ CONSIDÉRATION.

Avantages que la raison nous donne sur les animaux.

S'il est des animaux qui l'emportent sur l'homme par la force, ou par la perfection de quelques-uns de leurs sens, il l'emporte sur tous par cette noble faculté qu'il a reçue du Créateur, et qui le distingue si particulièrement de tous les êtres animés qui habitent la terre, en faisant de lui un être intelligent et raisonnable. Si la raison ne pénètre pas la nature même des objets, au moins elle en connoît l'excellence : elle apprend à ne les pas confondre ; elle en voit les dehors ; elle en ressent l'action et les effets ; elle en discerne les rapports, le nombre, les convenances, les propriétés, l'utilité.

Quand on examine les différens animaux dont est peuplée la terre, on remarque en tous une certaine industrie, et de justes précautions dans le choix des moyens qu'ils prennent pour parvenir à leurs fins. Ils ont une imitation de la raison humaine : on ne peut méconnoître en eux l'action d'une sagesse, d'une puissance infinie, qui imprima dans chaque espèce une méthode dont elle ne s'écarte point. Mais cet instinct qui les fait agir et qui dirige leurs mouvemens est bien au-dessous de la raison. S'ils jouissoient de cette précieuse faculté, on ne les verroit pas déroutés, stupides et intraitables lorsqu'on les tire de la façon de vivre qui est particulière à leur espèce.

Il en est tout autrement de l'homme. Chez lui, la raison est un principe fécond et actif, qui con-

noît et qui voudroit sans fin augmenter ses connoissances ; qui délibère, qui choisit, qui veut
avec liberté ; qui opère, qui crée, pour ainsi
dire, de nouveaux ouvrages: Elle lui fait connoître
la beauté de l'ordre ; en sorte qu'il peut aimer
cet ordre, le goûter et le mettre dans tout ce
qu'il fait : il peut imiter Dieu même, et sa raison fait de lui l'image de Dieu sur la terre.

Non-seulement elle lui sert à connoître les dehors, la beauté et le prix de chaque chose : elle
lui en donne le sentiment et la jouissance réelle.
C'est la raison qui le constitue maître de tout ce qui
est sur le globe : c'est elle qui, de fait, le met en
possession et dans l'exercice de son empire.

Il est vrai que l'homme n'est pas agile comme
les oiseaux, qui en un moment sont portés sur
leurs ailes à de grandes distances : il n'est point
fort comme les animaux armés de cornes, de
griffes aiguës et de dents meurtrières : comme
tous, il n'a point été habillé des mains de la nature ; il n'apporte, en naissant, ni plumes, ni
fourrures, pour le garantir des injures de l'air.
Mais il a reçu la raison en partage, et, avec elle,
il est riche, fort et suffisamment pourvu de tout.
Elle lui apprend que tout ce qu'ont les animaux
est pour lui ; qu'ils lui sont inférieurs et subor-
donnés en tout ; qu'ils sont ses esclaves, et qu'il
peut disposer de leur vie et de leurs services. A-t-il
besoin de gibier pour sa table ? le chien, le fau-
con, l'épervier, dressés à cet usage, vont abréger, faciliter ses recherches, et lui apporter ce
qu'il souhaite. Veut-il varier son habit selon les
saisons ? la brebis lui abandonne sa toison : le ver
à soie file pour lui la robe la plus légère et la plus
brillante. Les animaux le nourrissent, font senti-

nelle à sa porte, combattent pour lui, cultivent ses terres, transportent ses fardeaux.

La raison met au service de l'homme les créatures même les plus insensibles. Pour le venir loger, elle fait descendre les chênes du haut des montagnes, sortir du sein de la terre et les pierres, et le fer, et l'ardoise. Veut-il changer de climat, passer au delà des mers, y transporter son superflu, ou en tirer ce qui lui manque ? Il met en œuvre la mobilité des eaux et le souffle des vents. La raison soumet tous les élémens à ses besoins : autour de lui, il n'est rien qui n'obéisse à ses lois. Il articule, il peint sa pensée ; et, au moyen de l'écriture, il l'annonce à toute la terre, à la postérité même la plus reculée.

Il est impossible de suivre la raison dans toutes les merveilles qu'elle opère. Elle est le centre des ouvrages de Dieu sur la terre ; elle est la fin ; elle en fait l'harmonie. Otons un moment la raison de dessus le globe ; et supposons que l'homme n'est point : dès lors, plus d'union dans les ouvrages de Dieu. Le soleil brille ; sa chaleur aidée des pluies et des rosées, fait germer les semences, et couvre les campagnes de moissons et de fruits : mais il n'y a personne pour les recueillir, ni pour les consommer. La terre nourrira les animaux ; mais ils ne tendent à rien, faute d'un maître qui sache mettre en œuvre leurs services. Le cheval et le bœuf peuvent traîner ou porter les plus lourds fardeaux, leur pied est armé d'une corne capable de résister aux chemins les plus rudes : mais à quoi bon tant de force, et un ongle si dur pour fouler les prairies et chercher leur pâture ? La brebis est accablée du poids de sa toison ; la vache et la chèvre sont incommodées de l'abondance de

leur lait : l'inutilité ou la contradiction se trouve
répandue partout. La terre renferme dans son
sein des pierres et des métaux ; mais elle n'a point
d'hôtes à loger. Sa surface est un grand jardin ;
mais qui n'est point vu, et où rien n'est senti.
L'univers est un beau spectacle mais qui n'est
donné à personne. Rendons l'homme à la nature;
remettons la raison sur la terre : aussitôt l'intelligence, l'unité, les rapports règnent partout ; et
les choses mêmes qui ne paroissent point faites
pour l'homme, se rapportent à lui. Le moucheron
dépose ses œufs dans l'eau : les vermisseaux qui
en sortent sont la nourriture des poissons et
des oiseaux aquatiques, qui tous sont faits pour
l'homme. Il rapproche ainsi tous les êtres, sa
présence est un lien qui forme un tout de tant de
parties différentes : il en est l'ame.

L'homme, par sa raison, est non-seulement
le centre des créatures qui l'environnent; il en
est encore le prêtre. C'est par sa bouche qu'elles
acquittent le tribut de louanges dû à celui qui
les fit pour sa gloire. Le diamant ne sait ni quel
est son prix, ni de qui il a reçu son éclat ; les
animaux ne connoissent pas la main qui les ha-
bille et les nourrit : le soleil même ignore son
Auteur. La raison seule le connoît. Placée entre
Dieu et les créatures insensibles, elle sait qu'en
faisant usage de celles-ci, elle est chargée envers l'Être suprême, de l'action de grâce, de la
louange, et de l'amour. Sans elle, toute la nature est muette : par elle, toutes les créatures
publient la gloire de celui de qui elles ont reçu
l'être. La raison sent qu'elle est en sa présence :
seule elle comprend, elle apprécie ce qu'elle reçoit de lui ; et elle a le bonheur inestimable de

pouvoir l'adorer et le glorifier de tout ce qui est en elle et autour d'elle. Ainsi, c'est parce qu'il y a de la raison sur la terre, qu'il doit y avoir de la religion ; et l'homme doit être religieux à proportion qu'il est raisonnable.

CCX^e CONSIDÉRATION.

L'homme considéré principalement comme doué d'intelligence.

L'HOMME est ici-bas le chef-d'œuvre du Tout-Puissant. En vain tenterions-nous d'en exprimer toutes les beautés ; le pinceau, trop foible, ne répond point à la vivacité des conceptions.

Comment, en effet, réussir à rendre avec énergie ces admirables proportions, ce port noble et majestueux, ces traits pleins de force et de grandeur, cette tête ornée d'une agréable chevelure, ce front ouvert et élevé ; ces yeux vifs et perçans, éloquens interprètes des sentimens de l'ame ; cette bouche, siége du rire, organe de la parole ; ces mains, instrumens précieux, source intarissable de productions nouvelles ; cette poitrine relevée avec grâce ; cette taille riche et dégagée ; ces jambes, élégantes colonnes, qui répondent si bien à l'édifice qu'elles soutiennent ; ce pied enfin, base étroite et délicate, mais dont la solidité et les mouvemens n'en sont que plus merveilleux ?

Si nous entrons dans l'intérieur de ce bel édifice, nous ne pouvons suffire à en contempler toutes les richesses et les détails. Les os, par leur consistance et par leur assemblage, en forment la charpente ; les ligamens en unissent toutes les pièces ; les muscles, comme autant de ressorts,

en opèrent le jeu ; les nerfs , répandus dans toutes
les parties , établissent entr'elles une étroite communication ; les artères et les veines , semblables
à des ruisseaux , portent partout le rafraîchissement et la vie. Placé au centre , le cœur est la
principale force destinée à imprimer le mouvement au fluide et à l'entretenir. Les poumons sont
une autre puissance , ménagée pour porter l'air
dans l'intérieur, et en chasser les matières nuisibles.
L'estomac et les viscères de différens genres, sont
les laboratoires où se préparent les matériaux qui
fournissent aux réparations nécessaires. Le cerveau , siége de l'ame , est destiné à filtrer ce fluide
précieux dont dépendent ses opérations : domestiques prompts et fidèles , les sens l'avertissent
de tout ce qu'il lui convient de savoir , et servent
également à nos plaisirs et à nos besoins.

Mais , qu'est-ce encore que cette perfection cor-
porelle , près de l'homme considéré comme être
intelligent ? L'homme est doué de raison ; il a des
idées , il les compare ; il juge de leurs rapports ,
ou de leur opposition , et il agit en conséquence
de ce jugement. Seul , entre tous les animaux , il
jouit du don de la parole : il revêt ses idées de termes ou de signes arbitraires ; et , par cette admirable prérogative , il met entre elles une liaison qui
fait , de son imagination et de sa mémoire , un trésor inestimable de connoissances. Par là , il communique ses pensées , et perfectionne toutes ses
facultés : par là , il atteint à tous les arts et à toutes
les sciences ; par là enfin la nature entière lui est
soumise.

L'excellence de la raison humaine brille encore
avec un nouvel éclat dans l'établissement des so-
ciétés ou des corps politiques , source du bonheur

de l'homme sur la terre. Mais, ce qui surpasse infiniment ces prérogatives, elle le met en commerce avec son Créateur, par la Religion.

Enveloppés des plus épaisses ténèbres, les animaux ignorent la main qui les a formés : ils jouissent de l'existence, et ne sauroient remonter à l'Auteur de la vie. L'homme seul s'élève à ce divin principe; et, prosterné au pied du trône de l'Être par excellence, il adore, dans les sentimens de la vénération la plus profonde et de la plus vive gratitude, la bonté ineffable qui l'a créé.

Par une suite des éminentes facultés dont l'homme est enrichi, Dieu daigne se révéler à lui, et le mener, comme par la main, dans les routes du bonheur. Les différentes lois qu'il a reçues de la Sagesse suprême, sont les grands flambeaux placés de distance en distance, sur le chemin qui le conduit du temps à l'éternité. Dirigé par cette lumière céleste, il avance dans la carrière de gloire qui lui est ouverte : déjà il saisit la couronne de vie, et en ceint son front immortel.

Tel est l'homme dans le plus haut degré de sa perfection terrestre. Considéré sous ce point de vue, il n'a plus de rapport avec le reste des animaux. En effet, le souffle de vie qui l'anime, cette ame intelligente qu'il a reçue du Ciel, en fait un être à part. Cependant, ici-bas, cette ame n'agit qu'au moyen d'organes corporels. L'homme est un être mixte; et cette union de l'ame à un corps organisé est la source de l'harmonie la plus féconde et la plus merveilleuse qui soit dans la nature. Une substance sans étendue, sans solidité, sans figure, est unie à une substance étendue, solide et figurée. Une substance qui pense, et qui a en soi un principe d'action, est unie à une substance qui ne pense point, et qui, de sa nature, est indifférente au mouvement et au repos. De cette surprenante liaison naît, entre les deux substances, un commerce réciproque, une sorte d'action et de réaction qui est la vie des êtres mixtes, et qui mérite, à plus d'un titre, de nous occuper, puisqu'elle constitue notre propre nature, et qu'elle nous montre de nouveaux effets de la toute-puissance de Dieu. Mais auparavant il convient de fixer notre attention sur l'ame elle-même.

CCXI^e CONSIDÉRATION.

Sur la spiritualité de l'ame.

La nature de l'ame, ses facultés, ses opérations, sont si différentes de celles du corps, qu'il faut s'aveugler volontairement, pour s'obstiner à les confondre. Le corps est une substance étendue ; l'ame est une substance qui pense et qui sent : d'après ces seules notions, on conçoit sans peine combien est réelle la distinction que l'on doit établir entre ces deux êtres.

Les corps sont mus les uns par les autres d'une manière contrainte, et réglée par ce qu'on appelle les *lois du mouvement.* L'ame, au contraire, porte en elle un principe d'activité : elle meut son propre corps, et, avec lui, d'autres corps, par le seul acte de sa volonté. Elle réfléchit ; elle se replie sur elle-même ; elle suspend ses déterminations : elle délibère, et elle se détermine avec choix.

Les corps, dans leurs mouvemens communiqués, ne se portent pas plus loin que ne s'étend la sphère d'action de celui qui leur est imprimé. L'ame, sans sortir d'elle-même, s'élance par la

pensée vers les plus hautes régions, vers les objet,
les plus éloignés : franchissant tous les intervalles,
elle s'élève jusqu'aux cieux ; elle descend dans les
plus profonds abîmes : elle se reporte aux temps
les plus reculés ; elle envisage et prévoit l'avenir.
Quoiqu'elle n'aperçoive autour d'elle que des mesures du temps, elle conçoit comme nécessaire,
pour que quelque chose existe, l'Être éternellement existant ; elle calcule le mouvement des astres ; elle embrasse le système du monde. Elle fait
plus : dans ses hautes conceptions, elle saisit en
quelque sorte l'infini, et s'en forme une idée qui
n'a rien de commun avec tout ce qui l'entoure,
et qui est fini et borné comme elle.

Les objets corporels font naître en nous des perceptions, par l'entremise des sens : mais les sensations qu'ils nous procurent sont réellement dans
notre ame. De fait, il n'y a dans les corps que de
l'étendue et du mouvement ; et c'est d'après les
impressions que l'ame en reçoit, qu'elle déploie
pour l'avenir son activité, qu'elle combine, qu'elle
exécute. Elle doit aux réflexions que ces impressions ont occasionées, les connoissances les plus
importantes, les notions les plus relevées, les découvertes les plus utiles, auxquelles sans cesse elle
ajoute, et que de jour en jour elle perfectionne

Lorsque nous touchons, nous ne pouvons re-
marquer dans les organes du tact, que des mouvemens qui varient comme les impressions qui se
font sur les fibres ; et ces mouvemens occasionent en nous des sensations de solidité ou de fluidité, de dureté et de mollesse, de chaleur ou de
froid, etc.

Lorsque nous voyons des couleurs, les rayons
de lumière qui se réfléchissent de dessus les objets

viennent frapper les fibres d'une membrane qui est
au fond de l'œil, et y causent un ébranlement.

Lorsque nous entendons des sons, les vibrations
du corps sonore se communiquent à l'air, et de
l'air au tympan.

En un mot, il ne peut y avoir que du mouvement dans les organes; et cependant, une sensation, quoique produite à l'occasion du mouvement, n'est pas ce mouvement même. Les sensations ne sont donc pas dans les organes. Elles sont,
par conséquent, dans quelque chose qui est différent de tout ce qui est corps, c'est-à-dire, dans une
substance où il y a autre chose que du mouvement. C'est ce qu'on nomme *ame, esprit, substance spirituelle.* Plus nous réfléchirons sur les
propriétés de cette substance, plus nous nous con-
vaincrons qu'elle est tout-à-fait différente des
corps.

Les *idées* et les *affections* que le corps fait naître en nous sont toutes relatives aux objets sensibles. L'ame en a de son propre fonds, de toutes
différentes, souvent même de toutes contraires.

Par rapport aux *idées*, la pensée, prise en elle-
même, ne lui offre rien d'étendu, rien de figuré.
Les corps ne frappent les sens qu'individuellement:
ce sont des individus qui se font toucher, sentir;
qui se font voir à nous. L'ame s'élève bien plus
haut : elle s'en forme des notions abstraites ; elle
les classe et les rassemble sous les idées de genres et
d'espèces, qui sont proprement son ouvrage. Il en
est de même des idées de l'ordre, du beau, du vrai,
du juste et de l'honnête; de toutes les idées méta-
physiques, de toutes les idées morales. Dans le
langage, le sens que l'esprit attache aux sons et
aux mots est absolument de convention : il est si

peu déterminé par le son lui-même, qu'un mot écrit ou prononcé de la même manière, a, dans une même langue, des sens tout-à-fait différens, selon les circonstances dans lesquelles il se trouve employé. Les particules qui nous servent à lier les idées, n'expriment que des vues particulières de l'esprit, qui ne répondent à rien de corporel.

Quant aux *affections*, celles qui naissent des sens se trouvent souvent combattues par des affections d'un tout autre ordre, et qui tiennent, par exemple, à l'amour de la vérité, de la vertu, de la sagesse. De là, le combat entre l'esprit et les sens : de là, cette différence que la raison elle-même, et plus encore la religion, nous font mettre entre l'homme charnel, si vil, si étroit dans ses vues, si dégradé dans ses penchans, et l'homme spirituel et céleste, dans lequel tout est pur, tout est noble et sublime, tout porte l'empreinte de ce qui fait la vraie grandeur de l'homme.

Enfin, l'ame a un sentiment individuel du *moi* qui prouve qu'elle est *une* dans le sens le plus strict et le plus précis. Mais, ce qui forme une démonstration rigoureuse et complète de son immatérialité, c'est sa faculté de comparer. En effet, pour démontrer que le corps ne pense pas, il suffit d'observer qu'il y a en nous quelque chose qui compare les perceptions occasionées par les différens sens. Ce n'est certainement pas la vue qui compare ses propres sensations avec celles de l'ouïe, qu'elle n'a pas. Il en faut dire autant de l'ouïe, de l'odorat, du goût et du toucher. Toutes ses sensations doivent donc avoir en nous un point où elles se réunissent ; mais ce point ne peut être qu'une substance simple, indivisible, une substance distincte du corps, une ame, en un mot. Pour s'en convaincre, il suffit de se reporter aux objets les plus familiers.

Quand vous chauffez votre main, il est certain que vous avez une sorte de plaisir. Si dans le même temps on vous présente une odeur agréable, vous en ressentez un d'une espèce différente, et vous pouvez exprimer lequel des deux a pour vous le plus de charmes. Vous comparez donc ces deux sensations, et vous en jugez en même temps. Si, après vous être chauffé et avoir senti l'odeur, je vous fais voir un tableau; si je vous fais entendre une voix touchante, goûter d'un fruit délicieux, vous pourrez dire aussi lequel de tous les plaisirs que vous aurez éprouvés à l'occasion de ces diffé-rens objets, a été le plus grand; il faut donc que ce qui juge en vous les ait ressentis tous. Ce même *vous*, qui juge, connoît si un plaisir des sens est moindre qu'un plaisir de pure spéculation, et choisit entre les deux. Donc, le même principe qui sent les plaisirs sensuels, sent aussi les plaisirs spirituels, et les juge, et les veut. Preuve mani-feste que votre nez ne sent point la chaleur, et que votre main ne sent point l'odeur : car, comme ce sont deux organes absolument distincts, il est aussi impossible que l'un sente ce que sent l'autre, qu'il l'est que nous sentions dans cet appartement le plaisir que ressentent actuellement ceux qui se trouvent ailleurs. Il faut donc non-seulement que *vous*, qui sentez l'odeur et la chaleur tout à la fois, ne soyez point le nez et la main; mais aussi que ce *vous* soit une chose où il n'y ait point de parties, parce que, s'il en contenoit plusieurs, l'une d'elles sentiroit la chaleur, pendant que l'au-tre sentiroit l'odeur; et l'on n'y trouveroit rien qui sentît à la fois l'odeur et la chaleur; qui, par con-

séquent, pût les comparer ensemble, et juger que
l'une est plus agréable que l'autre. Il est donc ri-
goureusement démontré, de cela seul que l'ame
a la faculté de *comparer*, qu'elle est une, indivisible ; en un mot, une substance sans parties, ou
un esprit.

CCXII^e CONSIDÉRATION.

L'immortalité de l'ame.

DE ce que notre ame est immatérielle, il suit nécessairement qu'elle est immortelle quant à sa nature. Un être simple, c'est-à-dire un être qui n'a
point de parties, doit, en conséquence de son in-
divisibilité, et par rapport à l'action des causes
naturelles, être incorruptible, inaltérable, indes-
tructible

La matière, parce qu'elle a des parties, est susceptible d'altération, de désorganisation, de décomposition : encore faut-il observer que les particules mêmes des corps ne sont pas détruites. Rien
ne se perd, rien ne s'anéantit dans la nature. Ces
particules ne font que se réunir à d'autres parties
pour former de nouveaux assemblages, et entrer
dans la composition de nouveaux corps.

Mais, comme tous les êtres créés peuvent être
replongés dans le néant par la même cause qui
les en a tirés, il s'agit de savoir si Dieu veut faire
usage de sa toute-puissance pour anéantir notre
ame. Ici, l'expression de la volonté de l'Être suprême se rend sensible par les penchans qu'il a
imprimés en elle, par les idées et les facultés dont
il l'a douée, par la connoissance qu'il nous donne
de ses attributs

Le penchant de l'homme le plus universel, le plus irrésistible, c'est le désir du bonheur : ce désir est la source de tous nos autres penchans, et le mobile de toutes nos actions : nous cherchons le bonheur en tout ; nous y tendons sans cesse, et nous ne le trouvons dans aucun des biens qui nous environnent. Ce penchant peut-il être trompé, si ce n'est par notre propre faute ? Dieu peut-il, sans avoir voulu la remplir, nous avoir donné une fin vers laquelle nous sommes entraînés nécessairement, sinon quant au choix des moyens, du moins quant à la fin elle-même ? A ce penchant invincible pour le bonheur, se joint, comme une suite naturelle, le vœu de perpétuer notre existence, le désir de l'immortalité. Dans tous les âges du monde, dans tous les lieux, chez tous les peuples, ce vœu, ce sentiment d'une existence qui ne doit pas finir, se manifeste par les dogmes et les rites des différens cultes ; par tout ce qui tient à la religion des tombeaux, au respect pour les ancêtres, pour les mânes, pour les ames, en un mot, toujours existantes après la dissolution du corps.

A ces idées se lient, d'une manière plus ou moins développée, plus ou moins précise, celle de l'infini, celle de l'éternité, qui répondent aux vastes conceptions de notre esprit et à l'immensité de nos désirs.

Si nous avons une pente irrésistible vers le bonheur, nous sommes néanmoins obligés d'avouer qu'il n'en est pas de même par rapport aux biens particuliers. A cet égard, dans nos déterminations, rien ne nous force, rien ne nous contraint. Nous pouvons nous éclairer, faire usage de notre raison, peser, réfléchir, et nous déterminer librement, en triomphant même de nos goûts, de nos sens et de nos passions : aussi nous imputons-nous à nous-mêmes les maux qu'elles entraînent avec elles, lorsque nous y cédons, malgré nos lumières, et au préjudice du devoir.

Nous trouvons, avec le développement de ces lumières, une loi écrite au fond de notre cœur : loi dictée par la raison, insinuée par la conscience qui est notre premier juge, et dont l'arrêt, quand nous n'avons pas étouffé sa voix à force d'égaremens, de dépravation et de crimes, devient notre premier supplice.

De notre liberté, de la conscience intime d'une loi prise, avant tout, de la nature même des choses, de l'idée et du sentiment que nous avons du juste et de l'injuste, naissent nos mérites ou nos démérites, et toute notre moralité.

C'est l'Auteur même de notre être qui imprima en nous ces idées, ces sentimens, et qui nous donna toutes les facultés dont notre ame peut être enrichie. Il ne nous oblige à l'accomplissement de toute justice et de toute espèce de devoirs envers lui, envers nous et envers nos semblables, que parce qu'il est lui-même souverainement juste, et la justice par essence. Peut-il donc être indifférent à ce que nous observions sa loi, et nous permettra-t-il de la violer impunément ? Laissera-t-il la vertu sans récompense, le vice sans châtiment ? Mais, puisqu'il est reconnu que le vice n'est pas toujours puni dans cette vie, qu'il triomphe même quelquefois ; que la vertu y est souvent opprimée, il faut en conclure nécessairement qu'après celle-ci il y aura une autre vie, dans laquelle tout rentrera dans l'ordre ; où chacun de nous recevra selon ses œuvres, et dans laquelle aussi notre penchant pour le bonheur sera satisfait, si nous l'avons mérité.

Ces conséquences sont d'autant plus justes que, forcés dans certaines circonstances de sacrifier notre vie même à la vérité, à la vertu, au devoir, et n'ayant plus, en ce cas, rien à prétendre pour la félicité, si notre ame étoit mortelle, Dieu seroit en contradiction manifeste avec les idées et les penchans que nous tenons de lui, et se contrediroit évidemment lui-même.

Il est donc certain, pour quiconque croit à une vérité, à une justice suprêmes, que notre ame ne périra point avec notre corps; que Dieu, bien loin de vouloir l'anéantir par un acte extraordinaire de sa toute-puissance, la conservera, et ne trompera point les vues de cette ame, ni ses désirs de l'immortalité.

La révélation, si bien démontrée aux yeux de quiconque n'a aucun intérêt à en démentir l'authenticité, serviroit encore à confirmer ce que la raison seule ne permet pas à un cœur droit, à un esprit sage et conséquent, de révoquer en doute. Mais pourquoi accumuler les preuves où une seule suffit? Image de Dieu par la sublimité de son intelligence; capable seul, ici-bas, de concevoir, par la contemplation de la nature, l'idée de son Auteur, de s'élever à lui, de devenir, en quelque sorte, l'émule de la Divinité, en ajoutant au prix de l'existence celui de la vertu : l'instant où l'homme espère jouir de la récompense, de toute sa grandeur et de sa liberté, seroit celui que Dieu auroit choisi pour opérer un prodige de sa toute-puissance, en l'anéantissant!..... J'ai vu l'impie heureux : il élevoit la tête; et l'univers s'inclinoit devant lui. J'ai vu le juste dans le mépris, l'indi-

gence et l'infirmité : il fut persécuté, calomnié ,
opprimé.... Et le moment où le juste croyoit atteindre la couronne ; le moment où les forfaits du
méchant appeloient la vengeance , est celui qui
confond l'un et l'autre dans les mêmes abîmes ,
qui engloutit dans le même néant, et tous les
crimes et toutes les vertus !... Ah ! toutes les absurdités de l'athéisme me révolteroient moins que
cette idée d'un Dieu qui, pour anéantir sa créature , oublie ainsi tout ce qu'il doit à la vérité ,
au crime, à la vertu... tout ce qu'il se doit à lui-
même.

CCXIII^e CONSIDÉRATION.

L'union de l'ame et du corps.

Parmi les facultés de notre ame , il en est deux
spécialement, la mémoire et l'imagination, qui
pourroient faire croire à des observateurs peu philosophes, qu'elles n'appartiennent proprement qu'à
une substance matérielle. Mais, pour se désabuser
pleinement d'une pareille idée, il suffit de méditer, avec quelque attention , sur l'union de l'ame,
avec le corps. C'est cette union, cette correspon-
dance si intime entre les deux substances dont la
nature humaine est composée, qui explique les
divers états par où l'ame passe dans les différens
âges, dans les différentes circonstances de la vie,
et les accidens qui, en certains cas , dérangent
l'économie de la machine, sans la détruire entièrement. Les fonctions de l'ame se trouvent alors,
sinon absolument interrompues , du moins embar-

rassées, interverties ; hors de mesure, de proportion et d'harmonie. Alors, comme nous l'avons
déjà dit, elle est, en quelque sorte, dans le cas
d'un habile organiste qui, par le mauvais état de
l'instrument dont il se sert, ne peut plus lui faire
rendre que des tons faux et discordans.

Les nerfs, différemment ébranlés par les objets,
communiquent leurs ébranlemens au cerveau ; et
à ces impulsions répondent, dans l'ame, les perceptions totalement différentes de la cause qui paroît les occasioner.

La diversité des sens par lesquels l'ame reçoit
l'impression des objets, produit, dans ses perceptions, une diversité relative. Les sentimens occa-
sionés par l'ébranlement des nerfs de la vue, diffèrent absolument de ceux que produit l'ébranlement des nerfs de l'ouïe : le sentiment du toucher
n'a point un rapport précis à celui du goût. Ce
sont autant de différentes modifications de l'ame
qui répondent à différentes qualités des objets.

Les organes des sens ont été construits sur des
rapports directs à la manière d'agir des objets auxquels ils ont été appropriés. L'œil a des rapports
avec la lumière, l'oreille avec le son. Mais les différens objets qui peuvent affecter le même sens,
n'agissent pas tous de la même manière : il faut
donc que l'organe qui reçoit et transmet ces impressions diverses, soit en rapport avec toutes.
Chaque sens renferme donc probablement des fibres spécifiquement différentes, qui ont leur manière propre d'agir, et dont la fin est d'exciter
dans l'ame, des perceptions correspondantes à
leur jeu. Ajoutez qu'elles ont encore la propriété
de lui en retracer le souvenir, car mille faits prouvent que la mémoire tient au cerveau : une fièvre

ardente, un coup de soleil, une violente commotion, peuvent la détruire. C'est dans un aussi petit espace que se trouve l'espèce de bibliothèque,
l'immense magasin de tant d'événemens généraux
et de faits particuliers, de tant de sciences et d'arts
consignés dans ce dépôt, et rappelés souvent au
gré de notre volonté, en démêlant, parmi tant
d'objets, ceux dont nous avons besoin ; en laissant à part, ou écartant même ceux dont le souvenir nous seroit importun, ou du moins inutile
pour le moment.

Les sens portent à l'ame les impressions qu'ils
reçoivent des objets. Mais ces objets n'agissent
sur l'organe que par impulsion. Ils impriment
donc certains mouvemens aux fibres sensibles.
Ainsi, une perception, ou une suite de perceptions, tiennent à un ou plusieurs mouvemens qui
s'opèrent successivement dans différentes fibres.
Et puisque la réitération des mêmes mouvemens
dans les mêmes fibres y fait naître une disposition
habituelle à les reproduire dans un ordre constant,
nous pouvons en inférer que les fibres sensibles
ont été construites sur de tels rapports avec la manière d'agir des objets , qu'ils y produisent des
changemens ou des déterminations plus ou moins
durables, qui constituent le précieux fonds de la
mémoire et de l'imagination, qui n'est elle-même
que la mémoire dans son plus haut degré d'activité.

La mémoire, en conservant et en rappelant à
l'ame les signes des perceptions ; en l'assurant de
l'identité des perceptions rappelées et de celles qui
l'affectent encore ; en liant les perceptions pré-
sentes aux perceptions antécédentes, produit ce
qu'on appelle la *personnalité* ; et fait du cerveau,

ou , pour parler plus exactement , de la partie du cerveau qu'on peut nommer le *siége de l'ame*, un trésor presque inépuisable de connoissances , dont la richesse augmente chaque jour. L'imagination retrace à l'ame l'image fidèle des objets ; et , de divers tableaux qu'elle compose , se forme dans le cerveau un cabinet de peintures dont toutes les pièces se meuvent et se combinent avec une célérité et une variété inexprimables.

L'ame , différemment modifiée par des impressions plus ou moins fortes , réagit à son tour sur les nerfs , y entretient les ébranlemens , et les rend plus vifs ou plus durables. De là naissent ces affections de l'ame, qui , selon qu'elles sont dans l'ordre ou qu'elles s'en écartent , causent le bonheur ou le malheur de l'homme. Admirables instrumens mis en œuvre par le sage Auteur de la nature ; douces passions , qui , semblables à des vents bienfaisans , faites flotter les machines animées sur l'océan des objets sensibles : c'est vous qui , par des nœuds secrets , attachez les pères à leurs enfans , les enfans à leurs pères , l'ami à son ami : c'est vous qui excitez l'industrie des hommes ; qui faites naître l'amour de la patrie ; vous , en un mot , qui êtes l'ame des plus nobles sentimens ! Mais , élancées au delà des bornes , passions impétueuses , ouragans terribles et destructeurs ! vous soulevez les tempêtes qui submergent les ames. C'est vous qui armez les pères contre les enfans , les enfans contre leurs pères ; qui changez l'industrie et l'usage des arts et des talens , en rapines , en férocité , en brigandages ; vous , qui bouleversez le monde moral.

Que d'étonnans effets , que de merveilles nous présente l'union de l'ame et du corps , d'une substance spirituelle et d'une substance étendue et organisée ! Comment deux substances aussi différentes peuvent-elles agir réciproquement l'une sur l'autre !.... A cette question, baissons humblement les yeux. Convenons que c'est ici un des plus grands secrets de la nature, et qu'il ne nous a point été donné de le pénétrer. Abîme pour l'esprit humain, nous tenterions en vain d'en sonder les profondeurs. Tous les efforts des plus grands philosophes pour tâcher d'expliquer cette union ineffable, ont été et seront toujours autant de monumens élevés tout à la fois à la force et à la foiblesse de notre intelligence. Adorons cette merveille et reconnoissons que la nature elle-même a ses mystères.

CCXIVᵉ CONSIDÉRATION.

Du plaisir et de la douleur.

En faisant de nous des êtres sensibles, Dieu nous a rendus susceptibles du plaisir et de la douleur ; et c'est par là qu'il met en action toutes nos facultés. Par le plaisir qu'il attache à l'exercice que nous en faisons, lorsque l'usage en est bien ordonné, et par celui qui naît des biens qui nous environnent, lorsque cette jouissance est elle-même conforme à l'ordre, il a voulu nous procurer habituellement une existence aussi agréable qu'elle peut l'être dans notre état actuel ; nous la rendre chère, et nous mettre en état de reconnoître et de sentir vivement sa bonté dans les bienfaits dont il nous comble. La lumière, les couleurs, la vue de presque tous les objets qui frappent

nos.

nos regards, soit que nous les élevions vers le
ciel, soit que nous les abaissions vers la terre ;
la saveur de tant d'alimens divers ; le parfum des
fleurs ; la fraîcheur de l'air, le souffle des zéphirs ;
le chant des oiseaux, le murmure des eaux ; les
accens de la musique ; les richesses de l'art ; le
commerce de nos semblables ; les douceurs qu'on
puise au sein de sa famille, au sein de la tendre
amitié ; les trésors de l'imagination et de la mémoire ; la recherche, la découverte et la connoissance de la vérité ; tout ce qui peut faire les
délices de l'esprit et du cœur ; les mouvemens
de l'ame où la bienveillance domine, tous ceux
qu'enfante l'amour de l'ordre, du beau, du juste
et de l'honnête : que de sources de sentimens
agréables nous sont ouvertes par notre bienfaisant
Créateur ! que d'innocens plaisirs, lorsque nous
savons les choisir et les bien goûter !

Mais si nous sommes sensibles au plaisir, nous,
le sommes aussi à la douleur ; et la bonté ainsi
que la sagesse de l'Être suprême, ne se manifestent pas moins aux yeux d'un observateur
attentif, dans les sensations, dans les sentimens
douloureux et pénibles, que dans ceux qui nous
affectent agréablement.

A ne considérer d'abord que l'ordre physique,
la douleur et le plaisir, renfermés dans de justes
bornes, se rapportent l'un et l'autre à notre conservation. Si l'un nous indique ce qui nous convient, l'autre nous instruit de ce qui nous est nuisible. C'est une impression agréable qui caracté-
rise les alimens propres à se changer en notre
substance ; c'est la faim et la soif qui nous avertissent que la transpiration et le mouvement nous
ont enlevé une partie de nous-mêmes, et qu'il

III.   I

seroit dangereux de différer plus long-temps à réparer cette perte. Supposons un moment qu'aucun sentiment désagréable ne nous avertît des maux présens et à venir : nous nous apercevrions bientôt que la douleur ne seroit anéantie dans l'univers que pour faire place à la mort, qui, pour détruire toutes les espèces d'animaux, s'armeroit également contre eux, et de leurs maux et de leurs biens.

Des nerfs sont répandus dans toute l'étendue du corps, pour nous instruire de ce qui nous est favorable ou de ce qui nous est contraire ; et le sentiment douloureux est proportionné à la force qui les déchire ; afin qu'à proportion que le mal est plus grand, nous nous hâtions davantage d'en repousser la cause ou d'en chercher le remède.

Parce que l'organisation des sens doit être dans un rapport direct à la conservation, au bien-être et au perfectionnement de l'homme, il est dans l'ordre que les uns soient doués d'une délicatesse extrême, pour transmettre promptement et fidèlement à l'ame les impressions des objets ; et cette délicatesse elle-même les rend autant les instrumens de la douleur que ceux du plaisir.

Il arrive quelquefois que la douleur semble nous avertir de nos maux en pure perte : rien de ce qui est autour de nous ne peut alors les soulager. C'est qu'il en est des lois du sentiment comme de celles du mouvement : les lois du mouvement règlent la succession des changemens qui arrivent dans les corps, et porte quelquefois la pluie sur des rochers et sur des terres stériles : les lois du sentiment règlent de même la succession des changemens qui arrivent dans les êtres animés; et des douleurs qui nous paroissoient inutiles, en sont quel-

quefois une suite nécessaire, par les circonstances
de notre situation. Mais l'inutilité apparente de
ces différentes lois dans quelques cas particuliers,
est un bien moindre inconvénient que n'eût été
leur nullité continuelle, qui n'eût laissé subsister aucun principe fixe capable de diriger les démarches des hommes et des animaux.

De même que, généralement parlant, la douleur qui tient aux organes du corps nous est utile
dans l'ordre physique ; de même aussi celle qui
tient plus particulièrement aux mouvemens de
l'ame, a pour nous les avantages les plus réels
dans l'ordre moral. Premièrement, les émotions,
les peines de ce genre, indépendamment du retour qu'elles nous occasionent la plupart du temps
sur nous-mêmes, développent ou augmentent les
affections tendres et sublimes, en nous faisant
partager les maux de nos semblables, et en liant,
en quelque sorte, notre existence à la leur : elles
excitent dans nous la commisération, la pitié,
ces sources fécondes d'intérêt, de bienveillance, de
générosité, d'un dévouement héroïque à leur égard.

En second lieu, si les sentimens doux et agréables sont propres, lorsqu'ils sont bien dirigés, à nous
attacher de plus en plus à ce qui est beau, vrai
et honnête, les sentimens pénibles et douloureux
sont de nature à nous éloigner de ce qui tendroit
à nous en écarter. Par le spectacle affligeant des
vices, de tout ce qui sort de l'ordre, de tout ce
qui est injuste, cruel et tyrannique, ils nous en
inspirent la plus vive horreur. Dans nous-mêmes,
les inquiétudes, le malaise, les remords nous ramènent à la vertu, et nous forcent à chercher en
elle la paix que nous ne pouvions trouver au sein
de nos égaremens.

2.

Quoique le plaisir et la douleur n'entrent l'un et l'autre dans la condition humaine que d'après les vues les plus sages et les institutions bienfaisantes de l'Auteur de la nature, il n'en est pas moins vrai que c'est principalement ici que nous avons besoin de l'exercice continuel de la raison qui nous fut donnée en partage. Combien de fois, lorsque nous avons négligé d'écouter ses avis, et de nous laisser guider par elle, le plaisir n'est-il pas devenu pour nous la source des plus grandes peines ! D'un autre côté, en combien de rencontres la douleur nous devient-elle nécessaire à endurer avec courage, si nous voulons prévenir des maux beaucoup plus redoutables, et nous procurer les biens les plus réels !

Les lois que la raison nous dicte, les lumières que la religion elle-même nous présente, doivent donc être consultées avant tout dans le choix des actions, des plaisirs, des privations, de la douleur et des tourmens. Savoir surmonter l'attrait du plaisir, lorsqu'il tend à nous faire sortir de la règle, à nous écarter du devoir ; savoir triompher de la douleur, supporter les travaux les plus durs, essuyer les plus grandes fatigues, soutenir les plus rudes épreuves, quand la gloire de l'Être suprême, l'intérêt de la société, le bien de la patrie l'exigent, quand la vertu commande : voilà ce qui fait le vrai mérite de l'homme, sa véritable grandeur : c'est alors que, foible par ses penchans, il se montre fort par sa volonté, et par le digne usage de sa liberté et de sa raison.

Dans le cours ordinaire de la vie, un des plus sûrs moyens de se rendre heureux, autant qu'on peut l'être ici-bas, c'est de se former des goûts purs, des plaisirs innocens, et de contracter de

bonne heure la douce habitude de faire le bien.
Mais, comme il en coûte d'abord à se vaincre soi-
même, il faut apprendre par degrés cette utile
science, il faut multiplier les actes de renonce-
ment à ses propres désirs, dans les choses même
licites ou indifférentes, pour savoir se refuser à
celles qui ne le seroient pas : il faut enfin n'oublier jamais qu'il n'y a point de vertu sans force
d'ame ; et que le chemin du vice, c'est la lâcheté.

CCXV⁰ CONSIDÉRATION.

La destination de l'homme sur la terre.

JE porte les yeux sur tout ce qui m'environne, et je
parcours tous les êtres dont la nature m'offre le
merveilleux assemblage. Il n'en est aucun qui n'ait
sa fin, aucun dont la destination ne soit marquée.
Le Créateur a gravé sur tous ses ouvrages l'empreinte de sa sagesse, et le mouvement imprimé
à tout l'univers, non-seulement désigne à toutes
les parties la place qui leur convient, mais encore
fixe l'usage de cette destination. Ce soleil qui paroît rouler dans les cieux, et qui, si éloigné de
nous, produit cependant à notre égard des effets
si sensibles et si présens, a sans doute bien des
destinations qui nous sont inconnues : mais peut-
on nier qu'il ne soit destiné à nous éclairer, à
nous échauffer, à rendre nos terres fertiles, à élever dans les airs ces nuées fécondes qui se résol-
vent en pluie, et coulent ensuite dans des canaux
aussi anciens que le monde ? Est-ce par un effet du
hasard que les vents poussent ces eaux, et les distribuent tour-à-tour au-dessus de tous les lieux

5

qu'elles doivent ou rafraîcher ou arroser ? Le ruisseau qui les reçoit et les rassemble, n'est-il pas fait pour étancher la soif des hommes et des animaux ? Ces arbres qui défendent les uns et les autres des injures de l'air, et qui se couvrent de fruits pour leur nourriture, ne remplissent-ils pas, par cela même, la fin pour laquelle Dieu les fait croître ? Oui, tout dans l'univers a son usage : il n'est point d'être qui n'ait avec les autres des rapports plus ou moins sensibles ; il n'est rien dont les lois de la nature n'aient indiqué jusqu'à un certain point, et l'usage et la fin.

Supérieur à tout ce qu'il aperçoit autour de lui, l'homme à qui tout fut donné, qui, connoissant au moins une partie des avantages qu'il peut tirer des autres créatures, a découvert quelques-unes de leurs destinations ; l'homme seroit-il le seul qui n'en auroit aucune ? Placé au hasard sur la surface de la terre, ne doit-il que naître, végéter et mourir ? Ah ! sans doute, s'il n'est aucun des ouvrages du Très-Haut qui n'ait eu sa fin, l'homme doit avoir aussi la sienne. La seule différence qu'il y ait entre lui et les créatures inanimées, c'est que la destination de celles-ci est purement passive : Elles ne connoissent ni n'agissent : l'homme est fait pour apercevoir sa fin, pour s'y porter librement ; il ne peut s'en écarter sans violer la première et la plus sacrée de toutes les lois.

Mais quelle est cette destination de l'homme ici-bas, celle qui est une des principales sources de ses devoirs, et qui, après ce qu'il doit à l'Auteur de son être, devient une des premières bases de la morale ?

Examinons cet être si surprenant : étudions les différences qui le distinguent des autres animaux, et cherchons-y les indications de la fin qui lui est particulière. Tout vous convaincra qu'il est fait pour la société ; c'est-à-dire, pour vivre avec ses semblables, pour réunir ses forces avec les leurs, en un mot, pour les secourir et en être secouru ; pour augmenter sans cesse, par ce moyen , ses connoissances ; perfectionner ses facultés ; se procurer un bien-être infiniment au-dessus de celui qui est destiné aux brutes ; et régner, pour ainsi dire, sur toute la nature, par son intelligence et par sa volonté.

Voyez cet enfant qui doit un jour exécuter tant de choses admirables. Il naît plus foible, plus misérable, plus dépourvu de tout, que la bête qu'il doit dompter. Celle-ci reçoit en naissant tout ce qui lui est nécessaire pour se conserver, pour se garantir de ce qui altéreroit sa constitution, et pour se défendre contre la violence des autres animaux : la nature lui offre les alimens qui lui sont propres, et ne lui demande ni soins ni culture. Le cerf oublie sa mère dès qu'il a cessé de se nourrir de son lait ; il bondit dans les forêts, et n'a aucun besoin de ses semblables : l'oiseau quitte son nid dès qu'il se sent en état de voler, et, dès ce moment, il vit indépendant. L'homme est le seul dont les besoins se prolongent au delà de l'enfance, et à qui, généralement parlant, il soit impossible de vivre et de jouir seul. Il arrache à la terre le blé qui fournit à sa subsistance : elle lui présente des fruits acides ou amers, qu'il adoucit par la greffe : il faut qu'il dépouille les bêtes pour se revêtir : rien de tout cela, il ne peut le faire par ses seules forces. Mais, lorsqu'après la découverte de ces premiers arts si nécessaires à la conservation de son existence, on le voit tantôt fouiller

jusque dans les entrailles de la terre , pour en
tirer les richesses qu'elle renferme ; tantôt s'ouvrir
un chemin à travers les mers , pour porter ces
mêmes richesses d'un hémisphère à l'autre ; tantôt
trouver dans le ciel la mesure de la terre qu'il
parcourt , et calculer avec une égale certitude les
révolutions de la terre et des astres : croira-t-on
que ce soit par un effet du hasard qu'il s'est trouvé
capable de tout entreprendre et de tout exécuter ?
Or , s'il a rempli sa fin , sa destination dans des
entreprises qui exigeoient nécessairement la suite
et le concours d'une multitude d'observations et la
réunion d'une infinité de forces , il est démontré
qu'une de ses fins. ici-bas étoit la société , sans laquelle , loin d'exercer sur toute la nature l'empire
dont il a toujours joui , il seroit lui-même dans
la dépendance des animaux plus forts et mieux
armés que lui.

Ai-je besoin de dire qu'il est le seul qui, par des
sons articulés, ait le pouvoir d'instruire ses semblables, non-seulement de ses sensations et de ses
désirs , mais de l'arrangement qu'il met dans ses
desseins et dans ses vues ; le seul pour qui la com-
pagne qu'il s'est choisie soit une aide, une amie
de tous les jours ; le seul enfin qui , né à côté de
ses frères , conserve pour eux , toute sa vie, ce sentiment si doux et qui contribue tant à son bonheur?

Tout nous annonce, tout nous prouve donc que
la société est l'état naturel de l'homme. L'histoire ajoute encore à la certitude de cette vérité :
partout où l'on a trouvé des hommes, on a vu des
familles unies. Les sauvages sont des peuples plus
ignorans et plus barbares, mais enfin, ce sont
des peuples.

Si l'homme en général est destiné à la société,

chaque homme en particulier est donc destiné à aider ses semblables, et à travailler avec eux au bonheur commun. De là, des devoirs réciproques et cependant indépendans de la réciprocité de leur exercice : car, si mon égal, par un mauvais usage de sa liberté, s'écarte de sa destination en me maltraitant, ce n'est pas une raison pour que je manque à la mienne. Par la loi naturelle, je puis me défendre ; je dois veiller à ma sûreté : mais je n'ai point le droit de me venger ; et, pour l'observer en passant, remarquez combien les maximes de l'Évangile sont conformes à cette morale que la raison nous dicte. Si, comme le prétendent certains philosophes, le devoir n'est que dans la convention, je ne dois rien à celui qui s'en écarte ; et je dois poursuivre l'ennemi qui m'outrage : s'il naît, au contraire, de la destination de l'homme, je dois aimer même celui qui me nuit, et faire du bien, si je le puis, à celui qui me persécute.

Oui, c'est à la destination de l'homme qu'il faut remonter, pour trouver dans la morale quelque chose de juste et de raisonnable. Laissons errer ces insensés, qui cherchent à écarter de leurs raisonnemens tout ce qui les force de se rapprocher d'une puissance supérieure et ordonnatrice : sans elle on ne prouvera sans doute qu'il est de mon intérêt d'être juste ; sans elle on ne me démontrera point que la justice soit le premier de mes devoirs.

Mais cette justice m'oblige à remonter plus haut encore, dans ce qui concerne la destination de l'homme, même ici-bas. Il se doit, avant tout, à l'Auteur de son existence, à celui dont il tient toutes ses facultés, à celui dont il a tout reçu. Capable de le connoître, de l'aimer, de lui rendre l'hommage de tout ce qui l'environne, il de-

vient par sa destination la plus essentielle , le hé-
raut et comme le prêtre de la nature entière. Il
doit lui rapporter tout son être et tous les biens
dont il jouit ; célébrer sa bonté, sa sagesse , sa
puissance et tous ses attributs ; l'honorer en lui-
même , et l'imiter autant qu'il est en lui : il doit
le glorifier en commun ; et, par ses discours , par
ses exemples , par tous les moyens qui sont en son
pouvoir ; porter les autres hommes à l'honorer
avec lui : enfin, il doit reconnoître que , fait pour
l'immortalité, il a une dernière destination à cet
égard : celle de parvenir à la possession de ce bien
suprême , qui ne peut se trouver qu'en Dieu seul.

CCXVI· CONSIDÉRATION.

Les désirs de l'ame s'étendent à l'infini.

L'ÉTUDE de l'homme, à laquelle nous nous livrons
depuis quelque temps, nous invite à pénétrer de
plus en plus dans la connoissance de notre être.
Cette maxime importante , *Connois-toi toi-même,*
avoit été gravée sur le frontispice du temple de Del-
phes, de l'aveu unanime des anciens sages de la
Grèce, comme l'abrégé de la vraie philosophie.
Notre ame a, sans contredit, les premiers droits à
notre attention : elle nous touche de plus près ;
elle constitue le fonds de notre être , et doit nous
être bien plus chère que tous les objets qui nous
environnent. Quelque plaisir que nous trouvions
à considérer le monde corporel, cette satisfaction
n'est pas comparable à celle que peut nous procurer la méditation de notre ame, de sa nature,
de ses facultés. La contemplation des objets exté-

rieurs que le voyageur rencontre sur sa route est sans doute très-agréable pour lui, parce que, dans son pélerinage, il a besoin de récréation et de délassement : mais celle des objets spirituels nous conduit directement au bonheur de l'immortalité, que nous devons nous promettre en qualité de citoyens du monde à venir.

Qu'il nous soit donc permis de revenir, avec plus de détails encore, sur ce que nous avons déjà dit relativement aux désirs que le Créateur imprima dans notre ame. L'expérience nous montre que ce désir que nous avons de connoître, ne peut jamais être entièrement rempli : à peine avons-nous fait quelque découverte, que déjà nous aspirons à de nouvelles connoissances : lors même que nous jouissons de ce que nous souhaitions avec le plus d'ardeur, nous recommençons à former d'autres souhaits et de nouveaux projets. Ce désir sans cesse renaissant d'acquérir des biens toujours plus grands et plus nombreux, ne nous abandonne point : il subsiste au moment même où nous quittons le monde.

Si nos veux s'étendent toujours dans l'avenir, sans jamais être pleinement satisfaits, s'ils vont même au delà des limites de cette vie ; il faut qu'il existe pour nous d'autres biens après la mort : nous ne sommes donc pas uniquement destinés à cette vie passagère ; une vie permanente et éternelle doit être le terme de nos espérances. L'homme, en effet, seroit-il la seule créature sur la terre qui eût une faculté, sans avoir, en même temps, la destination pour laquelle cette faculté lui a été donnée ? Seul auroit-il un désir universel et constant, sans avoir les moyens de le contenter ; et seroit-il, à cet égard, au-dessous de la brute même ?

6

Quand l'animal se sent pressé du besoin de manger ou de boire, il trouve toujours des alimens prêts à le satisfaire. Voyez le ver à soie filer sa coque, s'y renfermer et y subir une métamorphose. Cela arriveroit-il, s'il ne devoit pas y avoir pour lui un autre état, où il reparoîtra sous une forme nouvelle ? Pourquoi les oiseaux pondroient-ils des œufs, si ces œufs ne devoient servir à la conservation de leur espèce, ou à celle d'autres créatures ? Si donc notre existence devoit être renfermée dans les bornes de cette vie, pourquoi ces penchans, ces désirs qui ne seront point satisfaits ici-bas ? pourquoi des facultés dont nous ne nous servirions jamais ?

Non, ces désirs ne m'ont pas été donnés en vain : ils ne furent point mis dans mon cœur pour en faire le tourment. Mon ame peut s'occuper du souverain Être ; elle peut l'aimer par-dessus tout ; elle peut aspirer à lui devenir semblable et à lui être réunie pour jamais : elle peut, dès ici-bas, s'élever au-dessus de tout ce qui est terrestre, pour s'élancer jusqu'à lui. Seroit-il donc possible qu'elle dût être anéantie ? Quoi, ce seroit inutilement que j'aurois appris à connoître ce Dieu si grand, si bon ! inutilement que je l'aurois aimé ! inutilement que j'aurois aspiré à en jouir durant l'éternité ! Car il s'en faut bien que j'en jouisse pleinement sur la terre. Je ne le connois qu'en partie ; mon amour pour lui n'a pas encore acquis toute l'énergie dont je sens qu'il est susceptible ; la jouissance de sa grâce est encore imparfaite. Ah ! sans doute, il est impossible qu'en cela puisse consister tout mon bonheur ; et tous les biens que je possède ne sont que des gages et des avant-coureurs de la félicité sans bornes qui m'attend après la mort.

Maintenant tout s'explique, tout se concilie, et je vois clair dans ma destination future. Je vois que ce n'est pas en vain que je souhaite de croître toujours en intelligence, en bonté, en mérites, et de m'approcher de plus en plus de ce Dieu, source et modèle de toute perfection. Je sais à présent que tout le bonheur dont je n'ai pu jouir ici-bas, ou dont je n'ai joui que peu de momens, sera mon partage à jamais dans le nouvel état de choses où je dois bientôt entrer.

Je suis donc certain que ces heures délicieuses, où l'amour divin remplissoit toute la capacité de mon ame, où j'éprouvois les avant-goûts des joies célestes, où j'aspirois avec tant d'ardeur aux plus hauts degrés de sagesse et de vertu ; oui, je suis assuré que ces heures n'ont point été perdues. Je tends vers la perfection, et je sais que j'y parviendrai. J'élève mon cœur vers le Tout-Puissant ; et, quoique je retombe ensuite sur la terre, je sais qu'enfin j'approcherai de son trône. J'ai soif du Dieu vivant ; mais j'arriverai à ce bienheureux séjour où je contemplerai sa face. Aucun penchant, aucun désir, aucune faculté de mon ame n'est inutile : tout sera satisfait, réalisé, et mis pleinement en usage dans une éternité de bonheur.

Réjouis-toi donc, ô mon ame ! de ton immortalité. Dès ici-bas, quelque éloignée que tu en sois encore, tu peux cependant te livrer tout entière à la joie qu'elle doit t'inspirer. C'est de Dieu lui-même que tu as reçu le sentiment de l'éternité : ne t'arrête point aux choses visibles. Au milieu des plaisirs dont tu jouis dans ce monde, des espérances qui te flattent, de tous les biens qui te sont échus en partage, aspire après ces plaisirs, ces espérances, ces biens ineffables qui sont réser-

vés au monde à venir. Emploie les nobles facultés
qui t'ont été départies, à t'élever vers le Ciel, pour
lequel proprement elles t'ont été données. Créée
pour une existence immortelle, préserve-toi de la
séduction des sens, afin de ne pas tenir à des biens
passagers et peu dignes de toi. Dans la jouissance
des avantages terréstres, rappelle-toi souvent
cette consolante idée : Si, dès à présent, nous goû-
tons tant de plaisirs et de douceurs, que sera-ce,
ô mon Dieu, lorsqu'unis à toi pour toujours, nous
jouirons, dans ton sein, du bonheur d'exister !
Si tu es si magnifique dans les dons que tu nous
fais sur la terre, que ne feras-tu pas pour nous
dans le Ciel !

CCXVII^e CONSIDÉRATION.

Réflexions sur moi-même.

Je vis, et, sans que j'y pense, mon sang circule
dans mes veines, qui sont disposées et garanties
avec un art admirable. Je puis goûter les douceurs
du sommeil ; et dans un état où je m'ignore moi-
même, dans ce corps qui paroît sans mouvement
et sans vie, mon ame existe encore. Je me réveille:
mes sens reprennent leurs fonctions ; mon ame
reçoit des idées plus vives, plus nettes ; et, tout
environné des beautés de la nature, j'éprouve mille
sensations agréables... Est-ce moi qui suis la cause
de ces effets divers ? Ai-je imprimé aux premiers
principes, aux premiers linéamens de mon corps,
ce mouvement merveilleux, lorsque j'étois plongé
dans le vide du néant, et que je ne savois ce que
c'étoit que le mouvement ? Ai-je formé l'assem-

blage des différentes parties de mon corps ? Moi,
qui ne connois même à présent que très-impar-
faitement leur arrangement et leurs combinaisons,
étois-je plus sage, plus habile, lorsque je n'exis-
tois pas encore....? Comment arrive-t-il qu'il me
soit impossible de déterminer le point qui sépare
le sommeil et la veille ? Quel est le mécanisme
de mon estomac, qui, sans mon ordre, et sans
que j'y contribue en rien, digère les alimens ; et
comment s'opère cette digestion ? D'où vient que
toutes les créatures de mon espèce ont la même
structure que moi ; et pourquoi, si je m'étois fait,
ne me serois-je pas formé d'une autre manière ?
Est-ce moi qui ai créé toutes les beautés de la nature, ou bien se sont-elles produites elles-mêmes ?
Qui est-ce qui m'a rendu susceptible et de plaisir
et de chagrin ? Qui est-ce qui fait sortir le pain
du sein de la terre, pour me nourrir ; et sourdre
les eaux, pour me désaltérer, pour empêcher que
mon corps ne se dessèche, et que le mouvement de
mes membres ne se trouve arrêté ? Qui fait tomber sur mes yeux des rayons de lumière, afin que
je ne sois pas enveloppé dans des ténèbres perpé-
tuelles ? D'où me vient le bien que j'éprouve ; et
d'où procèdent le mal et la douleur qui me sont
si sensibles ? Pourquoi est-ce que je ne jouis pas
d'un bonheur continuel ; et pourquoi, si j'ai pu
me donner l'existence, ne me suis-je pas formé
plus parfait ?

Pensées extravagantes et contradictoires, qui
décèlent seulement la perversité de ceux qui les
forment....! Mon ame, malgré toutes ses imperfections, malgré les bornes qui la circonscrivent,
atteste la grandeur de l'Etre qui l'a créée, de l'Etre
nécessaire, infiniment parfait, et dans la dépen-

dance duquel je suis tout entier. Mon corps, quoique je n'en connoisse pas tous les ressorts, me
montre un Artiste suprême qui en a disposé toutes
les parties. Comment l'homme, si foible et si borné, pourroit-il concevoir et exécuter une machine
si compliquée, où il ne se rencontre rien qui ne
soit en proportion, en rapport et en harmonie ?
Il n'est pas jusqu'à la moindre particule de mon
corps qui n'ait sa raison suffisante, qui ne soit
indispensable ; ou qui, du moins, n'ait une liaison
intime avec toutes les autres parties. L'expérience,
aussi-bien que le raisonnement, ne laissent aucun
doute à cet égard. Et certes, le Créateur doit
être infiniment grand, puisque je ne suis pas le
seul qui ait à se glorifier d'avoir été formé avec tant
de sagesse et tant d'art ! Des millions d'êtres tels
que moi, une multitude innombrable de créatures
animées et inanimées semblent me crier d'une voix
unanime : Regarde l'Invisible ; reconnois-le dans
ses ouvrages ! vois comment sa grandeur et ses perfections se manifestent, et en nous tous, et en toi-
même ! Considère le moindre d'entre nous : il vit
comme toi ; il a reçu comme toi le mouvement
et l'être. Ah ! bénis celui qui nous a tous formés
d'une manière si propre à le dévoiler à tes yeux.

Oui, je rendrai à mon Dieu, à mon Créateur,
des actions de grâces éternelles. C'est par lui que
je vis : c'est par sa bonté que mon ame pense et
réfléchit dans un corps sain et bien conformé ;
c'est à lui que je suis redevable de tous les plaisirs
que me procurent les créatures dont je suis environné ; c'est par son ordre que toute la nature
remplit mon cœur de joie. Je vois briller en tout
ses divins attributs : j'observerai en toutes choses
son ineffable providence. Il connoît tous les hom-

mes ; il a l'œil sans cesse ouvert sur nous. Dieu n'exige pas que nous passions nos jours dans la tristesse et les ténèbres ; il ne veut pas que nous regardions notre existence comme un malheur, il nous permet de jouir, avec un cœur reconnoissant, des plaisirs innocens de la vie. C'est lui qui envoie la pluie et lance les rayons du soleil ; pour faire mûrir les fruits les plus délicieux ; tandis que tous mes efforts ne sauroient produire le moindre brin d'herbe.

Et ce ne sont pas seulement les choses nécessaires à la vie, que Dieu nous distribue d'une main si libérale : il nous accorde encore ce que le monde appelle *richesses, plaisirs, fortune;* et dont l'usage bien réglé peut nous procurer de si grands avantages. Il dirige même les événemens de telle sorte, que ceux qui paroissent les plus fâcheux contribuent à notre bonheur. En un mot, après nous avoir formés d'une manière si admirable, il nous conserve, par une suite continuelle de prodiges et de bienfaits.

Heures si précieuses et si courtes de mon pélerinage terrestre, heures qui passez sans jamais revenir, ah ! puissé-je vous employer conformément au but de mon existence ! puissé-je, lorsque je sortirai de ce monde, parvenir à un bonheur plus parfait, et qui me fasse approfondir encore mieux les mystères de la nature et de la grâce ! Puisse la contemplation de ces merveilles, accompagnée de la vertu de votre Esprit saint, m'exciter à vous célébrer, vous, mon Créateur et mon Père ! Puissé-je enfin vous glorifier aussi long-temps que vous serez l'Etre des êtres, le souverain bien de vos créatures !

CCXVIII· CONSIDÉRATION.

Relations de l'homme avec les élémens, les animaux et les végétaux.

CHAQUE ouvrage de la nature ne nous présente que des relations particulières : l'homme nous en offre d'universelles. En commençant par celles qu'a cet être privilégié avec la lumière et le feu, nous observerons que ses yeux sont tournés à l'horizon : en sorte qu'il voit à la fois, et le ciel qui l'éclaire, et la terre qui le porte. Ses rayons visuels embrassent à peu près la moitié de l'hémisphère céleste et de la plaine où il marche : et leur portée s'étend depuis le grain de sable qu'il foule aux pieds, jusqu'à l'étoile qui brille sur sa tête, à une distance que l'on ne peut assigner. Il n'y a que lui qui jouisse également du jour et de la nuit ; qui puisse vivre sous la zone torride et sous la zone glaciale. Si quelques animaux partagent ces avantages avec l'homme, ce n'est que par ses soins et sous sa protection : il ne les doit qu'à l'élément du feu dont il est seul le maître. Quelque simple que soit la manière de l'entretenir, aucun des animaux ne s'élèvera jamais à ce degré de sagacité. Cette foible barrière, qui déjà sépare l'homme de la brute, leur est insurmontable. Dieu n'a confié le premier agent de la nature qu'au seul être capable d'en faire usage par sa raison.

L'utilité que l'homme tire de l'air n'est pas moins étendue que celle qu'il tire du feu. Il y a peu d'animaux qui puissent, comme lui, le respirer au niveau des mers et au sommet des plus hautes

montagnes. Il est le seul être qui lui donne tant
de modulations dont il est susceptible. Tantôt il
le fait soupirer dans les chalumeaux, gémir dans
la flûte, menacer dans la trompette ; tantôt il en
fait son esclave, et le force de mouvoir à son profit
une multitude de machines : il l'oblige à le voiturer
sur les flots même de l'Océan.

L'eau, cet élément où ne peuvent vivre la plupart des habitans de la terre, et qui sépare leurs
différentes classes d'une barrière plus difficile à
franchir que les climats, offre à l'homme seul la
plus facile des communications. Il y nage, il y
plonge, il y poursuit les monstres marins dans leurs
abîmes ; il y darde la baleine jusque sous les glaces ;
et il aborde dans toutes les îles, pour y faire reconnoître son empire.

L'homme dicte des lois généralement autour de
lui sur la terre où il est né. La nature a placé son
trône sur son berceau : tout ce qui a vie est contraint d'y rendre hommage à son roi. Quelque ir-
régularité qu'offre la face de son domaine, il est
le seul, entre tous les êtres animés, qui soit formé
de manière à pouvoir en parcourir toutes les parties ; également propre à gravir au sommet des rochers et à marcher sur la surface des neiges ; à
traverser les fleuves et les forêts : à cueillir le cres-
son des fontaines et le fruit des palmiers ; à nourrir
l'abeille et à dompter l'éléphant.

Avec tous ces avantages, la Providence a rassemblé dans sa figure et dans tout son extérieur,
ce que les couleurs et les formes ont de plus aimable par leurs consonnances et par leurs contrastes.
Elle y a joint les mouvemens les plus majestueux
et les plus doux. Dieu a réuni dans l'homme tous
les genres de beauté : il en a fait un assemblage

si merveilleux, que tous les animaux, dans leur
état naturel, sont frappés à sa vue, ou d'amour
ou de crainte: Ainsi s'accomplit cette parole qui
lui donna l'empire dès les premiers jours du monde.

Comme il est le seul être qui dispose du feu,
principe de la vie, il est encore le seul qui exerce
l'agriculture, laquelle en est le soutien. Tous les
animaux frugivores en ont comme lui le besoin,
et la plupart en partagent avec lui les fruits : aucun
n'en a l'exercice. Le bœuf ne s'avisa jamais de
ressemer les grains qu'il foule dans l'aire; ni le
le singe, le maïs des champs qu'il ravage. Chacun
des animaux est circonscrit dans un petit cercle
de moyens propres à sa subsistance : l'homme seul
élève son intelligence jusqu'à celle de la nature.
Non-seulement il suit des plans, mais il s'en écarte,
s'il le faut pour son intérêt ; il leur en substitue
de nouveaux. Il couvre de vignes et de moissons
les lieux destinés aux forêts : il dit au pin de la Vir-
ginie et au marronier de l'Inde : « Vous croî-
» trez en Europe. » La nature seconde ses travaux, et semble, par sa complaisance, l'inviter à
lui donner des lois. C'est pour lui qu'elle a couvert
la terre de plantes ; et quoique leurs espèces soient
en nombre infini, il n'y en a pas une qui ne tourne
à son usage. Tous les territoires lui nourrissent un
serviteur ; mais les animaux qui réunissent le plus
d'utilités sont les seuls qui vivent avec lui par
toute la terre. La vache pesante paît au fond des
vallées; la brebis légère, sur le flanc des collines,
le canard nageur mange les plantes fluviatiles ; la
poule, à l'œil attentif, ramasse toutes les graines
perdues dans les champs : tous reviennent le soir
à l'habitation de l'homme avec des murmures, des
bêlemens, des cris de joie, en lui rapportant le

tribut des plantes , changées, par une métamorphose inconcevable, en lait, en beurre , en œufs ,
en crème.

Non-seulement l'homme fait ressortir à lui toutes
les plantes , mais encore tous les animaux , quoique
leur petitesse , leur légèreté, leurs forces, leurs
ruses, et les élémens mêmes semblent les soustraire
à son empire. Les légions infinies des insectes sont
la pâture de son canard et de sa poule : ces oiseaux
avalent jusqu'aux reptiles venimeux, sans en éprouver aucun mal ; son chien lui assujettit toutes les
autres bêtes.

L'homme a senti que, pour plaire à celui qui
étoit le principe de tous les biens , il falloit concourir au bien général , et il s'est efforcé de s'é-
lever à lui par la vertu. Ce caractère religieux qui
le distingue de tous les êtres sensibles , appartient à son cœur autant qu'à sa raison : et l'on
peut dire qu'en lui, c'est moins encore une lumière qu'un sentiment. Les idées de l'infini , de
l'universalité, de l'immensité de la gloire et de
l'immortalité , l'agitent sans cesse. L'homme, foï-
ble, misérable et mortel, s'abandonne partout à
ces passions célestes; il y dirige ses espérances ,
ses craintes, ses plaisirs : heureux quand il sait
les épurer de manière à se rendre digne de son
Auteur , et se procurer ainsi la possession du bonheur qui ne doit jamais finir !

LIVRE IV.

L'EAU.

CCXIX· CONSIDÉRATION.

*Des propriétés de l'eau, et de ses parties
constituantes.*

La théorie générale du globe que nous habitons,
la contemplation du règne minéral, du règne végétal, du règne animal, et enfin de l'homme : tel
est le magnifique tableau qui s'est jusqu'ici offert
à nos regards. Il nous a présenté le spectacle infiniment varié de tout ce qui nous touche et nous
intéresse le plus dans la nature visible. Mais sans
l'eau, qui anime et vivifie ces différentes parties,
la terre ne seroit plus qu'un globe sans productions et sans habitans. Agent presque universel,
l'eau, aidée de la chaleur, concourt à la formation, à l'entretien, à la réparation de presque
toutes les substances qui composent les différens
ordres de la nature : les végétaux lui doivent leur
développement, leur accroissement et leur vie ;
les minéraux ne se formeroient point dans le sein
de la terre, si l'eau ne dissolvoit, ne charrioit
avec elle, et ne réunissoit les principes qui les
composent : l'homme même et tous les animaux
languiroient et verroient bientôt terminer une
malheureuse vie, si l'eau n'élaboroit leurs alimens,

ne donnoit la fluidité aux humeurs qui circulent dans leurs corps, et ne rafraîchissoit continuellement l'air qu'ils respirent. Par le grand rôle que joue cet élément dans les trois règnes et dans toutes les parties de l'atmosphère qui avoisine la terre, il mérite spécialement notre attention.

Le physicien observe la pesanteur de l'eau, huit cent cinquante fois plus considérable que celle de l'air : ses trois états, de glace, de liquide et de vapeur ; son élasticité, presque nulle dans l'état liquide, plus marquée dans celui de glace, et très-considérable dans celui de vapeur ; sa dilatation extrême par la chaleur, au point qu'elle occupe quatorze cents fois plus d'espace que lorsqu'elle est dans son état de liquidité.

Étendant davantage ces considérations, le chimiste s'occupe de l'effet de la chaleur sur l'eau : il la voit se réduire en vapeurs, il insiste sur le phénomène de l'ébullition, due à une portion d'eau aériforme, qui ne peut plus rester en dissolution dans la partie encore liquide et chaude : il prouve que la vapeur est un vrai composé d'eau et de chaleur : il détermine les effets de l'attraction qui existe entre l'eau et l'air, et qui tient l'air emprisonné dans l'eau liquide, ou l'eau suspendue et dissoute dans l'air. Ce fluide élastique chargé d'eau, comme l'est souvent l'atmosphère, la laisse, sous ses yeux, déposer par le refroidissement, et lui montre la cause des brouillards et de la rosée. Cette même dissolution d'eau par l'air, lorsque celui-ci en est saturé, se trouvant spécifiquement plus légère que l'air sec, lui explique pourquoi le mercure descend dans le baromètre, lorsque l'atmosphère est très-humide.

L'eau a toujours été appelée *le grand dissol-*

vant de la nature ; et ce n'est pas sans raison,
puisqu'aucun corps ne semble lui résister. Les
pierres les plus dures sont creusées par ce liquide;
leurs molécules s'y tiennent même suspendues.
Les terres, portées par l'eau dans différens points
du globe, y sont ensuite déposées, soit en couches horizontales ou inclinées, soit en cristaux
réguliers dispersés çà et là dans des cavités sou-
terraines. Tous les sels se dissolvent dans ce fluide:
aussi est-il très-rare de rencontrer l'eau pure. Souvent, dans une seule goutte, se trouvent réunis,
et les quatre élémens, et les trois règnes de la
nature. On n'en sera point surpris, si l'on considère de combien de particules étrangères l'eau
doit se mélanger en parcourant l'air et la terre.
Sans les parties de feu qu'elle contient, elle deviendroit solide et compacte : car, privée de toute
sa chaleur, elle se condense et acquiert la dureté
de la pierre Qu'elle soit imprégnée d'air, c'est ce
que prouvent les bulles qui s'en échappent, quand
on la soumet au vide, sous le récipient de la machine pneumatique. Elle contient des principes
de végétation, puisque les plantes tirent de l'eau
des sucs nutritifs, qu'elles croissent et se nourrissent par elle. Certaines plantes vivent dans son
sein. Quant au règne animal, il est de la dernière
évidence qu'il se distingue aussi dans les eaux.
Sans parler des poissons et des autres animaux
aquatiques dont elles sont peuplées, il n'y a pas
jusqu'aux simples gouttes qui n'aient leurs habi-
tans, qu'on peut apercevoir à l'aide du microscope. On sait d'ailleurs avec quelle facilité les insectes se propagent dans les eaux croupissantes.

Les chimistes ne regardent comme pure, que
l'eau qu'ils ont séparée, par l'évaporation, de
toutes

toutes les matières fixes qu'elle pouvoit contenir
ils en reçoivent les vapeurs dans le haut d'un
alambic, où elles sont refroidies et condensées.
Cette opération est faite sans cesse en grand par
la nature : l'eau, élevée dans l'air, y forme des
nuages, qui, précipités en pluie, sembleroient
devoir donner de l'eau pure; mais comme, en
balayant l'atmosphère, elle se charge des corps
qui y sont suspendus ou dissous, elle est bien
éloignée de l'être.

On a imaginé beaucoup de moyens pour connoître la pureté de l'eau. Des observations simples
et faciles, telles que l'ébullition prompte, la cuis-
son des légumes, la dissolubilité du savon, réunies
à la saveur fraîche et à la qualité inodore, en
fournissent autant d'indices sûrs.

Telles ont été pendant long-temps, pour la plus
grande partie, les connoissances qu'on avoit ac-
quises sur l'eau : les opinions sembloient absolument fixées sur la simplicité de sa nature; on la
regardoit comme un élément. Mais on doit aux
recherches modernes des découvertes bien plus
grandes. Quelques philosophes avoient cru entrevoir que l'eau se changeoit en air, ou que ces
deux êtres avoient une très-grande analogie. Les
expériences modernes ont en effet prouvé que l'eau
est un composé, et qu'elle contient une grande
quantité de la base de l'air vital. Par exemple,
en faisant passer de l'eau dans un canon de fusil
rougi au feu, le fer qui forme ce canon est cal-
ciné intérieurement; il augmente de poids; l'eau
est décomposée en même proportion. D'après des
expériences multipliées, on a reconnu que l'eau
contient à peu près quatre-vingt-cinq parties
de la base de l'air vital ou *oxygène,* et quinze

III.   K

parties de la base du gaz inflammable ou *hydro-gène.*

Par le moyen de cette découverte, on apprécie l'action de l'eau sur les feuilles des plantes, qui, exposées au soleil, absorbent l'hydrogène de ce liquide, et en séparent l'oxygène dans l'état d'air vital, le seul propre à la vie. Elle a jeté un grand jour sur beaucoup d'autres phénomènes, dont la cause étoit inconnue.

L'eau, qui semble faire la principale nourriture des plantes, ne remplit pas avec autant d'énergie la même fonction envers les animaux. Elle n'est pas très-nourrissante pour eux par elle-même : mais comme elle est très-subtile, elle dissout les parties nutritives des alimens ; elle leur sert de véhicule, et les charrie jusque dans les plus petits vaisseaux : elle se décompose par l'acte de la digestion ; et ses principes entrent dans l'économie animale. Elle est la boisson la plus saine ; celle dont les hommes et les animaux peuvent le moins se passer.

Avec quelle bonté Dieu pourvoit à nos besoins ! Il a préparé chaque aliment, chaque boisson, de la manière la plus convenable à notre nature et la plus propre à conserver la santé et la vie. Bénissons le Seigneur, pour l'eau qu'il nous distribue si libéralement. Elle étanche notre soif : elle sert à diriger les alimens ; et quand, pour soutenir notre existence ici-bas, nous n'aurions que le blé des champs et l'eau des rivières, apprenons à nous en contenter. Soyons toujours reconnoissans, et supplions la divine bonté de bénir ces alimens, et de nous en faire jouir avec un cœur satisfait.

CCXXᵉ CONSIDÉRATION.

La mer : son flux et son reflux.

On donne le nom de mers à ces assemblages d'eaux salées qui environnent les continens, et qui, en plusieurs endroits, pénètrent dans l'intérieur des terres, tantôt par de larges ouvertures, tantôt par des détroits plus ou moins resserrés. Tel est l'immense réservoir d'où sortent toutes les eaux qui circulent sur notre globe, et où elles viennent ensuite à se rendre comme à un centre commun.

Le flux et reflux est un des phénomènes les plus frappans que nous offre la mer. Tous les jours, au passage de la lune par le méridien, où quelque temps après, on voit les eaux de l'Océan s'élever sur nos rivages, se retirer ensuite peu à peu; et, environ six heures après leur plus grande élévation, se trouver à leur plus grand abaissement : elles remontent de nouveau, lorsque la lune passe à la partie inférieure du méridien; en sorte que la haute et la basse mer s'observent deux fois en vingt-quatre heures, et retardent chaque jour de quarante-huit minutes, plus ou moins, comme le passage de l'astre au méridien. Ces révolutions ne reviennent à la même heure, qu'au bout d'environ trente jours, ce qui est précisément le temps qui s'écoule d'une nouvelle lune à l'autre.

Les marées augmentent sensiblement au temps des nouvelles et des pleines lunes, ou un jour et demi après; et l'augmentation est surtout très-sensible quand la lune est plus près de la terre,

et que son attraction, par conséquent, est plus
forte.

Le soleil cause une partie de l'élévation des
marées : elles sont plus grandes dans les nouvelles
et les pleines lunes, parce qu'alors les deux astres
attirent ensemble, et concourent au même effet :
mais quand la lune est en quartier, le soleil détruit environ le tiers de son effet. Ce mouvement
est aussi beaucoup plus considérable au printemps
et dans l'automne que dans les autres saisons :
au contraire, les marées sont plus foibles dans
le temps des solstices.

Les circonstances locales produisent de grandes
différences dans les marées. Elles ne sont que de
trois pieds dans les mers libres : elles vont jusqu'à
quarante ou cinquante à Saint-Malo ; parce que
les eaux y sont retenues par un canal trop étroit,
arrêtées dans un golfe, et réfléchies ou répercu-
tées encore par les côtes d'Angleterre.

Des circonstances pareilles font que la pleine
mer n'arrive pas dans le temps même où la lune
est au plus haut du ciel, ou le plus près de notre
tête. Le frottement des côtes et du fond de la mer,
la ténacité et l'adhérence des parties de l'eau sont
autant d'obstacles qui la retardent.

Les marées sont moins sensibles dans les petites
mers. A Toulon, ville située sur la Méditerranée,
elles ne sont que d'un pied environ, et arrivent
trois heures après le passage au méridien. Mais,
pour peu que le vent soit fort, il produit des différences plus grandes que l'effet des marées, et
les rend méconnoissables : aussi dit-on, en général, qu'il n'y a point de marée dans la Méditerranée.

Il ne paroît guère possible, après tout ce que

nous venons d'observer, de ne pas conclure que le flux et le reflux ne soient en rapport avec les mouvemens de la lune : mais, sans vouloir approfondir la cause de ce phénomène, réfléchissons sur les vues que Dieu s'est proposées dans ces révolutions remarquables. C'est une ignorance très-pardonnable de ne pouvoir expliquer parfaitement les lois de la nature : mais c'est une ingratitude inexcusable de ne pas réfléchir sur l'influence que ces lois et ces grands phénomènes ont sur la terre, que nous habitons.

Le premier avantage que nous procure le flux, c'est de repousser l'eau dans les fleuves, et d'en rendre le lit assez profond pour qu'il puisse amener jusqu'aux portes des grandes villes les marchandises dont le transport seroit, sans cela, impossible. Les vaisseaux attendent ces crues d'eau pour arriver dans les rades sans toucher le fond ; ou pour s'engager, sans péril, dans le lit des rivières. Après ce service important, les marées diminuent, et laissent rentrer le fleuve dans ses bords ; elles facilitent à ceux qui les habitent la jouissance des commodités qu'ils tirent de son cours ordinaire.

Le balancement perpétuel des eaux nous procure un second avantage, en empêchant qu'elles ne viennent à croupir, et à s'infecter par un trop grand repos. Il est vrai que les vents y contribuent de leur côté : mais, dans les calmes fréquens, la mer, qui est le réceptacle où vont se rendre toutes les immondices du globe, pourroit éprouver une altération préjudiciable aux habitans de la terre. Le mouvement alternatif des eaux empêche les dépôts nuisibles ; il atténue et sépare les matières corrompues ; et, pour mieux entretenir la mer

dans sa pureté, il y mêle et disperse partout le
sel dont elle est pleine, et qui en conserve la salubrité.

Les fréquentes agitations de ce vaste amas d'eaux
qui environnent la terre, me rappellent celles dont
la vie est sans cesse troublée. Elle n'est qu'un flux
et un reflux continuel; elle croît, elle diminue;
tout y est sujet à de perpétuels changemens : point
de joie, point d'espérance, point de bonheur qui
soient permanens. L'homme nage dans un fleuve
inconstant et rapide : et malheur à celui qui, au
lieu de se diriger vers le port, se laisse entraîner
dans l'abîme! Bénissons Dieu, toutefois, de ce que
nos inquiétudes et nos maux ne sont que passagers : une douleur excessive et durable est aussi
peu compatible avec notre nature, qu'un bonheur
constant et parfait. Les vicissitudes mêmes de la
vie nous sont avantageuses. Une félicité non interrompue nous conduiroit à l'oubli de Dieu, et
nous feroit tomber dans l'orgueil : d'un autre côté,
une suite continuelle de disgrâces et d'infortunes
pourroit nous jeter dans l'abattement et nous en-
durcir le cœur. La Providence attentive a tout arrangé avec sagesse. Soumettons-nous à elle dans
tous les événemens de la vie : dans la prospérité
comme dans l'adversité, tâchons de nous conduire
d'une manière qui soit digne des hautes destinées
auxquelles sa bienveillance nous appelle.

CCXXIe CONSIDÉRATION.

Singularités de la mer.

On ne considère ordinairement la mer que du côté effrayant : on néglige les merveilles qu'elle nous offre, les bienfaits dont elle nous comble. Il est vrai que la mer est un des élémens les plus redoutables quand les vents s'élèvent, que les flots s'amoncèlent, et que la tempête s'est déclarée. Alors les vaisseaux, agités avec violence, sont emportés loin de leur route ; les vagues mugissantes semblent à chaque instant les engloutir ; ils se remplissent d'eau : souvent ils sont poussés sur des bancs de sable ou contre des rochers, sur lesquels ils se brisent. Des gouffres produits par des cavités immenses, où se rencontrent des courans opposés, finissent par les ensevelir dans leurs abîmes.

Non moins dangereux, les typhons, qui s'élèvent de la mer vers le ciel, et planent dans les airs au-dessus de L'Océan, crèvent souvent avec fracas, et causent de terribles effets. Ils s'approchent d'un vaisseau, se mêlent dans les voiles, l'enlèvent ; puis, le laissant retomber, ils le fracassent, ou le coulent à fond : s'ils ne l'enlèvent pas, ils brisent les mâts, déchirent les voiles et l'inondent.

Mais, quand même les tempêtes n'offriroient aucun avantage, opinion insoutenable, dont nous montrerons bientôt la fausseté, il y auroit bien de l'ingratitude à ne faire attention qu'aux dommages que la mer occasione, sans daigner réfléchir sur la magnificence des œuvres du Créateur, et sur sa bonté qui éclate jusque dans les profondeurs de l'abîme. La première chose remarquable qui se présente, c'est la salure de la mer. Une livre de ses eaux contient environ une once de différens sels, dont le sel marin forme la plus grande partie. L'affluence continuelle d'eau douce dans ce vaste réceptacle, n'en diminue pas sensiblement la salure. Si ce phénomène étoit dû à des montagnes de sel que la mer recélât dans son sein, il semble qu'elle devroit être plus salée dans certains endroits que dans d'autres : cependant, nous n'en avons aucune preuve certaine. Il est possible que les torrens et les fleuves y charrient des particules de salpêtre et d'autres sels : mais qu'est-ce que cela, eu égard à la vaste étendue de l'Océan ? Quoi qu'il en soit des causes de la salure de la mer, elle étoit nécessaire pour que certaines fins pussent être remplies : non-seulement elle préserve ses eaux de la corruption, mais elle contribue à leur donner cette densité qui fait que les plus lourds fardeaux peuvent être transportés plus facilement sur ses ondes, d'un bout du monde à l'autre.

La couleur de la mer mérite aussi d'être observée. Elle n'est pas la même partout : noire dans les abîmes, elle se montre blanche et couverte d'écume pendant la tempête. Argentées, dorées et nuancées des plus belles couleurs, quand le soleil couchant y fait luire ses rayons, ses eaux, unies comme une glace, semblent être un miroir où vont se peindre la couleur du fond et celle du ciel. Différens insectes, les débris des plantes marines varient encore la couleur de la mer. Dans le calme, elle paroît quelquefois parsemée de brillantes étoiles : souvent la trace d'un vaisseau qui

fend les ondes est lumineuse, et présente comme
une rivière de feu. Ces phénomènes doivent être
attribués aux insectes phosphoriques ou luisans
qu'elle renferme dans son sein.

Si toutes ces merveilles ne suffisent pas pour
vous intéresser, du moins les créatures dont la
mer est remplie exciteront-elles votre admiration.
Ici se découvre un nouveau monde, peuplé d'un
nombre prodigieux d'habitans. Plus variés peut-
être dans leurs espèces que les animaux terrestres,
ceux de la mer les surpassent par la taille, et leur vie
est plus longue que celle des habitans de la terre
et de l'air. Que sont l'éléphant et l'autruche auprès
de la baleine, dont la longueur est souvent de 60 à
70 pieds ? Elle vit aussi long-temps que le chêne,
et il n'est aucun animal dont la durée puisse être
comparée à la sienne. Cependant, selon certaines
relations, il existe dans l'Océan des animaux qui
surpassent même la baleine en grandeur.

Qui sera tenté de faire la nomenclature des diverses espèces répandues à la superficie et au fond
des eaux ? Qui pourroit exprimer leur nombre, en
déterminer la forme, la structure, la grandeur et
les propriétés ? Qu'elle est infinie la majesté du
Dieu qui a créé la mer ! Ce n'est pas sans des raisons très-sages qu'il lui assigna les deux tiers de la
surperficie du globe. Les mers doivent être le grand
réservoir des eaux ; elles doivent encore, au moyen
des vapeurs qui s'en élèvent, être la matière des
pluies, de la neige et d'autres météores semblables.
Quelle sagesse dans la connexion que les mers
ont entr'elles, et dans le mouvement non interrompu que le Créateur leur a imprimé !

Observons aussi que le fond de l'Océan est de
même nature que la superficie de la terre. On y

trouve des rochers, des vallons, des cavernes, des plaines, des plantes et des animaux. Les îles dont sa surface est parsemée, ne semblent que les sommets de hautes montagnes. Et quand on vient à considérer que les mers sont la partie du globe sur laquelle on a fait le moins de recherches, comment se refuser à croire qu'elles renferment encore une infinité de merveilles auxquelles ni les sens, ni l'entendement de l'homme ne peuvent atteindre, mais qui toutes sont un effet de sagesse du Très-Haut ? Dans celles que tu peux connoître, admire, ô chrétien, cet Être suprême qui a établi, dans l'Océan, comme sur la terre, des monumens de sa grandeur ; admire-le surtout dans cette immensité d'étendue, qui, après l'aspect du ciel étoilé, nous offre le spectacle le plus majestueux et le plus imposant.

CXXII^e CONSIDÉRATION.

Utilité des tempêtes.

Dans la saison des orages, quand les ouragans furieux troublent la terre et font trembler ses habitans, nous mettons les vents et les tempêtes au nombre des désordres et des fléaux de la nature. Les avantages que nous en retircrons sont oubliés alors, et l'on ne fait pas attention que, sans ces prétendus désordres, nous serions infiniment plus malheureux que nous ne le sommes. Rien cependant de plus certain : les tempêtes sont un des moyens les plus propres à purifier l'atmosphère. En effet, considérons la température qui domine dans la saison de l'automne. Que de brouillards

épais et malsains ! que de jours pluvieux, sombres
et nébuleux n'amène-t-elle pas à sa suite ! Les
tempêtes sont principalement destinées à disper-
ser ces vapeurs nuisibles, à les éloigner de nous ;
et c'est là, sans doute, un bienfait d'un prix inestimable.

L'univers est gouverné d'après les mêmes lois
que l'homme. La santé consiste, en grande partie,
dans l'agitation et le mélange des humeurs, qui,
sans cela, se corromproient. Il en est ainsi du
monde. Pour que l'air ne devienne pas nuisible à
la terre et aux animaux, il faut qu'il soit dans une
agitation continuelle. Ces mouvemens et ces mélanges indispensables sont opérés par les ouragans,
par les tempêtes, qui rassemblent les vapeurs des
différentes contrées, et qui, n'en formant qu'une
seule masse, mêlent ainsi les bonnes et mauvaises,
en corrigeant les unes par les autres.

· Les tempêtes sont même utiles à la mer. Si elle
n'étoit pas souvent agitée avec violence, le seul
repos de l'eau, où tant de matières subissent la
putréfaction, lui feroit contracter un degré de corruption qui deviendroit mortel à ces armées innombrables qu'elle renferme dans son sein ; aux
navigateurs qui en parcourent la surface ; à tous
les êtres animés, qui ne pourroient manquer d'en
éprouver les funestes influences. Le mouvement
est l'ame de toute la nature : il y entretient l'ordre ;
il en prévient la destruction. Réceptacle commun
où tous les écoulemens de la terre vont se rendre,
et où tant de millions de substances animales et
végétales déposent leurs excrémens et leurs dépouilles, la mer seroit-elle exceptée de la loi générale ?
Elle doit avoir son mouvement, comme le sang
des animaux a le sien : les autres causes qui lui

procurent une agitation douce, uniforme, et presque insensible, ne suffisent pas pour en secouer
et en purifier la masse entière. Il n'y a que les
tempêtes qui puissent opérer cet effet salutaire;
et il faudroit s'aveugler, pour ne pas voir les avantages qui doivent en résulter pour l'homme et pour
tous les êtres vivans.

Voilà une partie des utilités qui nous reviennent
des tempêtes : et telles sont les raisons qui empêchent le sage de les considérer comme des fléaux
destructeurs, ou du moins comme de véritables
désordres. Souvent, il est vrai, les tempêtes ont
précipité dans l'abîme des vaisseaux richement
chargés ; elles ont détruit l'espérance du cultivateur ; dévasté des provinces; répandu de toutes
parts l'épouvante, la désolation et l'horreur. Mais
est-il rien dans la nature qui n'ait ses inconvéniens,
et qui ne puisse devenir funeste à certains égards ?
Compterons-nous le soleil parmi les fléaux de notre globe, parce que sa position nous ferme, pendant quelques mois, le sein de la terre, et qu'en
d'autres saisons sa chaleur brûle nos grains et dessèche nos champs ? Les phénomènes qui doivent
nous paroître formidables sont ceux dont les avantages se réduisent à rien, en comparaison des
maux qu'ils nous attirent. Mais peut-on dire cela
des tempêtes, si l'on envisage l'utilité qui en résulte pour la terre, pour les hommes et pour les
animaux ?

Ces considérations n'empêchent pas que, dans
certaines circonstances, nous ne puissions regarder les maux que nous endurons comme des instrumens de la vengeance divine, mais qui rentrent
dans l'ordre par le but qu'elle s'y propose. Reconnoissons, en dernière analyse, que Dieu a tout

arrangé avec sagesse, et que nous devons le remercier de la constitution actuelle des choses. Heureux l'homme intimement convaincu que tout, dans le monde, se rapporte au bien universel des créatures; que le mal qui peut s'y rencontrer est compensé par des avantages sans nombre ; et que les moyens dont la Providence se sert pour nous éprouver, ou pour nous punir, sont eux-mêmes des biens dont l'effet général dédommage abondamment du mal qui en résulte dans certains cas particuliers !

CCXXIII[e] CONSIDÉRATION.

De la navigation.

Parmi les avantages que nous procure la mer, la navigation tient, sans contredit, un rang considérable. Pour un esprit accoutumé à réfléchir, cet art peut donner lieu aux méditations les plus importantes. Ici, la curiosité est tout à la fois excitée et satisfaite en différentes manières, et tout y devient une source de nouveaux plaisirs. Nous n'envisageons, d'ordinaire, la navigation que du côté des avantages que le commerce en retire : mais pourquoi ne jetterions-nous pas un coup d'œil sur la pesanteur même et sur le mouvement des vaisseaux, sans lesquels la navigation ne sauroit avoir lieu ?

Quelle surprise, au premier aspect, de voir une masse aussi énorme, nager sur un élément aussi léger que l'eau ! La charge d'un navire est immense, et sa pression sur le fluide qui le soutient doit

être prodigieuse. Un vaisseau dè guerre de 800 hommes d'équipage, a, d'ordinaire, les provisions nécessaires pour nourrir cette multitude de personnes
pendant trois mois, et il est monté de 70 pièces
de canon. Or, en ne donnant à chaque individu
que cent livres de poids; à un canon, que six
quintaux, quoique plusieurs de ces instrumens
meurtriers en pèsent quarante et plus; et en supposant que chaque homme ne mange que trois livres pesant par jour, ce calcul modéré présente
néanmoins une charge énorme : encore, dans cette
énumération, ne se trouvent compris, ni la pesanteur propre du vaisseau, ni les agrès, ni tout ce
qui est nécessaire à son entretien, non plus que
les munitions de guerre ; ce qui égale et même
surpasse la somme totale des objets que nous venons d'énoncer. Or, n'est-ce pas une chose inconcevable, et qui paroît opposée aux lois de la
nature, que cette lourde masse puisse être pous-
sée par un vent assez foible ?

Il n'y a rien là cependant que de très-naturel ;
et même le contraire ne pourroit arriver sans mi-
racle. Comment le navire, avec toute sa charge,
peut-il flotter ? Comment l'eau, dont les parties
ne tiennent pas les unes aux autres, peut-elle avoir
assez de force et de consistance pour le soutenir ?
C'est un effet de l'équilibre : le vaisseau enfonce,
jusqu'à ce que le volume d'eau qu'il déplace lui
soit égal en pesanteur; et de cette manière, l'élément qui le supporte n'est pas plus chargé du vaisseau, qu'il ne l'étoit de l'eau que le vaisseau a
remplacée.

Autrefois la navigation étoit beaucoup plus périlleuse et plus pénible qu'elle ne l'est maintenant.
On n'osoit se hasarder en pleine mer : on naviguoit

près des terres, et sans trop s'écarter des côtes. Du
temps d'Homère, il falloit aux héros de grands
préparatifs et de longues délibérations, avant qu'ils
se déterminassent à passer la mer Egée : l'expédi-
tion des Argonautes, c'est-à-dire le trajet de la
Propontide et du Pont-Euxin, antérieur de beaucoup à ce poète, fut chanté comme un exploit merveilleux. Qu'étoient néanmoins ces navigations en
comparaison des nôtres ?

C'est la découverte de la boussole qui nous a
fait traverser les mers avec tant de confiance : c'est
elle qui nous met en état d'entreprendre des voyages que l'antiquité eût traités de fabuleux. L'aiguille aimantée, en se tournant constamment vers
le nord, instruit le navigateur des régions où il se
trouve et de celles où il veut aborder. Dans les
jours les plus nébuleux, dans les ténèbres de la
nuit, au milieu du vaste Océan, cet instrument
lui sert de guide, et le mène d'une extrémité de
la terre à l'autre.

On réfléchit peu sur les avantages de la navigation ; et peu de personnes pensent à rendre au
Créateur les actions de grâces que mérite ce bienfait. Homme, qui que tu sois, c'est à elle que tu
dois directement ou indirectement une grande partie des choses qui conviennent à ta subsistance.
Les aromates et les médicamens te manqueroient,
ou du moins ne te parviendroient qu'à grands frais,
si des vaisseaux ne les amenoient dans nos ports.
Que nous serions à plaindre, si nous étions obligés de transporter par terre toutes les choses nécessaires à la vie ! La charge d'un navire se compte
par tonneaux, le tonneau pèse deux mille livres,
et il est des navires qui portent jusqu'à six cents tonneaux, c'est-à-dire 1,200,000 livres. Pour voiturer

par terre une pareille charge, il faudroit, en comp-
tant mille livres par chaque cheval, trois cents
charriots attelés de quatre chevaux chacun, sans
parler même du poids des charriots, et autant
d'hommes, pour le moins. Mais alors, les richesses des autres parties du monde seroient nulles
pour nous.

La navigation paroîtra un plus grand bienfait
encore, si l'on considère que c'est par elle que
la connoissance de l'Evangile est parvenue jusqu'aux nations les plus éloignées. Cette pensée
m'inspire une vive reconnoissance envers Dieu :
mais, d'un autre côté, je le bénis de ce que ma
vocation n'est point d'affronter les flots, ni d'exposer ma vie à des périls continuels. Cependant,
tandis que, à l'abri des dangers, je passe tranquillement mes jours au sein de ma famille, je dois au
moins recommander au Maître des élémens, ceux
de mes frères qui sont obligés de parcourir de vastes mers, et d'entreprendre, pour le bien de la
société, les voyages les plus dangereux.

CCXXIV· CONSIDÉRATION.

Origine des ruisseaux et des fleuves.

PLACÉES communément dans des vallons; ombra-
gées par des arbres qui croissent sur leurs bords;
perpétuellement rafraîchies par l'eau nouvelle qui
y afflue sans cesse ; animées par le chant des
oiseaux qui viennent y chercher un abri contre
l'ardeur du soleil, et une eau limpide pour se désaltérer et s'y baigner; les sources et les fontaines

sont, pour l'ordinaire, des endroits charmans.
Arrêtons-nous-y ; et, mollement assis sur le tapis
de gazon et de fleurs qui borde leur enceinte, réfléchissons sur leur origine, et sur les progrès à la
faveur desquels nous les verrons se transformer
en fleuves majestueux.

D'où peut venir un fleuve tel que le Rhône ?
Quelle puissance préside à l'entretien du Danube
et du Gange ? Où sont placés les réservoirs immenses, et, pour ainsi dire, éternels, qui fournissent ces eaux toujours renouvelées, et remplissent, par des canaux inconnus, ces vastes lits,
avec une profusion assez grande pour pourvoir à
tous nos besoins, et assez mesurée pour ne pas
inonder la terre, au lieu de la fertiliser ?

Tous les grands fleuves sont formés par la réunion des rivières ; les rivières proviennent des ruisseaux qui vont s'y rendre, et les ruisseaux naissent
des sources et des fontaines. Mais d'où viennent
les sources elles-mêmes ? L'eau, par sa pesanteur
et sa fluidité, occupe toujours les lieux les plus
bas de la terre : d'où tirent donc leur origine celles
que distribuent si constamment les régions les plus
élevées ?

Les pluies, la neige, les rosées, et généralement
toutes les vapeurs qui tombent de l'atmosphère,
fournissent cette masse énorme d'eau qui coule
des sources sur toute la superficie du globe : de
là vient que les fontaines et les rivières sont si
rares dans l'Arabie déserte et dans une partie de
l'Afrique, où jamais il ne pleut. Ces eaux, par
diverses ouvertures, s'insinuent dans le corps des
montagnes et des collines ; elles s'arrêtent sur des
lits, tantôt de pierre, tantôt de glaise, qu'elles
ne peuvent traverser : là, elles s'accumulent, et

forment des fontaines; ou bien elles s'amassent dans des cavités, dans des grottes, qui débordent ensuite, ou dont les eaux s'échappent peu à peu par mille et mille crevasses, pour gagner toujours le bas, où leur poids les entraîne.

C'est de la mer que proviennent toutes les eaux qui fertilisent la terre. Les vapeurs qui s'en élèvent suffisent bien au delà pour fournir au cours de tous les fleuves : et ce sont les montagnes qui, par leur structure, arrêtent les vapeurs et les pluies, les rassemblent dans leur sein, et forment ces courans passagers ou perpétuels, selon l'étendue et la profondeur du bassin qui les réunit. En couronnant de glaces éternelles les sommets décharnés des hautes montagnes, l'Auteur de la nature a préparé les réservoirs inépuisables qui doivent fournir sans cesse à l'entretien des grands fleuves, et leur faire braver les plus longues sécheresses. Suspendus, en quelque sorte, dans les couches supérieures de l'atmosphère, ces immenses glaciers y sont hors de l'atteinte des causes qui échauffent les couches inférieures, et qui, durant les ardeurs de la canicule, précipiteroient la fonte de leurs glaces. Ainsi, elles ne fondent que lentement et par degrés : des millions de filets d'eau distillent peu à peu de leur surface extérieure, échauffée par le soleil; et, rassemblés en ruisseaux, ils se précipitent de rochers en rochers, pour aller nourrir les fleuves et fertiliser les campagnes. Dans les jours froids, au contraire, ce sont les couches intérieures qui fournissent le plus abondamment à l'entretien des fleuves. La chaleur inhérente au globe, qui agit en tout temps sur ces couches, en détache de toutes parts des filets d'eau qui se rendent, par mille canaux souterrains, dans les sources des fleuves , et préviennent leur épuisement.

' La mer, malgré tous ses sels , est donc réellement ce qui sert à étancher notre soif. Le vent nous apporte les vapeurs qui s'en exhalent ; les pointes des montagnes servent à les fixer ; les trous, les crevasses, les inégalités qui rendent le terrein moins agréable aux yeux, introduisent les eaux dans le sein des montagnes : les couches des matières dures les arrêtent.

Lorsqu'au lieu d'enfermer la mer dans l'intérieur de la terre , Dieu résolut de la tenir à découvert, et permit au soleil et aux vents d'en élever dans l'air un autre océan de vapeur douces et bienfaisantes , il créa en même temps ces grandes excroissances qui semblent défigurer notre globe et ne tendre à rien d'utile. Ce sont elles , cependant , qui servent partout , au cœur des continens et des îles , à réunir constamment la quantité d'eau nécessaire pour former ces courans qui sont comme les liens de la société. Nulle connexion apparente entre la mer qui nous borne au couchant , et les rochers affreux des Cévènes , des Vosges et des Alpes qui nous bornent au levant : et toutefois , ce sont ces rochers et l'Océan dont l'heureuse harmonie concourt à ne pas nous laisser manquer d'un des élémens les plus nécessaires à la vie. Ces coteaux qui terminent si agréablement notre vue nous fournissent une claire fontaine, un ruisseau utile : mais les Alpes qui s'élèvent entre l'Italie et la France , y font couler le Rhin, le Rhône , et le Pô ; et , quoique ces montagnes soient frappées la plupart d'une éternelle stérilité, elles font réellement de ces grandes régions deux jardins de délices. Les Alpes et les Cévènes abattues , aussitôt la Lombardie est desséchée, et une partie de la France se change en un désert affreux. Toutes les pièces qui composent le globe s'entrelacent donc mutuellement; tout est lié : la terre entière est l'ouvrage d'une Intelligence unique, et le bien de l'homme en est visiblement la fin.

C'est Dieu qui, sur les hauteurs de la terre, appelle ces sources bienfaisantes, lesquelles tantôt coulent et serpentent entre les rochers, tantôt se précipitent en cascades, et tantôt sont grossies par de nouvelles eaux. Il parle, et du sein des montagnes les fontaines jaillissent, les sources deviennent des ruisseaux, bientôt des rivières et de superbes fleuves qui portent partout la fertilité et l'abondance. Les habitans des campagnes vont s'y désaltérer, y chercher l'ombre et la fraîcheur; et les eaux qui ruissèlent dans les forêts font la joie des bêtes sauvages dont elles étanchent la soif.

CCXXV^e CONSIDÉRATION.

Utilité des rivières.

Bien des hommes, en calculant l'espace que les rivières occupent sur notre globe et les grandes portions de terrein qu'elles enlèvent à la culture, s'imaginent qu'il seroit plus avantageux qu'elles fussent en moindre quantité. Mais il suffit d'examiner la sagesse et les proportions qu'on voit régner dans cette partie de l'univers, qui est la demeure de l'homme, pour en conclure que ces canaux vivifians n'y ont point été jetés au hasard, ni sans aucune vue d'utilité pour tous les êtres qui l'habitent.

Quel ornement, quelle richesse dans la nature,
que le cours d'une rivière ! Soit que je m'arrête
à considérer le mouvement de ses eaux, soit que
j'observe les utilités qu'elle nous procure ; la beauté
de son cours me ravit ; la multitude des biens
qu'elle nous amène, me remplit de reconnoissance.

Ce n'est d'abord qu'un filet d'eau qui coule de
quelque colline sur un fond de glaise ou de sable.
Le moindre caillou suffit pour l'embarrasser dans
sa route ; il se détourne, et se dégage en murmu-
rant : il s'échappe enfin, se précipite, gagne la
plaine, et, grossi par la jonction de quelques autres ruisseaux, il se forme un lit, prend un nom
et devient une rivière. De vastes prairies, une
riante verdure, accompagnent fidèlement son
cours : elle tourne autour des collines et serpente
dans les plaines, comme pour embellir et fertiliser plus de lieux à la fois.

La rivière est le rendez-vous de tout ce qu'il y
a d'animé dans la nature. Mille oiseaux, de toutes
les couleurs et de toute espèce de ramage, viennent
sans cesse jouer sur son gravier, voltiger sur sa
surface, s'abreuver de ses eaux, pêcher, nager et
plonger à l'envi : ils ne la quittent qu'à regret,
quand le retour de la nuit les contraint de rega-
gner leur retraite.

Alors, les bêtes sauvages en jouissant à leur
tour : mais à l'aspect du soleil, elles abandonnent
la plaine à l'homme, et la rivière aux troupeaux,
qui, deux fois le jour, quittent leurs pâturages
pour venir sur ses bords se désaltérer, ou chercher
l'ombre et la fraîcheur. La rivière ne nous plaît
pas moins qu'aux animaux : elle coule au milieu
de nos habitations ; nous abandonnons commu-

nément les montagnes et les bois pour fixer nos demeures le long de son cours riant et fertile.

Enfin, après avoir enrichi les cabanes des pêcheurs, fertilisé le séjour des laboureurs, donné de beaux points de vue aux maisons de plaisance; après avoir fait l'ornement et la joie des campagnes, elle arrive dans les villes et y coule majestueusement entre deux files de grands édifices et de palais qu'elle orne, et qui contribuent aussi à l'embellir.

Le premier but du Créateur, en formant les rivières, a été, sans doute, de fournir aux hommes et aux animaux un des élémens les plus nécessaires à la vie. L'eau qui provient des puits, surtout lorsqu'elle a séjourné long-temps et sans mouvement sous la terre, détache et charrie des particules qui peuvent être nuisibles. Celle des rivières, toujours à l'air libre et toujours agitée, s'épure, se dégage de tout ce qui peut la salir, et devient ainsi la boisson la plus salubre pour tous les êtres animés.

L'utilité des rivières s'étend plus loin encore. C'est à elles que nous devons la propreté, les agrémens de nos demeures et la fertilité de nos campagnes. Toujours nos habitations sont malsaines, quand elles se trouvent environnées d'eaux dormantes ou de marais, ou lorsque le défaut de quelque source y cause la sécheresse. Le moindre ruisseau rafraîchit l'air des environs, il y répand de douces rosées. Quel contraste frappant entre les lieux arrosés de quelques eaux, et le pays auquel la nature a refusé ce secours! L'un est sec, aride et désert : les autres ressemblent à un jardin délicieux où les bois, les vallons, les prairies, les campagnes prodiguent à l'envi leurs trésors. Une

rivière y serpente, et fait toute la différence de
ces contrées : elle porte partout avec elle la prospérité, la fraîcheur ; et souvent ce bienfait s'étend
à plusieurs lieues, et même à des distances considérables , par les rosées qu'y distribuent les
vents.

Dans cette étonnante diversité d'opérations de la
nature se retrouve toujours le caractère d'un seul
ouvrier et l'intention bienfaisante d'un père. Avec
quelles difficultés se feroit le commerce, si les
fleuves ne nous amenoient, des pays même les
plus éloignés, les productions qui ne peuvent croître dans le nôtre ! De combien de machines serions-nous privés, si nous ne pouvions les mettre
en activité au moyen des rivières ! que de poissons
délicats nous manqueroient, si elles ne nous les
fournissoient avec abondance ! J'avoue que si nous
n'avions point de rivières, nous serions préservés
de ces inondations qui quelquefois occasionent ,
dans le plat pays, des dégâts et des dévastations
funestes : mais cet inconvénient empêche-t-il donc
que les rivières ne soient un bienfait de la Providence ? Les avantages nombreux et permanens que
nous en retirons ne l'emportent-ils pas de beaucoup sur le mal qu'elles font ? Les inondations
n'arrivent que rarement, et ne s'étendent guère que
sur un petit nombre d'endroits.

Toute la nature concourt à nous rendre heureux. La privation d'un seul des bienfaits de Dieu
détruiroit une grande partie de notre bonheur.
Dépourvue de ses rivières, la terre perdroit toute
sa fécondité, et ne seroit plus qu'un stérile amas
de sable. Quelle multitude innombrable de créatures périroient tout-à-coup, si la main qui creusa
tant d'utiles canaux venoit à les dessécher !... Ah !

que de grâces ne dois-je pas à celui qui ordonna
aux rivières et aux fleuves d'exister ! et comment
pourrois-je jouir des avantages qu'ils me procurent, sans bénir l'Auteur de tant de biens !

CCXXVI^e CONSIDÉRATION.

Des eaux minérales, chaudes ou froides.

On voit, en différentes contrées, un grand nombre de sources dont l'eau n'est ni douce comme
l'eau de pluie, ni salée comme celle de la mer ;
mais elle se trouve unie avec des substances minérales infiniment atténuées, qu'elle extrait des
entrailles de la terre, et qu'elle tient en dissolution. Parmi ces sources, les unes sont chaudes,
les autres sont froides.

Naturellement, l'eau est froide dans l'intérieur
de la terre : elle y a précisément le même degré
de chaleur ou de froidure que les réservoirs et les
canaux qui la contiennent ; que les sables, les
pierres, les terres à travers lesquels ce fluide se
filtre. Les sources d'eau douce qui naissent du creux
d'un rocher ou d'une cavité profonde, ont, en tout
temps, à peu près la même température : elles ne
paroissent chaudes en hiver et froides en été, que
par comparaison avec la température actuelle de
l'atmosphère.

Mais l'eau peut s'échauffer dans l'intérieur de la
terre, soit par le voisinage d'un feu réel, tel que
celui d'un volcan, d'une mine de charbon enflam-
mée, soit par quelque effervescence intrinsèque.
Celle qui vient à rencontrer des amas de pyrites,

les

les décompose, les fait entrer en effervescence, et acquiert ainsi une chaleur qu'elle peut conserver jusqu'à l'endroit où elle devient source.

De là, les eaux minérales, qui varient selon la nature des substances où elles s'infiltrent. Il en est de bitumineuses, de savonneuses, de ferrugineuses, de sulfureuses, de vitrioliques, etc. , selon la nature des principes qu'elles tiennent en dissolution. Les eaux minérales froides sont celles qui n'excèdent pas le degré de chaleur de l'atmosphère, ou de la terre : les eaux minérales qui ont un degré de chaleur supérieur à celles-ci, se nomment eaux chaudes ou *thermales*.

Ces eaux, soit qu'on les considère relativement à leur formation, ou par rapport aux utilités sans nombre qui nous en reviennent, sont sans doute un don précieux du Ciel. Mais que d'ingratitude nous avons souvent à nous reprocher à cet égard ! Les lieux où ces sources de vie coulent pour les hommes avec tant d'abondance sont-ils toujours ce qu'ils devroient être, des lieux consacrés à la reconnoissance et à la louange du Médecin par excellence ?

Les eaux thermales et les bains chauds ont été distribués sur la terre avec une prodigalité qui montre l'intention du Créateur. Dans l'Allemagne seule, on en compte près de cent vingt ; et ces eaux ont un tel degré de chaleur, qu'il faut les laisser refroidir pendant douze, et quelquefois pendant dix-huit heures, avant qu'on puisse s'en servir pour les bains. Ce n'est pas du soleil que provient une chaleur si extraordinaire ; car alors, ces eaux ne la conserveroient qu'autant qu'elles seroient exposées à l'action de cet astre : elles la perdroient pendant la nuit, et plus encore durant

III.   L

l'hiver. Elles la doivent donc aux feux souterrains
où aux matières qu'elles dissolvent.

Les vertus propres à plusieurs eaux minérales,
chaudes ou froides, ont engagé les chimistes à en
rechercher la nature ; et ils y sont parvenus en les
analysant, c'est-à-dire en séparant les divers principes qu'elles tiennent en dissolution, et en les
examinant. Cette connoissance donne lieu de former des eaux minérales factices, semblables aux
eaux minérales naturelles, et qui en ont les propriétés, autant du moins que l'art peut imiter la
nature. Il ne s'agit, pour cela, que de donner à
l'eau pure les principes qui caractérisent l'eau
minérale qu'on se propose d'imiter, et de les y
faire entrer dans la même proportion où ils se
trouvent dans celle-ci. Peut-être même seroit-il
possible de donner aux eaux factices un mérite
supérieur, en un sens, à celui des eaux minérales
qui peuvent renfermer trop ou trop peu de certains principes propres à combattre telle espèce de
maladie. On conçoit que l'art peut augmenter à
volonté, dans telle ou telle eau factice, les principes salubres relatifs à l'effet qu'on veut produire ;
qu'il peut diminuer ou retrancher les principes
contraires à cet effet ; et approprier ainsi cette eau
au genre particulier d'infirmité qu'elle est destinée
à détruire ou à soulager.

Admirons les richesses inépuisables de la bonté
divine, préparant pour les hommes ces sources
salutaires qui ne tarissent jamais ! Les eaux minérales peuvent, sans doute, avoir été destinées
encore à d'autres usages. Quel est le mortel qui
puisse assigner le terme des utilités d'un objet quelconque ? mais il n'en est pas moins incontestable
qu'elles ont été aussi produites pour la conserva-

tion et pour la santé des humains. C'est pour toi,
ô homme ! que Dieu fait jaillir ces sources bienfaisantes. Sois donc touché de sa tendresse, toi,
surtout, qui as éprouvé la vertu de ces eaux, et
qu'elles ont peut-être arraché des portes de la mort.
Que ton ame, pénétrée de reconnoissance et de
joie, s'élève vers le Père céleste ; qu'elle le glorifie,
en imitant ses bienfaits : que tes richesses soient,
pour tes frères malheureux, des sources de consolation et de vie.

CCXXVII* CONSIDÉRATION.

La glace et les glaciers naturels.

Quoique l'eau soit naturellement fluide, un certain degré de froid lui fait perdre sa fluidité, et la
convertit en une masse dure et solide que l'on appelle *glace*.

L'eau gèle communément quand la température
de l'air environnant répond au *zéro* du thermomètre de Réaumur ; et elle se gèle d'autant plus
promptement, que le froid est plus grand, et
qu'elle est elle-même plus pure. Une eau dormante
gèle plus aisément qu'une eau qui coule ; un fleuve
lent et paisible, qu'un fleuve rapide et impétueux ;
les bords d'une rivière, que le courant ou le fil de
l'eau.

Le froid qui condense tous les corps, produit
un effet contraire sur l'eau convertie en glace : il
la dilate, et en augmente le volume. C'est pour
cette raison que la glace demeure suspendue sur
l'eau. L'augmentation que l'eau acquiert en se
glaçant, égale environ la quatorzième partie du

volume qu'elle avoit étant fluide ; de sorte qu'une
masse d'eau qui , étant liquide , occupoit quatorze
pieds cubes , en occupe quinze étant transformée
en glace. C'est cette dilatation , cette augmentation de volume qui donne tant de force à la glace.
Les efforts qu'elle fait, en certains cas, sont prodigieux ; et tout le monde connoît la fameuse expérience dans laquelle un canon de fer épais d'un
doigt, rempli d'eau et bien fermé , ayant été exposé à une forte gelée, creva en deux endroits ,
au bout de douze heures. Muschenbroëk ayant cal-
culé l'effort que fait la glace en pareil cas , a trouvé
qu'il étoit équivalent à une force capable de soulever un poids de vingt-sept mille sept cent vingt
livres. On ne doit donc pas s'étonner, ajoute-t-il,
que la glace fasse casser les vaisseaux qui la contiennent ; qu'elle soulève les pavés ; qu'elle fasse
crever les tuyaux de fontaine qu'on n'a pas la précaution de tenir vides pendant la gelée ; qu'elle
fende les pierres , les arbres , etc.

C'est par la même raison que la gelée est si funeste aux plantes , lorsqu'elles sont en sève : l'a-
bondante quantité de liquide dont elles sont alors
remplies, dilatée par la congélation , déchire leurs
fibres , et altère toute l'économie de leur organisation.

Convertie en glace par un grand froid, l'eau
acquiert une telle dureté, qu'on a de la peine à la
rompre avec le marteau. On vit, en 1740, à Pétersbourg , un palais construit de glace , et d'une
belle architecture. Devant cet édifice étoient des
canons, aussi de glace : le boulet d'une de ces
pièces, chargée d'un quarteron de poudre, perça,
à soixante pas , une planche de deux pouces
d'épaisseur , sans que le canon, qui n'en avoit

qu'environ quatre , cédât à une si forte explosion.

La glace, même dans le plus grand froid, s'exhale continuellement en vapeurs. Dans le froid le plus vif, quatre livres de glaces perdent, par l'évaporation , une livre de leur poids en dix-huit jours; et, dans l'espace de vingt-quatre heures, un morceau de quatre onces devient plus léger de quatre grains : mais les circonstances font varier les effets.

D'ordinaire, la glace commence par la superficie de l'eau : c'est une erreur de croire qu'elle se forme au fond , et qu'elle surnage ensuite ; car le froid, venant de l'atmosphère , ne peut avoir son effet au fond, sans s'être fait sentir auparavant à la superficie.

Quand la congélation commence, on voit se former , sur la surface d'une eau tranquille , de petites aiguilles qui s'implantent les unes aux autres , sous différens angles, et qui se réunissent pour former une pellicule très-mince. A ces premiers filets en succèdent d'autres : ils se multiplient, et s'élargissent en forme de lames , qui , augmentant elles-mêmes en nombre et en épaisseur, s'unissent à la première pellicule.

Une masse de glace , formée par une lente congélation , paroît assez homogène et assez transparente, depuis sa surface extérieure, qui s'est gelée la prémière , jusqu'à deux ou trois lignes de distance en dedans; mais, dans le reste de son intérieur , et surtout vers son milieu , elle est interrompue par une grande quantité de bulles d'air; et la surface supérieure, qui d'abord s'étoit formée plane, se trouve élevée en bosses, et toute raboteuse.

3

Une prompte congélation répand indifféremment les bulles d'air dans toute la masse, qui,
par là, est plus opaque que dans le premier cas :
la surface supérieure est aussi et plus convexe et
plus inégale.

Il existe, et sur la surface et dans l'intérieur de
la terre, un grand nombre de glaciers naturels,
où l'eau, en été aussi-bien qu'en hiver, est constamment solide. Les premiers doivent leur congélation aux frimas qui règnent éternellement sur
les montagnes qu'ils occupent : les autres, placés
dans l'intérieur de la terre, où règne communément une température bien moins froide que
celle qui gèle l'eau à sa surface, doivent leur existence à des amas de glace, qui, entretenant toujours la même température dans ces vastes cavités, y congèlent les nouvelles eaux qui viennent
s'y rendre.

Parmi les glaciers exposés à l'action de l'air et
du soleil, un des plus merveilleux est celui de
Grindelwald, en Suisse : là, le fond d'un vallon
et la pente d'une montagne se présentent, dans
une étendue d'environ cinq cents pas, sous l'image
d'une mer horriblement agitée, et dont les flots
suspendus auroient été subitement saisis par la
gelée : on en voit, dans les Alpes, plusieurs autres assez semblables. Quel spectacle, quand, dans
un beau jour d'été, placé sur un coteau fleuri, au
voisinage d'un de ces glaciers, l'observateur découvre, d'un même coup d'œil, et les frimas de
l'hiver, et les fleurs du printemps, et les fruits de
l'été, et ceux de l'automne ! Frappé de ce prodige, il s'écrie avec attendrissement : Quel ordre,
quelle variété, quelles beautés dans tous les ouvrages de la nature ! Comme tout y concourt à rem-

plir les desseins d'un Dieu bienfaisant ! Ah ! s'il
m'étoit donné d'avoir une connoissance plus intime
de ses vues profondes, et des fins qu'il se propose
en chaque phénomène, dans quelle extase je me
trouverois plongé, puisque le peu que je connois
me cause de tels ravissemens !

LIVRE V.

L'Air.

CCXXVIII^e CONSIDÉRATION.

Nature de l'air, et ses propriétés.

L'AIR est ce corps fluide et subtil qui environne notre globe, et que respirent toutes les créatures vivantes. Sans cet élément, la terre, quoique arrangée avec tant d'art, quoique enrichie de ce vaste amas d'eau qu'elle contient, ne seroit qu'une masse affreuse, incapable d'entretenir la végétation des plantes et la vie des animaux.

Cet immense volume d'air qui s'élève à une assez grande hauteur au-dessus de la surface de la terre, et qui participe à son mouvement diurne et annuel; cet air, quoiqu'il soit si près de nous, qu'il nous enveloppe de toutes parts, et que nous en éprouvions continuellement les effets, ne nous en est pas mieux connu, quant à sa véritable nature. Ce que nous savons, au moins, et dont nous pouvons nous convaincre, lorsque nous agitons rapidement la main, en la portant vers notre visage, c'est que l'air est quelque chose de matériel. Il n'est pas moins incontestable qu'il est fluide; que ses parties sont désunies; qu'elles glissent aisément les unes sur les autres, et obéissent ainsi à toutes sortes d'impressions. Si l'air étoit un corps solide, il ne seroit ni respirable, ni perméable, et n'auroit point rempli les intentions du Créateur. La pesanteur est une propriété qui lui est commune avec tous les corps ; et, quoiqu'il soit huit cents fois plus léger que l'eau, cette pesanteur ne laisse pas d'être très-considérable ; c'est elle qui soutient le mercure dans le baromètre, qui élève l'eau dans les pompes ; occasione l'écoulement des liquides par les syphons, et fait couler le lait dans la bouche de l'enfant qui tette. Une colonne d'air, égale en hauteur de celle de l'atmosphère, pèse autant que vingt-huit pouces de mercure, ou trente-deux pieds d'eau de même base. En n'estimant qu'à deux mille livres la force avec laquelle il pèse sur un espace d'un pied en carré , un homme haut de six pieds, soutient continuellement une masse de vingt-huit milliers , ou deux cent quatre-vingts quintaux : poids immense , dont nous serions écrasés sans la résistance de l'air qui est dans notre corps, et qui lui fait équilibre.

L'élasticité de l'air n'est pas moins certaine que sa pesanteur : il fait continuellement effort pour occuper un plus grand espace ; et, quoiqu'il se laisse comprimer, il ne manque jamais de se débander lorsque la compression cesse. La chaleur manifeste singulièrement cette propriété de l'air, qui, dans sa dilatation , peut occuper un espace cinq ou six cent mille fois plus grand que celui qu'il occupoit auparavant, sans que cette prodigieuse dilatation lui fasse rien perdre de sa force élastique.

Les premiers chimistes avoient considéré l'air comme un élément : les découvertes de plusieurs modernes paroissent démontrer qu'il est un vrai mixte. Personne n'ignore que les matières com-

L 5

bustibles ne peuvent brûler sans air ; qu'elles s'é-
teignent dans l'eau, et même dans tous les fluides élastiques qui, avec l'apparence dē l'air, n'en
ont pas véritablement les propriétés. En faisant
plus d'attention à ce phénomène, on a découvert que l'air atmosphérique étoit diminué et réellement absorbé par les corps qui brûlent ; de manière qu'en allumant, sous une cloche de verre
contenant cent pouces de cet air, du soufre ou du
phosphóre, ces corps en absorbent plus de vingt-
cinq pouces, après quoi leur combustion s'arrête ;
un autre corps enflammé, plongé dans le résidu
de cet air, s'y éteint tout-à-coup.

On a conclu de ces faits, que l'air atmosphérique est un composé de deux fluides élastiques :
l'un, qui en fait un peu plus du quart, extrêmement respirable et propre à la combustion ; l'autre, formant près des trois quarts de l'atmosphère,
lequel n'est propre ni à la respiration, ni à la
combustion, et en qui existe une qualité assez
semblable à celle de ces vapeurs suffocantes qui
s'exhalent de certaines sources sulfureuses, ou de
certaines substances qui se putréfient. C'est la
combinaison de ces deux principes qui forme l'air
propre à entretenir la vie des plantes et celle des
animaux. En retirant la portion d'air absorbée par
les corps brûlés, on a trouvé que cet air, beaucoup plus pur que celui de l'atmosphère, pouvoit
servir à brûler trois fois plus de substances combustibles, qu'un égal volume de ce dernier. Une
bougie allumée, ou tout autre corps combustible, en ignition, plongé dans cet air, brûle avec
une rapidité beaucoup plus grande que dans l'air
atmosphérique. On a donné le nom d'*air vital* à
ce fluide ; et, comme sa base, fixée dans beau-

coup ·de corps combustibles , leur donne un caractère acide , on a appelé cette base principe *aci-
difiant* ou *oxygène*. C'est le même que nous avons
vu faire une.des parties constituantes de l'eau.

L'autre fluide qui constitue l'air atmosphérique,
dont il fait un peu moins des trois quarts, est
nommé *gaz azote* , par opposition au premier ;
il éteint les bougies., tue les.animaux , et est un
peu plus léger que l'air commun.

Ces deux principes varient en quantité ,·dans
l'atmosphère , suivant beaucoup de circonstances ;
mais le plus ordinairement, cent parties d'air
commun en contiennent soixante-douze de gaz
azote , et.vingt–huit d'air vital. Cette proportion,
établie par la nature , est celle qui paroît convenir
·à la respiration des animaux. Par cette fonction ,
l'air vital est changé en.eau et en une espèce d'a-
cide , connu sous.le.nom d'*acide carbonique* ; et
la portion.de chaleur qu'il perd dans cette opération , paroît absorbée par le sang des animaux :
c'est pour cela que ceux qui n'ont point de poumons propres à respirer l'air , ont le sang très-peu
échauffé.

Il en est de la.respiration comme de la.combus-
tion. Lorsque les animaux respirent pendant trop
long-temps le même air, toute la portion d'air vital se trouve changée en acide carbonique, et en
eau : et , comme ils ne peuvent respirer le gaz
azote restant, ils meurent bientôt au milieu de ce
dernier fluide, mêlé à l'acide carbonique, qui ne
peut pas servir davantage à la respiration. Telle
est la raison du danger des lieux trop renfermés,
et la cause des malheurs arrivés dans les circonstances où les hommes se sont trouvés entassés dans
des espaces trop étroits. Mais la respiration et la

combustion deviendront plus faciles à comprendre, quand nous nous serons occupés du feu.

Toutes ces merveilles sont bien dignes de mon
admiration : elles m'annoncent la grandeur, la
puissance, la bonté du Dieu que j'adore. Quel autre auroit pu rendre l'air propre à tant d'usages ?
C'est lui qui est le Créateur et le Maître de la pluie,
de la neige, des vents et des tonnerres : oui, c'est
lui qui fait toutes ces choses. Avec quelle intelligence n'ont pas été mesurés la quantité, le poids,
le ressort et le mouvement de l'air ! Avec quelle
bonté n'a-t-il pas été modifié, pour servir à un
si grand nombre de fins utiles aux créatures ! Seroit-il donc possible que, respirant à chaque instant cet élément si nécessaire à la conservation de
mon être, et en éprouvant continuellement les bénignes influences, je fusse insensible aux tendres
soins de celui qui le créa pour moi ? Une telle ingratitude ne me rendroit-elle pas indigne du bien
que je ressens toutes les fois que je respire ! Oui,
je joindrai ma voix à celle de toute la création,
pour célébrer les louanges du Tout-Puissant : je
lui adresserai des chants d'allégresse, et je le bénirai pendant toute la durée de ma vie.

CCXXIX· CONSIDÉRATION.

Atmosphère de la terre.

Une substance rare, transparente, élastique, environne la terre de toutes parts, jusqu'à une certaine hauteur : c'est ce qu'on nomme l'*atmosphère*,
où se forment les nuées, les vents, tous les mé-

téores. Cette substance aérienne n'est pas , à beaucoup près , un corps homogène : elle est toujours
chargée d'une quantité considérable de vapeurs
et d'exhalaisons, qui s'échappent du sein des mers ,
des rivières , de la terre elle-même.

La région inférieure de l'atmosphère , pressée
par l'air supérieur, est, par cette cause, plus épaisse
et plus dense , comme l'éprouvent ceux qui montent
sur de hautes montagnes. Mais il est impossible de déterminer avec précision la hauteur de
la masse totale : seulement on conjecture qu'elle
est de quinze ou seize lieues. La *basse* région de
l'atmosphère s'étend jusqu'à la hauteur où l'air
n'est plus échauffé par les rayons que la terre réfléchit : la *moyenne* région, espace où se forment
la pluie, la neige et la grêle, va jusqu'au sommet
des plus hautes montagnes , et même jusqu'aux
nuées les plus élevées. Echauffée seulement par
des rayons qui tombent directement et à-plomb ,
cette région est beaucoup plus froide que la région
inférieure ; mais vraisemblablement moins que la
troisième, qui s'étend jusqu'à l'extrémité de l'atmosphère.

De la diversité des particules qui s'élèvent de la
terre dans l'air , résulte , dans l'atmosphère , une
diversité qui est très-sensible. Un air pesant est
plus favorable à la santé qu'un air trop léger, parce
que la circulation du sang et la transpiration insensible s'y font mieux. L'air, quand il est pesant,
est ordinairement serein : un air léger est toujours
accompagné de nuages, de pluie ou de neige : ce
qui le rend humide. Mais, s'il est moins pesant,
nonobstant les vapeurs aqueuses dont il est rempli, c'est que l'eau réduite en vapeurs, occupant
un espace quatorze mille fois plus considérable

que dans son état ordinaire, la masse de l'atmosphère en devient nécessairement plus légère.

Une trop grande sécheresse dessèche le corps humain, et lui est très-nuisible ; mais elle n'a guère
lieu que dans les contrées très-sablonneuses. Un
air humide relâche les fibres : il arrête la transpiration insensible, et si, outre cela, il est chaud,
il dispose les humeurs à la putréfaction. Quand,
au contraire, l'air est trop froid, les parties solides
se contractent excessivement ; les fluides s'épais-
sissent : et de là résultent des obstructions et des
inflammations. Le meilleur est donc celui qui est
plutôt pesant que léger ; qui n'est ni trop sec, ni
trop humide, et qui n'est que peu ou point chargé
de vapeurs nuisibles.

En formant l'air atmosphérique, pour concourir
à la vie des plantes et des animaux, l'Auteur de
la nature a donné aux deux principes qui le constituent, le degré d'affinité qui devoit les unir d'une
ma ière convenable à leur destination. L'air vital,
seul et séparé du gaz azote, seroit, par son excès
d'activité, aussi préjudiciable à la vie animale et
végétale, que le second, séparé du premier. Quand
la juste proportion qui doit régner entre les deux
principes constitutifs de l'air se trouve acciden-
tellement altérée sur quelque partie du globe, l'a-
gitation de l'atmosphère, le mouvement des eaux,
la végétation des plantes, etc., y rétablissent l'ordre naturel, en ramenant les deux principes à cette
proportion qu'exige la nature.

Outre les météores dont nous avons parlé, c'est
encore à l'atmosphère que nous devons les crépus-
cules qui prolongent le jour dans les diverses contrées du globe.

Les villes et les provinces seroient bientôt dépeuplées, si l'air étoit dans un repos continuel. Sans les orages et les tempêtes, qui en purifient la masse, et dispersent au loin les vapeurs et les exhalaisons nuisibles, le monde entier deviendroit en peu de temps un vaste cloaque.

Qu'ils sont touchans les soins que prend de nous le Père commun des créatures ! S'il n'existoit point d'atmosphère, ou si elle étoit différente de ce qu'elle est, notre globe ne seroit qu'un affreux chaos. C'est une bonté sage, qui, dans la nature, règle tout de la manière la plus propre à faire le bonheur des êtres sensibles. O homme ! à chaque avantage que te procure l'atmosphère, souviens-toi du Dieu dont procèdent tous les biens : et, dans les transports de piété et de reconnoissance que la considération de ses bienfaits doit t'inspirer, loue ton Créateur, redouble pour lui d'amour, et dévoue-toi entièrement à son service.

CCXXX· CONSIDÉRATION.

Utilité et nécessité de l'air.

L'AIR est un des élémens auxquels le globe que nous habitons doit sa vie, sa conservation, sa beauté. Grand nombre de changemens que nous observons dans les différens êtres qu'il renferme, dépendent de l'air : il est absolument nécessaire à la conservation des animaux qui peuplent la terre : il l'est aux habitans des eaux, qui ont autant besoin d'un air frais et renouvelé, que tous les êtres vivans. Les oiseaux, pour être en état de voler, doivent être soutenus par cet élément. Leurs poumons ont des ouvertures, par où l'air qu'ils respirent s'in-

sinue dans la capacité de leur ventre : le corps de
l'oiseau, rempli et gonflé ainsi par l'air, en devient
plus léger et plus propre à voler. Les plantes mêmes,
pour croître, ont besoin d'air : c'est à cet effet
qu'elles sont remplies de cette multitude de tra-
chées qui servent à le pomper, et au moyen desquelles, jusqu'à la moindre particule de la plante
est abreuvée du suc qui lui convient.

Mais si l'air réunit tant de propriétés utiles,
n'est-il pas naturel, d'un autre côté, de craindre
que les vapeurs et les exhalaisons qui s'échappent
des entrailles de la terre, les émanations qui s'élèvent de toutes les substances animales et végétales
en état de putréfaction sur sa surface, les minéraux qui se décomposent, se subtilisent et se portent dans l'atmosphère, ne fassent de ce fluide
un composé de parties plus ou moins nuisibles à
l'économie animale ?

Nous ne pouvons disconvenir que chaque portion
d'air que nous inspirons ne soit effectivement composée de particules, les unes salutaires, les autres
dangereuses. Mais la souveraine Sagesse a su tempérer ce mélange, de manière que la masse totale
qui en résulte, possède les propriétés nécessaires
à la vie de tout ce qui respire ; et cet effet s'opère
par quantité de moyens qui méritent toute notre
admiration.

L'atmosphère peut être considéré comme un
vaste laboratoire dans lequel s'exécutent nombre
de mélanges et de fermentations qui combinent,
selon différentes proportions, les ingrédiens qui
s'élèvent dans l'air. Les mouvemens rapides dont
ce fluide est agité, répandent au loin, et distribuent dans une plus grande masse, les substances
étrangères dont la surabondance deviendroit per-

nicieuse. Différentes substances les neutralisent, s'opposent aux effets dangereux qu'elles pourroient produire séparément, et donnent à l'air la salubrité qu'il doit avoir pour être propre à la respiration.

Un autre moyen, entre les mains de la nature, pour conserver la salubrité de l'air, malgré les causes qui tendent continuellement à la lui faire perdre, c'est l'acte de la végétation. Les plantes ont beaucoup de part dans l'opération par laquelle la Providence conserve l'air atmosphérique dans le degré de pureté nécessaire à notre conservation. Elles absorbent, comme un aliment qui leur est propre, des émanations nuisibles aux êtres vivans, et n'admettent qu'en partie l'air vital très-salutaire aux animaux. Ceux-ci, après avoir fait leur profit de l'air purifié, en le respirant, le rendent à leur tour aux plantes, chargé de parties qui conviennent à leur accroissement.

Cette opération bienfaisante du règne végétal commence chaque jour, après que le soleil est levé, et qu'il a, par l'influence de sa lumière, ou réveillé les plantes engourdies pendant la nuit, ou renouvelé leur action interrompue durant l'obscurité. Leurs feuilles, frappées par les rayons de cet astre, décomposent l'eau, et en absorbent la partie constituante que l'on nomme hydrogène ; elles en séparent ainsi l'oxigène, dont une grande partie, fondue par la lumière et par le feu, se dégage en état d'air vital. Les plantes que des bâtimens, ou des arbres hauts et touffus, empêchent d'être frappées des rayons solaires, ne dégagent point d'air pur, et, par conséquent, ne corrigent pas celui qui est malsain : au contraire, les feuilles privées du contact de la lumière, ne donnent plus que du gaz acide carbonique. La production de l'air vital par les plantes diminue vers la fin du jour, et cesse entièrement au coucher du soleil. Economie admirable ! Les feuilles se conservent aussi long-temps que leur présence est indispensable pour remédier aux inconvéniens de la chaleur, cause très marquée de corruption et d'infection de l'air : on les voit tomber dès que le froid se fait sentir. Mais elles subsistent dans les contrées où la chaleur et la corruption, se soutenant perpétuellement, rendent leur action continuellement nécessaire. De là, il est aisé de reconnoître une des grandes causes de la salubrité de l'air en été. Dans l'automne, quand les feuilles sèchent et tombent, et au printemps, avant qu'elles soient développées, l'air est malsain à proportion de ce qu'il fait chaud ; parce que la plus grande partie des feuilles qui ont la propriété de corriger le mauvais air, n'existent point, ou n'ont qu'une foible action.

L'air des marais est toujours plus ou moins malfaisant ; et l'on sait qu'il s'exhale de ces terreins, des fluides dangereux. Pour y remédier, autant qu'il se peut, il est bien remarquable que les plantes aquatiques, ou marécageuses, sont précisément celles qui dégagent le plus d'air vital, et qui purifient le plus l'air commun.

Ce ne sont pas seulement les plantes salubres, qui purifient l'atmosphère, par l'abondance d'air vital qu'elles y répandent pendant le jour : les plantes les plus venimeuses, celles qui portent la plus désagréable odeur, nous rendent un pareil service ; peut-être même ces dernières ont-elles été destinées, par la nature, à absorber plus de principes malfaisans.

C'est donc une vérité à laquelle il n'est pas pos-

sible de se refuser, que tout a ses utilités ou sa
fin dans l'arrangement universel. Il n'est pas jusqu'au moindre brin d'herbe, qui ne joue un rôle
dans cette merveilleuse économie, et qui ne travaille, en silence, pour le plus grand bien des êtres
vivans.

CCXXXI^e CONSIDÉRATION.

Les vents.

Les vents ne sont autre chose que l'air agité, passant d'un endroit à l'autre d'un trait continu, et
qui, s'il est trop comprimé, poussé avec une extrême vitesse, occasione les ouragans les plus terribles. Des villages entiers renversés de fond en
comble ; d'antiques forêts abattues et déracinées ;
les flots de la mer élevés et accumulés en montagnes mugissantes : tel est l'effet horrible de ces courans aériens, qui de temps en temps se précipitent
d'une plage vers une autre, avec une immense
force impulsive. Les vents qui se meuvent avec
assez de vitesse pour abattre et pour déraciner de
grands arbres, parcourent trente-deux pieds par
seconde : mais cette vitesse est quelquefois bien
plus considérable ; et un habile physicien a observé, en Angleterre, un vent qui parcouroit soixante-six pieds dans le même espace de temps.

Il règne beaucoup de diversité dans les vents.
En quelques endroits ils soufflent durant toute l'année, et ne cessent de se faire sentir que lorsqu'un
vent prédominant et contraire en empêche acci-
dentellement le cours. Entre les deux tropiques, les
navigateurs éprouvent toujours un vent qui souffle
d'orient en occident, avec quelque déclinaison ;

et qui, quoique assez foible, s'oppose à leur retour vers le premier de ces points, par la même route qu'ils ont suivie en navigant vers l'occident. Des vents, connus sous le nom de *moussons*, soufflent dans la mer des Indes, du sud-est, depuis le mois d'octobre jusqu'au mois de mai; et du nord-ouest, depuis le mois de mai jusqu'au mois d'octobre.

Certaines mers, certains pays, ont des vents ou des calmes qui leur sont propres. En Egypte et dans le golfe Persique, il règne souvent, pendant l'été, un vent brûlant qui empêche la respiration, et qui consume tout. On voit quelquefois, au cap de Bonne-Espérance, se former un nuage qu'on appelle le *nuage funeste* ou *l'œil-de-bœuf*; d'abord très-petit, il grossit à vue d'œil; et bientôt il en part un furieux orage, qui agite horriblement les vaisseaux, et les précipite au fond de la mer.

Les vents inconstans et variables, sans direction ni durée fixe, règnent sur la plus grande partie du globe. Quelques-uns, il est vrai, peuvent souffler plus souvent dans un endroit que dans un autre; mais ce n'est point à des époques déterminées : ils commencent ou cessent sans aucune règle, et varient à proportion des diverses causes qui dérangent l'équilibre de l'air. La chaleur et le froid; la pluie et le beau temps; les montagnes et les détroits, les caps ou promontoires, etc., etc., peuvent contribuer beaucoup à interrompre leur cours, et à changer leur direction.

Tous les jours, et presque partout, lorsque l'air est entièrement calme et tranquille, on sent, quelques momens après l'aurore, un vent d'est assez vif, qui annonce les approches du soleil, et qui continue encore quelque temps après le lever de cet astre. Ce météore est dû, sans doute, à

ce que l'air, échauffé par le soleil levant, se raréfie, et, en se dilatant, pousse vers l'occident
l'air contigu : d'où provient nécessairement un
vent d'est, qui cesse ensuite pour nous, à mesure
que nous nous trouvons dans un air plus chaud.
Par la même raison, le vent d'est doit non-seulement devancer toujours le soleil dans la zone
torride, il doit aussi souffler avec plus de force
que dans nos contrées, où l'action de cet astre
est beaucoup plus modérée. Voilà pourquoi l'on
sent constamment, dans la *grande mer pacifique*,
un vent soufflant de l'est à l'ouest, ou du levant
au couchant.

Les vents ne sont point un effet du hasard, et
dont on ne puisse assigner ni la destination, ni en
partie les causes. Quant à celles-ci, on ne sauroit
douter qu'il ne faille les chercher dans les variations du chaud et du froid, dans la position du
soleil, dans la nature du sol ; dans l'inflammation
des météores ; dans la résolution des vapeurs en
pluie ; dans l'absorption instantanée de certaines
espèces de gaz, et autres causes semblables, capables d'agiter avec l'air plus ou moins de force. Par
exemple, dès que l'air devient plus chaud, il acquiert, par son élasticité, plus de force pour s'é-
tendre : de sorte que, l'orsqu'une contrée se trouve
par quelque accident, plus échauffée que celle
qui l'avoisine, l'air doit nécessairement couler de
l'une à l'autre, et produire du vent. En vertu du
mouvement de rotation de la terre, il doit en régner un perpétuel, de l'est à l'ouest : enfin l'attraction de la lune, qui est capable d'élever les
eaux du globe, doit communiquer quelque mouvement à l'atmosphère, même à une très-grande
hauteur

Ici, comme dans toutes ses œuvres, le Créateur manifeste sa sagesse et sa bonté. Il règle le mouvement, la force et la durée des vents ; et il leur prescrit la carrière qu'il doivent parcourir. Lorsqu'une longue sécheresse fait languir les animaux et dessèche les plantes, un vent qui vient du côté de la mer, où il s'est chargé de vapeurs bienfaisantes, abreuve les prairies, et ranime toute la nature. Cet objet est-il rempli ? un vent sec accourt de l'orient, rend à l'air sa sérénité, et ramène le beau temps. Le vent du nord emporte et précipite toutes les vapeurs nuisibles de l'air d'automne. A l'âpre vent du septentrion, succède le vent du sud, qui naissant des contrées méridionales, remplit tout de sa chaleur vivifiante. Ainsi, par ces variations continuelles, la fertilité et la santé sont maintenues sur la terre.

Du sein de l'Océan, s'élèvent dans l'atmosphère, des fleuves qui vont couler dans les deux mondes. Dieu ordonne aux vents de les distribuer et sur les îles et sur les continens. Ces invisibles enfans de l'air les transportent sous mille formes diverses. Tantôt ils les étendent dans le ciel comme des voiles d'or, et des pavillons de soie, tantôt ils les roulent en forme d'horribles dragons, et de lions rugissans, qui vomissent les feux du tonnerre : ils les versent sur les montagnes, en rosées, en pluies, en grêle, en neige, en torrens impétueux. Quelque bizarres que paroissent leurs services, chaque partie de la terre en reçoit, tous les ans, sa portion d'eau, et en éprouve l'influence. Chemin faisant, ils déploient sur les plaines liquides de la mer la variété de leurs caractères. Les uns rident à peine la surface de ses flots, les autres les roulent en ondes d'azur, ceux-

ci les bouleversent en mugissant, et couvrent d'é-
cumes les plus hauts promontoires.

Qui pourroit, ô mon Dieu ! ne pas vous rendre
les adorations qui vous sont dues ? Tous les élémens sont entre vos mains ; et, à votre parole
puissante, ils s'irritent ou s'apaisent. Vous l'or-
donnez : aussitôt les ouragans s'élèvent, ils volent
de mers en mers, de climats en climats : à un
commandement nouveau, le calme renaît de toutes
parts. Comment ne serois-je pas tranquille sur
mon sort ? Il est entre les mains de Dieu. Celui
qui dirige à son gré les vents et les tempêtes ne
pourroit-il heureusement régler mes destinées ?
Et tandis qu'à sa voix toutes les variations du mobile élément concourent au bien des créatures,
ne saura-t-il faire contribuer à mon vrai bonheur
toutes les vicissitudes de la fortune ?

CCXXXII· CONSIDÉRATION.

Nature et propriétés du son.

Un son tendre et plaintif, qui fait couler des larmes ; un son vif et animé, qui nous arrache à la
mélancolie et nous rend à la joie ; un son doux et
paisible, qui calme la fureur et désarme la férocité ; un son fier et menaçant, qui intimide l'au-
dace et fait trembler le crime ; un son ferme et
martial, qui enfante le courage et soutient la vail-
lance : le son, en un mot, qui se diversifie en
tant de manières, qui a tant d'empire sur notre
ame, qui calme et émeut nos passions, n'est qu'un
air diversement modifié.

Chaque son est produit au moyen de l'air qui

nous environne; mais toute agitation de l'air n'est pas propre à la production du son. Pour qu'il se forme, il faut que l'air, subitement comprimé, se dilate et s'étende ensuite par sa force élastique ; ce qui fait une sorte de tremblement ou d'ondulation, semblable, à peu près, aux ondes et aux cercles concentriques qui se forment dans l'eau, quand on y jette une pierre; ou bien encore aux mouvemens que prennent les différens points d'une corde d'instrument que l'on pince. Mais si ce mouvement ondulatoire n'avoit lieu que dans les particules d'air qui sont immédiatement comprimées par le corps sonore, le son ne parviendroit point jusqu'à nos oreilles : il faut que l'impression de ce corps sur l'air contigu se propage circulairement de particule en particule, jusqu'à l'organe, pour y produire la sensation.

Le son parcourt cent soixante-treize toises en une seconde ; et ce calcul, vérifié par une multitude d'expériences, peut être d'une grande utilité en plusieurs circonstances. Par exemple, en nous apprenant à quelle distance la foudre est de l'endroit où nous l'entendons gronder, il nous avertit si nous y sommes en sûreté. Il suffit pour cela de compter les secondes, ou les pulsations du pouls, entre l'éclair et le coup ; et de compter pour chacune, cent soixante-treize toises. On détermine par le même moyen, la distance respectives de différens lieux terrestres, et celle qui sépare deux vaisseaux sur la mer. Un son foible se propage avec la même vitesse, qu'un son plus fort. L'agitation de l'air est cependant plus considérable lorsque le son a plus de force; parce qu'une plus grande masse est mise en mouvement. Le son est donc fort, quand il y a beaucoup de particules

ticules d'air en mouvement ondulatoire; et il est foible, lorsqu'il y en a peu.

Quand nous entendons le son d'une corde pincée, nos oreilles reçoivent, de l'air, autant de coups que la corde fait de vibrations dans le même temps. Si donc la corde fait cent vibrations dans une seconde, l'oreille reçoit aussi cent coups; et la perception de ces coups est ce qu'on nomme un *son*. Lorsque ces coups se succèdent uniformément, et que leurs intervalles sont égaux, le *son* est régulier : mais quand ils se succèdent inégalement, ou que leurs intervalles sont inégaux entr'eux, il en résulte un *bruit* irrégulier, qui ne peut être employé dans la musique.

Quand je considère un peu plus attentivement les sons musicaux, je remarque d'abord, que lorsque les vibrations, ainsi que les coups dont l'oreille est frappée, sont plus ou moins forts, il n'en résulte d'autre différence dans le son, si ce n'est qu'il devient plus ou moins fort lui-même : ce qui produit la différence que les musiciens indiquent par les mots *forte* et *piano*. Mais il y a une différence beaucoup plus essentielle, lorsque les vibrations sont plus ou moins rapides, ou qu'il en arrive plus ou moins dans une seconde. Quand une corde fait cent vibrations dans une seconde, et une autre corde deux cents vibrations dans le même temps, leurs sons dès lors sont essentiellement différens: celui de la première est plus grave ou plus bas, et l'autre plus aigu ou plus haut. Telle est la véritable différence entre les sons graves et aigus ; différence sur laquelle roule toute la musique, ou l'art de combiner les sons de manière qu'il en résulte une harmonie agréable.

Mais de quoi me serviroient les observations que

III. M

les physiciens ont faites sur la nature et les propriétés du son, si je n'étois pas constitué de manière à en avoir la perception ? Je vous bénis, ô
mon Dieu ! de ce que non-seulement vous avez
disposé l'air de manière que le son puisse être produit par ses vibrations, mais de ce que vous m'a-
vez donné un organe capable de recevoir les impressions sonores. Et quel est-il cet organe ? Une
membrane fine et élastique, tendue sur le fond
de mon oreille, reçoit les vibrations de l'air, les
transmet aux nerfs, qui les communiquent à mon
cerveau : et, par là, j'ai la faculté de distinguer
toutes les espèces de sons. Mais comment se fait-
il qu'une parole prononcée fasse naître une idée
dans notre ame ? Comment un son peut-il y produire tant de notions différentes ? Ici, je me tais
et je suis obligé de reconnoître mon ignorance ;
ou plutôt, je reconnois en cela une institution libre
du Créateur, qui a daigné mettre une liaison entre
le son et mes perceptions, comme il en a mis une
entre le jeu des mes autres organes et les sensations correspondantes.

Il est impossible de faire un pas dans la science
de la nature sans découvrir de nouvelles traces de
la sagesse et de la bonté du Créateur. S'il n'y
avoit point de son, tous les hommes seroient con-
damnés à un éternel silence : nous serions tous
semblables à des enfans qui n'ont point encore
l'usage de la parole. Mais au moyen du son, chaque homme peut faire connoître ses besoins, exprimer ses plaisirs ou ses peines. Au moyen de
certaines inflexions de la voix, il rend les sentimens de son cœur ; il excite même dans l'ame
des autres toutes les passions qu'il a intérêt d'y
émouvoir.

Mais Dieu ne s'est pas contenté de nous donner la faculté de distinguer les sons par l'organe de l'ouïe : il nous a encore fourni divers moyens de conserver cette précieuse faculté. Lorsqu'un des organes qui nous communiquent les sons vient à être vicié, l'autre n'en continue pas moins ses services. Une ouïe foible peut s'aider d'un *cornet acoustique :* et s'il arrive que le conduit auditif externe soit blessé, le conduit interne, dont l'ouverture aboutit dans la bouche, le remplace dans ses fonctions.

Ce n'est pas même au seul nécessaire, au seul utile, que le Créateur nous a bornés en ce genre; il a daigné encore pourvoir à nos plaisirs. Une multitude d'instrumens d'espèces différentes nous récréent et nous charment. Nous devons à la musique un des plaisirs les plus purs et les plus innocens que nous puissions goûter. Elle sait plaire à notre oreille, calmer nos passions, émouvoir notre cœur, influer sur ses penchans, les redresser et les modérer. Combien de fois cet art enchanteur n'a-t-il pas dissipé nos chagrins, ranimé nos esprits, ennobli nos sentimens! Les concerts mélodieux des oiseaux nous ravissent; nous pouvons apprécier leurs délicieux ramages; ils donnent pour nous de la vie à toute la nature. Il n'est pas jusqu'au bruit majestueux des flots, au doux murmure des fontaines, qui n'ajoutent à nos plaisirs. Notre nerf auditif nous transmet, avec la plus grande fidélité, les tons d'une infinité de corps sonores.

De quels sentimens de gratitude je me sens pénétré, quand je viens à contempler tous les biens dont le Père le plus tendre se plaît à me combler! Pourrois-je en perdre le souvenir !... Ah ! mes cantiques d'actions de grâces s'étendront aussi loin que le son peut s'étendre ! L'univers retentira de mes louanges ; le Ciel et la terre entendront les grandes choses que Dieu a faites pour moi : ma reconnoissance emploîra la musique à glorifier son nom ; et parmi les accords les plus mélodieux, j'élèverai mon ame vers mon Bienfaiteur pour célébrer ses bontés ! Hélas ! pourquoi faut-il qu'on abuse tous les jours d'un si bel art ? Pourquoi faut-il qu'au lieu de le ramener à sa première institution et à sa véritable fin, on ne s'en serve qu'à énerver les ames, et à porter dans tous les cœurs le poison de la volupté ?

CCXXXIII^e CONSIDÉRATION.

Autres observations sur le son : l'écho.

Quand on dit que l'air est le véhicule du son, ce n'est pas seulement par conjecture : une expérience fort simple constate cette vérité. Elle consiste à placer sous le récipient d'une machine pneumatique, et sur un coussinet rempli de coton ou de laine, un mouvement d'horlogerie propre à faire résonner un timbre. On fait le vide, puis, au moyen d'une tige qui traverse le haut du récipient, on appuie sur une détente, laquelle, en se lâchant, met le rouage en liberté d'agir : on voit alors le marteau frapper continuellement le timbre, sans entendre aucun son.

Pour rendre cette expérience plus décisive encore, placez le timbre dans un premier récipient qui reste plein d'air, et qui soit recouvert d'un second tellement disposé, qu'on puisse faire le vide entre les deux. Quoiqu'il se produise du son dans le récipient intérieur, lorsque le marteau est mis en mouvement, le timbre demeure également muet pour l'observateur.

On a remarqué que le son acquéroit de la force à travers un air cadencé ; et que, la densité restant la même, la force du son s'accroissoit, lorsqu'au moyen de la chaleur on augmentoit le ressort de l'air. Le son se fait aussi entendre, mais plus foiblement, à travers l'eau, soit que l'on plonge le corps sonore dans ce liquide, soit que l'observateur s'y trouve plongé lui-même : ce qui indique que l'eau est compressible et élastique jusqu'à un certain point, quoique jusqu'ici on n'ait pu parvenir à la comprimer sensiblement par des expériences directes.

Tous les corps solides dont la structure est telle, que le mouvement de vibration imprimé à quelques-unes de leurs molécules puisse se communiquer à travers leur masse, seront de même susceptibles de transmettre le son. Un fait assez singulier en ce genre, est celui qui a lieu lorsque, ayant l'oreille appliquée à l'un des bouts d'une longue poutre, on entend distinctement le choc d'une tête d'épingle qui frappe le bout opposé ; tandis qu'à peine le même son peut être entendu à travers l'épaisseur de la poutre. On voit bien, en général, que, dans le premier cas, le son suit la direction des fibres longitudinales, où la continuité des parties est plus parfaite que dans le sens transversal : mais on ne laisse pas d'être surpris que ces parties aient assez de ressort, pour que le son perde si peu de sa force, en parcourant l'espace qu'elles occupent.

Le son se propage de tous côtés en ligne droite,

quand aucun obstacle ne l'arrête ; en sorte que l'on peut considérer chaque point du corps sonore comme étant le sommet d'une infinité de cônes d'une extrêmement petite épaisseur, et d'une longueur indéfinie. Chacun de ces cônes est ce qu'on appelle un *rayon sonore*.

Les corps qui frappent l'air immédiatement, excitent aussi, dans ce fluide, des vibrations sonores. Ainsi, l'air éclate sous le fouet qui l'agite avec violence, et siffle sous l'impulsion rapide d'une baguette ; il devient également capable de résonner, quand il va lui-même frapper un corps solide, avec une certaine vitesse ; comme lorsque le vent souffle contre des édifices, contre des arbres, et d'autres objets qui se trouvent sur son passage.

Nous avons dit que le son parcourt environ cent soixante-treize toises par seconde. Sa vitesse est uniforme ; en sorte qu'il est seulement plus foible à une plus grande distance, mais qu'il franchit successivement des espaces égaux, en temps égaux. La vitesse paroît la même par un temps pluvieux, ou serein : mais la direction et la force du vent peuvent la faire varier. Si le vent est dirigé perpendiculaire à la ligne qui va du corps sonore à l'observateur, la vitesse du son est la même que dans un temps calme : mais si la direction du vent concourt avec la ligne dont il s'agit, alors, suivant qu'elle a lieu dans le même sens que le son, ou en sens opposé, il faut ajouter la vitesse du vent à celle du son, ou l'en retrancher. Enfin, la force du son n'apporte aucun changement dans sa vitesse.

Lorsque le son rencontre un corps qui lui fait obstacle, les molécules d'air qui choquent ce corps,

et ensuite celles qui sont derrière successivement,
sont réfléchies en faisant leur angle de réflexion
égal à l'angle d'incidence : d'où il suit que le son
se répand de nouveau dans toutes les directions,
en retournant, de l'obstacle, vers l'espace qu'il
avoit d'abord traversé. Tel est l'*écho*, cette invisible divinité des antres et des rochers, si vantée
par les poètes ; et qui, toute voix et tout sentiment, semble se transformer en la personne qui
lui parle : plaintive avec la bergère qui se plaint ;
joyeuse avec le jeune enfant dont la joie éclate ;
menaçante avec l'homme dont le courroux se répand en menaces.

Dans les endroits clos, tels que les appartemens,
le son est continuellement renvoyé d'un mur à
l'autre, et, lorsque le lieu est voûté, ou que ses
parois ont une élasticité sensible, ce lieu devient
sonore ; c'est-à-dire que le son paroît s'y prolonger,
en se succédant à lui-même, dans de si petits intervalles, que l'oreille ne fait pas la distinction de
toutes ces impressions qui arrivent à elle coup sur
coup. Mais si l'on se trouve en plein air, à une
certaine distance de l'obstacle, il s'écoulera une
intervalle de temps sensible, entre le son direct et
le son réfléchi ; et l'on aura un *écho*, que ceux
qui n'y font pas assez d'attention prennent pour
une simple répétition des dernières paroles pro-
noncées. On voit aisément pourquoi les poètes ont
placé l'habitation de leur prétendue divinité près
des montagnes, des rochers et des bois.

Suivant que l'obstacle qui réfléchit le son est
unique, ou qu'il se trouve plusieurs obstacles placés à des distances convenables, l'écho est simple,
ou redoublé. Dans la première espèce, il en est un
qui redit nettement le premier vers de l'Enéide de

Virgile. On en cite un du dernier genre, qui répétoit le même son jusqu'à quarante fois. Des murs parallèles, qui se renvoient mutuellement le son, peuvent produire un écho redoublé, pour un observateur placé dans l'espace intermédiaire.

L'art a disposé certaines constructions d'édifices, de manière à produire, au moyen du son réfléchi, un effet curieux, qui s'explique aisément à l'aide de la géométrie. Si l'on suppose une voûte ou un mur de figure elliptique; un homme, en plaçant sa bouche à l'un des points qu'on appelle *foyers*, pourra prononcer à voix basse, des paroles qui seront entendues distinctement par une oreille attentive à l'autre foyer, et qui resteront secrètes pour les témoins situés entre les deux interlocuteurs; en sorte qu'il n'y aura que l'écho seul qui soit de la confidence.

Qu'elle est inconcevable la puissance de cet Etre, qui, d'un corps invisible, en quelque manière impalpable, et dont la plupart des humains n'auroient pas même soupçonné l'existence, s'il n'étoit jamais agité, sait tirer tant de merveilles qui confondent l'homme le plus instruit, sans toutefois pouvoir l'étonner, quand il n'en méconnoît pas l'Auteur!

CCXXXIV^e CONSIDÉRATION.

Effets de l'air renfermé dans les corps.

Les effets de l'air enfermé dans les corps sont très-surprenans. Personne n'ignore ce qui arrive lorsque les fluides viennent à se geler : l'eau, dans cet état, brise les vases qui la contiennent; le canon d'un mousquet, hermétiquement fermé, crève avec beaucoup de violence.

Ces effets d'un grand froid paroissent d'abord incompréhensibles. Pour peu qu'on soit instruit, on sait que la fluidité n'est pas une propriété essentielle à l'eau : elle ne la doit qu'à l'insinuation du feu qui la pénètre ; et elle devient une masse solide dès qu'elle en est dépouillée. Il semble donc qu'en se gelant, les parties aqueuses devroient se rapprocher, se condenser ; et qu'ainsi les corps, dans l'état de glace devroient occuper moins d'espace qu'ils n'en occupoient auparavant. Au contraire, ils se dilatent et leur volume augmente. Comment, par exemple, la glace pourroit-elle surnager, si elle ne devenoit plus légère que l'eau, et ne formoit ; par conséquent, un plus grand volume ?

Quelle peut être la cause d'un effet si étonnant ? l'air intérieur ; car il pas possible d'en imaginer aucune cause extérieure. Ce n'est point le froid : il n'est point un être réel, une qualité positive ; et, à proprement parler, il ne sauroit pénétrer les corps. L'air extérieur ne peut s'insinuer dans l'eau que contiennent des vaisseaux de verre ou de métal scellés hermétiquement ; et, cependant, la glace ne laisse pas de s'y former. Il faut donc en chercher la cause dans l'air intérieur que contient cette eau ; et pour s'en convaincre, il suffit de l'observer quand elle commence à se congeler. A peine la première pellicule de glace est-elle formée, que le liquide se trouble, et que l'on voit s'en élever quantité de petites bulles d'air. Souvent cette croûte supérieure de glace s'exhausse vers le milieu et se fend. L'eau jaillit alors par l'ouverture, elle s'élance contre le vase, et se gèle en coulant le long des parois : de là vient que, vers le milieu de la surface, l'eau paroît convexe.

Tous ces effets sont dus à l'air enfermé dans l'eau ; et ils n'auroient point lieu, ou du moins ils ne se manifesteroient que dans un bien moindre degré, si, avant qu'elle se fût gelée, on l'eût presque entièrement dépouillée de l'air qu'elle contenoit.

On conçoit maintenant pourquoi un froid rigoureux est si nuisible aux plantes. Cependant, il peut, à certains égards, devenir très-utile à la terre. Un champ qu'on laboure sur la fin de l'été sera mieux disposé à recevoir les pluies d'automne, et à s'en laisser pénétrer. S'il survient ensuite une gelée, les parties terrestres se dilatent, se séparent les unes des autres ; et le dégel du printemps achève de rendre la terre plus légère, plus meuble, plus propre à recevoir les heureuses influences du soleil, de l'air et de la belle saison.

Ce que nous venons de dire suffit pour nous convaincre de la force de l'air, et de cette vertu expansive dont il revient de si grands avantages à la terre. La propriété qu'a cet élément de se condenser et de se raréfier d'une manière presque incroyable, est une des causes de ces grandes révolutions auxquelles notre globe est exposé. Mais ce n'est que dans un petit nombre de cas qu'elle peut devenir nuisible : et alors même, le mal qui en résulte est compensé par des biens beaucoup plus considérables. Avouons-le cependant, ici, comme dans tous les autres phénomènes naturels, il reste bien des choses dont il est impossible à l'homme de rendre raison. Combien donc n'est-il pas convenable, lorsque nous contemplons les œuvres de Dieu, d'apporter à cet examen un esprit de défiance, et de nous rappeler toujours la

foiblesse de l'entendement humain ! Dans quelque
science que ce soit, la présomption est inexcusable :
mais elle devient ridicule, insensée, quand il s'agit
de la connoissance de la nature.

CCXXXV* CONSIDÉRATION.

Navigation aérienne.

On peut considérer l'atmosphère qui environne
notre globe, comme une vaste mer, au sein de laquelle vivent et végètent une multitude d'êtres organisés. Il est évident qu'elle est en prise à la même cause qui produit le flux et le reflux dans les
eaux de la mer proprement dite, puisque l'action
de cette cause affecte indifféremment tous les corps,
et que l'atmosphère terrestre est composé de parties pesantes, mobiles, lesquelles, ainsi que les
eaux de la mer, ont leur révolution diurne autour
de la terre.

Mais cette mer si subtile est-elle accessible aux
humains ? Leur est-il permis de s'y diriger, comme
ils se dirigent sur l'Océan ? Nous avons jeté quelques regards sur la navigation, qui, au moyen des
mers, a mis en communication toutes les parties
de notre globe : arrêtons-nous un instant sur la
navigation aérienne, dont la découverte a eu tant
d'éclat et de célébrité de nos jours.

L'idée d'un voyage entrepris par l'homme au milieu des airs promettoit un spectacle si imposant
et si propre à exciter l'admiration, que l'on conçoit
comment il s'est rencontré plusieurs fois de ces
génies assez hardis pour tenter de la réaliser. Le
vol des oiseaux, en inspirant un sentiment de ri-

6

valité, sembloit offrir le modèle du mécanisme qui devoit servir à l'exécution de ce projet. Mais, indépendamment des facilités que l'oiseau trouve dans la conformation de son corps, dans la structure et la position de ses ailes, pour exécuter les divers mouvemens relatifs au vol; la grande force musculaire dont il a été pourvu par l'Auteur de la nature, est surtout ce qui lui donne l'avantage de frapper l'air assez puissamment et assez rapidement pour s'élever à son gré, s'élancer en avant, et planer au-dessus du même point. Au contraire, la force des muscles, dans le corps humain, est bien inférieure à ce qu'elle devroit être pour le mettre en état d'agir sur l'air, par une surface et avec une vitesse proportionnées à la masse de son corps. De là, les tentatives malheureuses de tous ceux qui ont aspiré à la pratique d'un art qu'il sembloit qu'on dût laisser aux héros de la fable.

On pouvoit toutefois viser au même but d'une autre manière, en substituant au mécanisme du vol celui de la navigation : mais les moyens proposés pour remplir ce second objet s'étoient bornés à de simples spéculations. Ainsi, l'on n'avoit, encore, relativement à l'art de s'élever dans les airs, que des essais infructueux et des spéculations fausses et romanesques, lorsqu'en 1782, Mongolfier, ayant réfléchi sur le phénomène que présentent les nuages, qui se soutiennent en flottant dans l'atmosphère, conçut l'idée de donner des enveloppes très-légères à des nuages factices, produits par une combustion, dont la chaleur, dilatant l'air renfermé dans ces enveloppes, rendroit le tout spécifiquement plus léger que l'air extérieur.

Quelques essais qu'il fit en particulier, avec son frère, ayant eu une pleine réussite, ils répétèrent leur expérience à Annonay, l'année suivante, en présence d'un grand nombre de spectateurs. Là, on vit une espèce de grand sac de toile, doublé en papier, d'abord informe, couvert de plis et affaissé par son poids, se gonfler et se développer par l'action du feu qu'on avoit allumé au-dessous, s'élever ensuite sous la forme d'un ballon de cent dix pieds de circonférence, et parvenir à une hauteur de mille toises. Depuis, l'expérience fut renouvelée plusieurs fois à Paris, et la machine servit à élever des hommes qui entretenoient eux-mêmes le feu dans un réchaud suspendu sous l'ouverture de l'aérostat. Dans les premiers essais, on employoit des cordes qui permettoient seulement à cette machine de s'élever à une certaine hauteur. Enfin, Pilatre des Rosiers et d'Arlandes, partis avec l'aérostat abandonné à lui-même, parcoururent près de quatre mille toises, en dix-sept minutes, et donnèrent le premier spectacle du voyage que l'homme ait fait à travers les airs.

Mongolfier, dans ses expériences, faisoit brûler des matières animales avec de la paille, pour enfler le ballon, et l'on auroit pu croire que l'ascension de la machine étoit due, en partie, à la présence d'un gaz particulier, composé des différens principes qui se développoient dans la combustion. Mais il est prouvé que cet effet provenoit uniquement de la raréfaction de l'air enfermé dans l'aérostat.

Peu après la nouvelle de l'expérience d'Annonay, on avoit eu à Paris l'idée d'employer le gâz hydrogène, qui, dans le plus grand état de pureté auquel on l'ait amené jusqu'ici, est environ treize fois plus léger que l'air. Il ne s'agissoit que de trouver une enveloppe imperméable à ce gaz, et dans laquelle on pût l'emprisonner. Ce procédé étoit plus dispendieux, mais en même temps moins dangereux, et d'une simplicité, en quelque sorte, plus élégante que le premier : l'aérostat se suffisoit à lui-même, et son volume, ainsi que son poids, se trouvoit sensiblement diminué.

Parmi les différentes espèces d'enveloppes qui furent proposées, on préféra le taffetas enduit de gomme élastique, dissoute dans l'huile de térébenthine. Un globe d'environ douze pieds de diamètre, construit d'après ce procédé, et lancé du Champ-de-Mars, s'éleva, en deux minutes, à près de cinq cents toises, se soutint environ trois quarts d'heure dans l'air, et alla tomber à quatre lieues de Paris.

Quelque temps après, Charles et Robert, portés dans une nacelle suspendue à un aérostat du même genre, et de vingt-six pieds de diamètre, parcoururent un espace de neuf lieues avant de descendre ; et le premier, resté seul dans la nacelle, s'éleva bientôt à une hauteur de près de dix-sept cents toises, comme pour aller, au nom des physiciens, prendre possession de la région des météores.

A mesure qu'un ballon de cette espèce s'élève dans des couches d'air dont la densité va en diminuant, le gaz, moins comprimé, tend à s'étendre : ce qui peut occasioner la rupture du ballon. On prévient cet accident, en y adaptant une soupape, que l'on est le maître d'ouvrir pour laisser sortir une partie du gaz, lorsque sa dilatation atteint sa limite. On peut encore modérer la résistance de la soupape, de manière qu'elle soit moindre que celle de l'étoffe : dans ce cas, elle s'ouvrira d'elle-même, pour donner une issue au gaz.

C'est par le moyen d'un ballon un peu différent dans sa figure, mais en tout semblable dans son mécanisme physique, que, le 19 septembre 1784, trois aéronautes passèrent, du jardin des Tuileries, en Flandre, ayant fait un trajet d'environ cinquante lieues en six heures de temps.

Enfin, le 7 janvier 1785, Blanchard et Jeffières, l'un français, l'autre anglais, passèrent d'Angleterre en France, étonnant, par leur hardiesse, les deux nations qui les virent ainsi franchir l'Océan par une route auparavant inconnue aux humains.

Pour rendre utile la brillante découverte des ballons à gaz inflammable, il faudroit, a-t-on dit, trouver le moyen de les diriger. Mais si la chose n'est pas possible par un mécanisme analogue aux ailes des oiseaux, elle ne l'est pas plus par le mécanisme employé dans la navigation ordinaire. Il suffit, pour s'en convaincre, de faire attention que, dans celle-ci, le vaisseau est dans deux milieux, dont l'un, par sa résistance, permet de se diriger très-près du vent, au moyen de l'appareil des voiles. au lieu que la nacelle aérienne, manœuvrée seulement au sein de l'air, ne peut s'empêcher de suivre la direction du vent. Est-il bien certain, au reste, que la découverte dont nous parlons, n'auroit pas plus de désavantages que d'utilités ? L'homme, qui tourne les moyens les plus innocens au tourment de ses semblables, n'abuseroit-il pas de celui-ci, comme de tant d'autres, sans qu'on eût d'ailleurs d'assez grandes ressources pour parer aux plus terribles inconvéniens ?

Mais l'usage des ballons peut conduire à des découvertes intéressantes pour la physique, et sans dangers pour l'humanité. On détermineroit, avec leur secours, à quelle hauteur lès vents qui soufflent dans la partie inférieure de l'atmosphère chan-

gent de direction, lorsqu'il y a deux courans opposés l'un au-dessus de l'autre : observations importantes, surtout dans les contrées où règnent
les vents alisés. On iroit puiser de l'air à différentes
élévations, au moyen de vases remplis d'eau, que
l'on videroit ensuite pour y laisser entrer l'air de
la région où l'on se trouveroit. L'analyse feroit
connoître le rapport entre les quantités de gaz
oxygène et de gaz azote pour chaque hauteur. On
chercheroit aussi à déterminer la loi que suit la
diminution de la chaleur à mesure que l'on s'é-
lève : connoissances utiles pour le calcul des réfractions astronomiques. Enfin, l'étude de l'électricité de l'air et des différens météores gagneroit
à des observations faites de près et dans le siége
même où résident les phénomènes.

C'est ainsi qu'on pourroit utilement mettre à
profit la découverte des ballons aérostatiques, et
non en s'aheurtant à chercher la navigation des
airs, que l'Auteur de la nature ne nous a point in-
terdite sans de justes raisons.

LIVRE VI.

Le Feu.

CCXXXVI^e CONSIDÉRATION.

La matière ignée.

Il existe, pour le globe que nous habitons, un principe de chaleur, sans lequel tout ce qui a vie dans la nature cesseroit d'exister. En versant à tout moment. sur la terre, d'immenses torrens de lumière qui l'éclairent, le soleil y enverse également; et de feu qui l'échauffent, et d'un fluide particulier qui l'électrisent. Un fluide infiniment subtil nous échauffe : c'est le *feu* proprement dit. Un fluide également subtil agite et électrise la nature : c'est la *matière électrique*. Un fluide non moins subtil encore nous éclaire : c'est la *matière lumineuse*. Ces trois fluides paroissent n'être au fond, que la même substance, à laquelle une diversité de modifications donne des propriétés différentes ; et rien n'est plus conforme à la simplicité et au génie de la nature.

Il suivroit de là que le feu électrique est essentiellement le même que celui qui émane du soleil avec la lumière ; le même que celui que vomissent les volcans, et qui s'échappe du sein des nuées fulminantes.

En effet, un fluide qui brille et qui éclaire,

comme le fait la lumière, et dont l'action se transmet, aussi en un instant, à de grandes distances ;
un fluide auquel l'impulsion et le frottement donnent toutes les propriétés de la lumière, seroit-il
essentiellement autre chose que la lumière, qui
elle-même ne paroît point être distinguée du feu
élémentaire ?

D'un autre côté, un fluide qui, comme le feu
élémentaire, se trouve répandu dans tous les corps
de notre globe ; qui, comme le feu, se communique d'un corps à l'autre, s'accumule dans ceux
qui ne lui donnent pas la liberté d'en sortir : un
tel fluide auroit-il tant d'analogie, avec le feu,
sans avoir, pour le fond, la même nature, la
même essence, les mêmes principes ?

Nous pouvons donc concevoir la lumière comme
une substance qui éclaire, échauffe, et, à la fois,
électrise toute la nature visible : et c'est sous ce
triple point de vue qu'elle va fixer notre attention.
Comme fluide lumineux, elle est l'objet des trois
plus belles sciences dont puisse se féliciter l'esprit
humain : l'optique, la dioptrique, la catoptrique.
Comme fluide igné, elle est encore, à bien des
égards, un grand mystère de la nature. Comme
fluide électrique, elle étale à nos yeux les plus
brillantes expériences : mais, plus elle offre d'effets à notre admiration, plus elle semble cacher sa
marche et son action à notre intelligence.

En roulant sans cesse sur son axe, le soleil darde
constamment de son sein des torrens de cette matière aussi subtile que rapide. Nos observations
sur la nature du feu nous conduisent donc naturellement au flambeau qui en est la source. C'est
ainsi que, nous élevant insensiblement au-dessus
de la terre, nous allons bientôt parcourir ces

sphères qui roulent autour du soleil, qui en est
le centre, cette autre multitude d'astres infiniment éloignés de nous, et nous abîmer dans la contemplation de ces vastes corps, qui nous peignent
d'une manière si grande et si auguste la majesté
du Maître de l'univers.

O homme ! regarde ce feu qui paroît allumé
dans les astres, et qui répand partout la lumière
et la vie ; regarde ce fluide singulier qui, entassé
avec surabondance dans les corps électrisés, jaillit
quelquefois de leur sein en étincelles ou en éruptions subites, dont les impulsions sont plus ou
moins violentes. Ce même feu demeure paisiblement caché dans la nature, et attend à y éclater
que le choc des corps l'excite, pour ébranler les
villes et les montagnes. L'homme a su l'allumer
et le faire servir à tous ses usages. Le feu lui prête
sa force : et tout-à-coup il enlève et les édifices
et les rochers. Mais, veut-on en borner l'action à
un usage beaucoup plus modéré ? le feu lui communique une douce chaleur ; il cuit ses alimens,
etc., etc.

Quand on examine les services de l'air, on croi-
roit que cet élément est le principe de notre vie :
on en diroit autant de l'eau. Lorsqu'ensuite on
vient au feu, on est tenté de le regarder, par préférence, comme la source de l'être. Mais ces élémens n'ont, par eux-mêmes, aucune vertu : l'un
ne peut rien sans l'autre. Otez une pièce de la
machine, tout se détraque, et l'univers nous devient inutile. Sans le feu, tout demeure sans action : et le feu lui-même n'a qu'une impétuosité
aveugle, s'il n'est gouverné. Toutes les pièces
n'ont de beauté, de force et de bonté, que ce
qu'elles en reçoivent de l'intelligence qui les met

en rapport, et qui les fait marcher régulièrement
sous la direction de ses lois.

Vois comment, avec une matière qui se dérobe
à tes sens par sa subtilité, Dieu a su faire pour
toi, de tout le ciel, le spectacle le plus magnifique, et transformer en un sejour délicieux ce
globe que tu habites. Ah! pourrois-tu, en jouissant, au moyen de la lumière, du tableau ravissant de la nature, en te procurant, par le moyen
du feu, toutes les commodités de la vie, ne pas
reconnoître le puissant Créateur de l'univers, et
l'infini bienfaiteur de toutes les créatures?

LE FEU PROPREMENT DIT.

CCXXXVII^e CONSIDÉRATION.

Nature du feu, et ses effets.

LE feu est peut-être le plus incompréhensible de
tous les corps. Ce qu'on peut assurer au sujet
de cet élément, c'est qu'il est une substance matérielle, puisqu'il affecte nos sens, et agit immédiatement sur les autres corps ; c'est qu'il est d'une
nature inaltérable, et sensiblement homogène,
mais qui ne brûle et n'éclaire qu'autant qu'il se
dégage des substances auxquelles il est uni.

Le commun des hommes prend pour le feu,
des substances en combustion, ou qui exhalent
de la flamme et donnent de la chaleur : mais les
physiciens ne voient dans ces phénomènes que
les effets du feu. Pour entendre cette théorie,

rappelons-nous les idées qu'on doit se former de l'oxygène, l'une des parties constituantes de l'air.

Cet oxygène existe dans deux états : dans celui de fluide élastique, où il paroît combiné avec une grande quantité de lumière, et de feu qu'on nomme aussi *calorique*; et dans celui de fixité, où il se trouve privé de la lumière et du feu qui lui donnoient la forme de fluide, forme qu'on ne peut lui rendre ensuite, qu'en lui restituant cette quantité de lumière ou de feu qu'il avoit perdue. Dans le premier état, on le nomme *air vital*, ou *gaz oxygène*; dans le second, simplement *oxygène*.

On a découvert que la flamme et la chaleur produites pendant la combustion, viennent de l'air vital, bien plus que des corps qui brûlent; et qu'elles se dégagent principalement de ce fluide élastique, dont l'extrême division annonce, en effet, une quantité de lumière et de feu beaucoup plus grande que dans la plupart des corps combustibles, qui sont plus ou moins solides. C'est-à-dire que, pendant l'acte de la combustion, la base de l'air vital, ou l'oxygène, se combine avec le corps combustible, à l'égard duquel cette base a une attraction plus forte qu'elle n'en avoit pour le feu, qui se trouve ainsi dégagé, et en état d'agir sur nos sens. Le bois qu'on brûle dans nos foyers, la cire et l'huile qui nous éclairent, ne sont donc pas la vraie source du feu et de la lumière qui se dégagent dans ces combustions : mais l'un et l'autre se séparent de l'air vital, nécessaire pour entretenir l'inflammation du bois et des bougies; de sorte que nous nous procurons, à grands frais, des matériaux propres à faire jaillir du milieu de l'air, le feu et la lumière, qui diminuent le froid de l'hiver et l'obscurité de la nuit.

Rien dans la nature ne surpasse la violence du feu ; et l'on ne peut considérer sans étonnement les effets qu'il produit dans tous les corps, ainsi que l'extrême vitesse avec laquelle ses parties se mettent en mouvement. Mais combien peu de personnes s'occupent de ces effets, et les jugent dignes d'attention ! Tous les jours, cependant, nous éprouvons l'influence bienfaisante de la chaleur. Arrêtons-nous donc à considérer cet insigne bienfait de la Providence.

Le feu affecte tous les corps : il n'en est pas un qui ne puisse en offrir des quantités différentes ; mais ils sont plus ou moins susceptibles d'en être affectés. Les uns s'échauffent très-vite ; d'autres très-lentement. En général, les corps noirs s'échauffent plus promptement, et conservent plus long-temps la chaleur : ainsi, toutes choses égales d'ailleurs, les vêtemens de cette couleur sont plus chauds que les blancs.

Le mouvement, la pression, le frottement, font toujours naître de la chaleur, surtout entre les solides. Cet effet paroît dû au dégagement du feu disséminé dans les pores des corps : dégagement opéré par la pression, et tel que celui qui a lieu pour l'eau qu'on exprime d'une éponge.

Un autre effet du feu, c'est qu'il dilate et raréfie tous les corps, et leur fait occuper un plus grand volume. Le même morceau de fer qu'on introduit facilement, à froid, dans une ouverture, ne peut plus y entrer, quand il est chaud. Cette dilatation est encore plus sensible dans les fluides : on s'en sert pour mesurer la chaleur : et c'est en occupant plus d'espace dans les tubes

des thermomètres, que le mercure, ou l'esprit
de vin coloré, indique les divers degrés de la
chaleur.

Le feu communique sa fluidité à l'eau, à l'huile,
aux graisses, généralement à tous les métaux qu'il
met en fusion. Il pénètre plus aisément ces corps
que les autres, et parvient plus tôt à séparer les
parties qui les constituent : il peut les faire passer
successivement de l'état de solides à celui de liquides ; et de ce dernier, à l'état de fluides élastiques. Ainsi, le ramollissement, la fusion, la volatilisation, la vaporisation, enfin l'état de gaz, sont
des effets successifs de l'action du feu.

D'autres corps solides subissent, au feu, des
changemens différens. Le sable, le caillou, le
quartz, etc., au moyen de certains intermèdes, se
vitrifient dans le feu : l'argile y prend la dureté de
la pierre ; les marbres et la craie s'y transforment
en chaux.

A l'égard des créatures vivantes, le feu produit
dans toutes les parties de leur corps la sensation
de la chaleur : on conçoit sous cette dénomina-
tion, l'effet dont le feu est la cause. Sans cet élément, l'homme ne pourroit exister un instant ;
car, pour vivre, il faut qu'une certaine quantité
de feu entretienne le mouvement du sang.

Le feu est donc un fluide particulier répandu
dans tous les corps, et dont ils sont pénétrés, avec
plus ou moins d'énergie. On le distingue dans
deux états : celui de combinaison, et celui de liberté. Le feu, ou le calorique *combiné*, n'est sensible ni à nos organes, ni au thermomètre : il
constitue un des principes des corps dans lesquels
il repose. Souvent il se dégage dans leur décomposition ; et, passant alors à l'état de calorique

libre, il devient susceptible d'agir sur les corps placés dans son atmosphère : le thermomètre peut en mesurer la force, et en indiquer les degrés.

Une des propriétés distinctives de cet être, et qui n'appartient qu'à lui est la *raréfaction*, ou l'écartement des molécules, que le calorique opère dans tous les corps de la nature. La fusion ou liquéfaction, la volatilisation ou sublimation, le passage des liquides à la forme de vapeurs ou de fluides élastiques, sont les effets constans de la pénétration, ou plutôt de la combinaison du calorique. De l'eau glacée, en absorbant une certaine quantité de feu, devient liquide : une plus grande dose de ce principe la rend invisible, et lui donne la forme de l'air. Telle est la théorie générale de la formation de tous les fluides élastiques, qui jouent un si grand rôle dans la chimie moderne. Tous sont composés d'une base plus ou moins solide, et de calorique en très-grande quantité. Le mot d'*air* est employé pour désigner ceux de ces fluides qui sont propres à la combustion et à la respiration : celui de *gaz*, indique ceux qui ne peuvent servir à ces deux opérations. Observons encore que ces dénominations ne conviennent qu'aux fluides élastiques qui, tels que l'air atmosphérique, restent ordinairement dans cet état ; et que l'on doit désigner par le nom de *vapeurs*, ceux qui, comme l'eau et l'esprit de vin, se laissent enlever par tous les corps environnans, le calorique qui les constituoit fluides aériformes.

On ne doit pas confondre la *vaporisation*, dont nous venons de parler, avec l'*évaporation*, phénomène dans lequel les molécules d'un liquide abandonnent la masse dont elles font partie, pour s'élever dans l'atmosphère. Celle-ci est un effet de l'affinité.

l'affinité. L'air dissout l'eau de la même manière, et avec les mêmes circonstances que l'eau dissout les sels : et comme l'eau, en s'échauffant, devient capable de dissoudre une nouvelle quantité de sel, et abandonne, en se refroidissant, une partie de celui qu'elle avoit dissous ; ainsi, à proportion que l'air s'échauffe ou se refroidit, il dissout l'eau en plus ou moins grande quantité.

Exposez sur une fenêtre une bouteille de verre blanc, exactement bouchée : la nuit, quand le thermomètre vient à descendre, vous apercevez qu'une partie de l'eau contenue dans l'air dont la bouteille étoit remplie, se dispose en forme de gouttelettes, sur ses parois supérieures, qui, étant les plus exposées, doivent se refroidir les premières ; et cette espèce de rosée devient plus abondante à mesure que le thermomètre descend davantage : l'air, en se réchauffant ensuite pendant le jour, redissout l'eau qui s'étoit précipitée pendant la nuit. Cet air représente l'atmosphère : le vase soumis à l'expérience ne fait que montrer aux yeux ce qui se passe ailleurs d'une manière insensible.

En versant de l'eau froide dans un vase de cristal bien sec par dehors, vous occasionez, sur les parois extérieures, refroidies par le voisinage de cette eau, un précipité de celle qui est en dissolution dans l'air environnant. A mesure que la température de l'eau s'élève d'un demi-degré, versez cette eau dans un nouveau vase, observez le terme où le précipité s'arrête : ce terme indiquera le degré de saturation de l'air. Ainsi, dans un jour où l'atmosphère est chargée d'humidité, par un ciel que nous appelons pur et serein, l'air et l'eau intimement unis, et conservant une parfaite transparence, nous présentent une image

III.   N

de l'eau combinée avec une certaine quantité de sel, sans rien perdre de sa limpidité.

On conçoit maintenant la différence qui existe entre l'*évaporation* et la *vaporisation*. La première est l'effet de la force attractive que l'eau exerce sur l'air : la chaleur n'y intervient que secondairement, pour augmenter cette attraction. La seconde est produite par la force répulsive mutuelle des molécules de l'eau convertie en fluide élastique : la chaleur en est l'agent principal et immédiat ; et l'air, loin de la seconder, lui oppose un obstacle, non-seulement par sa pression, mais encore parce qu'en prolongeant l'évaporation, il occasione un refroidissement qui est contraire à la vaporisation.

D'après le principe établi au sujet de l'évaporation, plusieurs phénomènes dont l'observation est familière, s'expliquent avec une extrême facilité. Ainsi, dans les temps de gelée, où l'air du dehors est plus froid que celui des appartemens, la couche d'air intérieur en contact avec les vitres, en se refroidissant par la retraite du calorique, qui passe aisément au travers de leur petite épaisseur, se dessaisit d'une partie de l'eau qu'elle tenoit en dissolution, d'où il arrive que les vitres se mouillent en dedans. C'est le contraire dans le temps de dégel, où la température extérieure est plus haute ; ce qui fait dire que l'on a froid dans les appartemens : l'humidité alors paroît en dehors sur les vitres.

On voit aussi pourquoi l'haleine des animaux, plus chaude, pendant l'hiver, que l'air où elle se répand, devient visible sous la forme d'une fumée produite par l'eau qu'elle abandonne en se refroidissant. La nature est pleine de ces sortes d'effets,

dont il est aisé de saisir l'analogie avec les précédens.

Toutes ces observations deviennent une nouvelle preuve de cette importante vérité : que Dieu
a tout rapporté au bien-être des humains, et que
partout il manifeste les marques de sa bonté pour
nous. Combien d'avantages les seuls effets du feu
ne nous procurent-ils pas ! Par l'union de cet élément avec l'air, les saisons se renouvellent, la
santé de l'homme se conserve. C'est par le feu que
l'eau acquiert la faculté de se mouvoir : sans cet
élément, bientôt elle perdroit sa fluidité. Le doux
mouvement qu'il entretient dans tous les corps
organisés, les amène par degrés à leur état de perfection. Il conserve la branche dans le bouton,
la plante dans la graine, et l'embryon dans l'œuf :
il procure à nos alimens la préparation nécessaire ; il rend les métaux propres à notre usage. Enfin, si nous rassemblons les diverses propriétés du
feu, nous voyons que le Créateur a répandu, par
son moyen, une multitude de bienfaits sur notre
globe : précieuse vérité, bien capable de faire la
plus vive impression sur nos cœurs, de nous exciter à aimer l'Auteur de notre être, et de nous
inspirer le doux contentement d'esprit, qui fait
le charme de la vie ! Plus on avance dans la recherche de la nature, plus il nous est démontré
que tout concourt à un but parfait. Partout se découvrent des plans magnifiques, un ordre admirable ; une liaison, une harmonie constante entre
les parties et l'ensemble, entre les fins et les moyens.
Pour se convaincre de ces utiles vérités, il n'est
besoin ni de contention d'esprit, ni d'une vaste
science : la contemplation tranquille de la nature,
et le plus souvent, le simple usage de nos sens,

nous font reconnoître, dans tout ce que Dieu à formé, l'œuvre d'une sagesse et d'une bonté infinies.

CCXXXVIII^e CONSIDÉRATION.

Divers usages du feu, moyens de se le procurer.

LE feu est, en quelque sorte, l'instrument universel de tous les arts et de tous nos besoins : et, afin que l'homme pût faire un usage continuel de cet élément, le Créateur l'a répandu partout avec la plus grande profusion. De quelle utilité ne nous sont pas les matières qui fournissent le développement du feu ! Sans une provision suffisante de ces matières, nous serions privés des plus grands avantages, et nous nous verrions exposés en même temps aux plus grandes incommodités. En hiver, c'est le feu qui nous éclaire; et sans lui, une grande partie de la vie se passeroit dans une affreuse obscurité : nos occupations les plus agréables cesseroient avec le coucher du soleil, et nous serions réduits, ou à rester immobiles, ou à errer dans les ténèbres avec effroi, entourés de mille dangers. Oh ! combien notre sort seroit triste, si, dans ces longues soirées, nous ne pouvions goûter la plupart des douceurs de la société, ni user des ressources que nous offrent, dans l'enceinte de nos demeures, le travail et la lecture ! La plus grande partie des alimens que la terre produit seroient peu salubres pour nous, sans le feu, qui les amollit, les dissout, et leur donne les préparations qui nous les rendent propres. Et comment fournir à tant d'autres besoins, et nous procurer

les commodités de la vie, si les arts n'y pour-
voyoient à l'aide du feu ? Sans cet élément, nous.
ne pourrions donner à mille objets de notre industrie ces couleurs si diversifiées et si belles : nous
ne pourrions parvenir à fondre les métaux, à les
épurer, à leur faire prendre tant de formes si différentes; à transformer le sable en verre, l'argile
en pierre, la craie en chaux : sans le feu, en un
mot, la nature et ses trésors seroient pour nous
inutiles, ou perdroient la plus grande partie de
leurs charmes;

Dans ces nuits d'hiver, qui semblent replon-
ger la création dans le néant, et pendant le froid
rigoureux qu'elles amènent à leur suite, le feu est
un bienfait inestimable : il nous arrache à une dou-
loureuse inaction, nous soustrait à mille sensations désagréables, et nous rend une nouvelle activité. Combien de vieillards et de valétudinaires
souffriroient doublement, sans ses bénignes influences ! Que deviendroit le foible nourrisson, si
ses membres délicats n'étoient fortifiés par une
douce chaleur ? Et vous, infortunés, qui, durant
les jours froids, en éprouvez toute la rigueur,
prêts à échanger une portion de pain qui vous
reste, contre les matières qui peuvent servir à ré-
chauffer vos membres glacés, c'est sur votre sort
que je m'attendris ! il me fait mieux sentir une
portion de mon bonheur, à laquelle, jusqu'ici,
j'ai donné trop peu d'attention : il m'impose plus
fortement l'obligation de bénir le Père commun
des avantages que je retire de la chaleur du feu,
et le devoir essentiel de consacrer le superflu
qu'il m'accorde, à soulager mes frères des maux
dont je suis exempt. C'est pour que tous les hommes puissent jouir du feu, qu'il a répandu cet élé-

ment avec tant de profusion, quoique partout il paroisse inactif, et qu'on ne l'aperçoive qu'au moyen de certaines causes qui le développent. Le choc décèle sa présence : par le frottement rapide et réitéré des corps durs, tels que la pierre et l'acier, le feu est mis en action, et acquiert une force capable de tout embraser.

Tel est le moyen ordinaire et très-facile de se procurer le feu, pour les besoins journaliers. Mais, presque toujours, nous nous contentons de jouir des services que nous rendent les objets de la nature, sans remonter à leur Auteur, sans rechercher les traces de sa sagesse et de sa bonté infinies dans les dons que nous prodigue sa main libérale. Ah ! pourquoi faut-il que cette bonté même se tourne contre lui, et que ce soit le retour constant de ses bienfaits, qui nous les rende indifférens ? Ces marques habituelles d'une Providence attentive sont celles dont nous pouvons le moins nous passer, et qui, par cela même, méritent le plus notre reconnoissance. Comment, au milieu de tant de dons, ne pas élever notre cœur vers celui dont ils émanent, et ne pas l'honorer comme la source de tout notre bonheur ?

Qu'elle est grande cette bonté qui s'étend sur toute la terre ! Votre charité, ô mon Dieu ! nous environne de toutes parts, ainsi que la lumière et le feu. Puisse-t-elle éclairer aussi mon ame, et l'embraser de votre amour ! Daignez jeter un regard sur moi, et mon cœur se répandra en louanges et en actions de grâces. C'est aux soins paternels de Dieu, que je dois tous les avantages et tous les agrémens que le feu me procure : c'est lui qui ordonne à la terre de se couvrir de forêts, et sa munificence pourvoit si richement à mes besoins, qu'il n'est aucun temps de l'année dépourvu de ses biens. Je lui rends grâces de ceux dont je jouis maintenant. Qu'il continue à me faire éprouver la bénigne influence du feu, et que jamais cet élément ne soit pour moi, ni pour mes frères, l'instrument de sa vengeance éternelle !

CCXXXIX^e CONSIDÉRATION.

Des feux souterrains.

En creusant dans la terre, on trouve un plus grand degré de froid qu'à la superficie, qui, toujours pénétrée des rayons du soleil, conserve une température plus douce que l'intérieur. De là vient que les habitans des pays chauds peuvent, durant toute l'année, conserver de la glace pour rafraîchir leurs boissons. Mais si, dans quelques endroits, on creuse environ cinquante ou soixante pieds au delà, la chaleur augmente sensiblement. Cette chaleur est due, sans doute, à des décompositions de matières minérales qui produisent cet effet.

Une multitude de phénomènes sur notre globe annoncent, d'une manière formidable, l'existence des feux souterrains. Souvent de terribles éruptions de matières enflammées épouvantent les habitans de la terre. L'Etna, dans la Sicile, et le Vésuve, en Italie, semblent des fournaises continuellement embrasées. Tantôt il s'en élève une vapeur noire ; tantôt on entend des mugissemens sourds, suivis tout-à-coup d'éclairs et de tonnerres. La terre tremble ; la vapeur s'éclaircit, et devient lumineuse ; les pierres s'élancent avec fracas,

4

et retombent dans le gouffre qui les a vomies. On a vu, dans de violentes éruptions, d'énormes morceaux de rochers jetés en l'air, y tourner avec la même rapidité qu'un ballon ; et des masses pesant trois cents livres, aller tomber à trois milles du lieu d'où elles étoient lancées.

Mais ce n'est point encore là ce que ces éruptions ont de plus effrayant. Dans certains temps, les matières en fusion bouillonnent, s'élèvent, se répandent au dehors, et coulent l'espace de quelques milles, sur les champs voisins, engloutissant tout ce qui se trouve sur leur passage. Cet épouvantable torrent dure pendant plusieurs jours ; une vague étincelante roule sur une autre vague, jusqu'à ce qu'il atteigne la mer, où même il continue quelque temps à couler sans s'éteindre.

Qui pourroit, sans frémir, se peindre les désastres que causent de semblables phénomènes ? Les édifices renversés, les villages engloutis, les moissons consumées ; les champs, les oliviers, les vignobles entièrement détruits, sont les moindres effets de cet affreux déluge de flammes et de feux. Dans une des éruptions de l'Etna, on vit le torrent de lave brûlante se répandre sur quatorze bourgs ou cités, et les mugissemens horribles qui sortoient de la montagne, se faisoient entendre à vingt milles de distance.

Saisi d'épouvante et d'effroi, je me demande pourquoi ces volcans qui dévastent la terre, et plongent ses habitans dans la stupeur ? Pourquoi le Seigneur les a-t-il créés ? Pourquoi, au lieu de mettre un frein à leur fureur, leur permet-il de désoler ainsi ses créatures ?.... Mais, qui suis-je, pour me permettre de semblables questions ? De quel droit osé-je demander compte à la Sagesse suprême,

des arrangemens qu'elle a faits ? L'existence de ces
fournaises ardentes ne peut être l'effet du hasard : et j'en dois conclure que le Créateur a eu les
raïsons les plus sages, pour vouloir qu'elles exis-
tassent. Ah ! même au milieu de ces scènes d'horreur et de mort, je retrouve encore cette main
bienfaisante qui pourvoit au bonheur du monde.
Quelques ravages qu'occasionent les éruptions de
ces montagnes, que sont-ils, comparés aux avantages qui en résultent pour l'ensemble du globe,
et aux maux qu'ils préviennent ? L'intérieur de la
terre étant rempli de matières propres à fermenter
par leur contact avec l'eau, il falloit nécessairement des volcans. Ils sont les soupiraux par le
moyen desquels l'action du redoutable élément est
affoiblie et rompue : et quoique les pays où ces
matières sont rassemblées en plus grande quantité, soient sujets à d'affreux bouleversemens, sans
ces ouvertures, ils en éprouveroient de plus violens
encore. L'Italie seroit-elle la contrée la plus fertile,
si, à de certains intervalles, le feu qu'elle recèle
dans ses entrailles ne trouvoit une issue par les
volcans ? Livrées à des commotions continuelles,
à d'épouvantables agitations, ces belles régions n'offriroient depuis long-temps, au lieu du spectacle
enchanteur des beautés de l'art réunies à celles de
la nature, qu'un triste amas de décombres et de
ruines. Qui sait d'ailleurs, si, de ces phénomènes
effrayans, ne résultent pas une infinité d'autres
avantages cachés à nos yeux, et dont l'influence
s'étend sur tout le globe ?

Au moins, ceux qui me frappent, suffisent-ils
pour me convaincre qu'ils concourent à remplir les
vues pleines de sagesse et de bonté du Créateur de
l'univers.

CCXL^e CONSIDÉRATION.

Les tremblemens de terre.

Les secousses qu'éprouve le globe que nous habitons, sont de deux espèces : les unes, causées par l'explosion des volcans, ne se font sentir qu'à de petites distances , et seulement lorsque ces volcans agissent, ou avant l'entière éruption. Elles ébranlent la terre dans un certain espace, comme l'explosion d'un magasin à poudre produit une secousse et une commotion sensibles à plusieurs lieues. Les autres, bien différentes par leurs effets, se font sentir à de très-grandes distances ; et, sans qu'il paroisse aucun nouveau volcan, ni aucune éruption, elles ébranlent une longue suite de terrein. On a des exemples de tremblemens qui se sont fait sentir dans le même temps, en Angleterre, en France, en Allemagne, et même encore plus loin. Ceux-ci s'étendent beaucoup plus en longueur qu'en largeur : ils ébranlent une bande ou zone de terrein, avec plus ou moins de violence en différens endroits ; et, presque toujours, ils sont accompagnés d'un bruit sourd, semblable à celui d'une lourde voiture qui roule avec rapidité. On attribue ces effets à ce que les terreins sont intérieurement remplis de galeries , qui se divisent et se dirigent vers différens points. La plupart de ces cavités, qui se communiquent respectivement, peuvent, à des distances très-éloignées, se ressentir, en un instant, de la commotion centrale.

Arrêtons-nous à quelques observations propres

à faire entendre quelles peuvent être les causes des tremblemens de terre..

Toutes les matières inflammables et capables d'explosion , et particulièrement les pyrites ferrugineuses, produisent, par l'inflammation, une grande dilatation dans l'air et dans les fluides aériformes. Supposons qu'à une profondeur considérable, par exemple, à cent ou deux cents toises , il se trouve des pyrites et d'autres matières, qui , par le contact de l'eau, viennent à s'enflammer : l'air extrêmement raréfié, d'une part, enfermé et comprimé dans le sein de la terre ; d'autre part , l'eau elle-même réduite en vapeurs , font effort en tous sens, cherchent des issues pour s'échapper ; et s'ils n'en rencontrent pas, ils produisent les plus violentes secousses.

On ne sauroit trouver de termes pour exprimer combien ces sortes d'explosions sont funestes. De toutes les catastrophes qui désolent la terre, il n'en est point d'aussi formidables, d'aussi destructives, et qui rendent plus inutiles toute prévoyance et tout effort humain. Lorsque les fleuves, sortant de leur lit, entraînent les maisons, submergent les provinces, il est encore quelque ressource au malheureux cultivateur : il peut se réfugier sur les montagnes, ou opposer des digues à la fureur des flots. Mais, dans un tremblement de terre, tout soin est superflu, toute précaution est impossible : il n'est presque point de dangers auxquels on puisse échapper. La foudre n'a jamais consumé des villes ni des provinces entières : la peste, il est vrai, peut dépeupler les plus vastes cités, mais elle ne les détruit pas entièrement. Un tremblement de terre s'étend, avec un pouvoir irrésistible, sur tout un pays : il n'est arrêté par rien ; il abîme des peuples

6

et des états, sans laisser, pour ainsi dire, de trace
de ce qu'ils étoient auparavant.

Qui pourroit subsister devant le Tout-Puissant,
quand il déploie la force de son bras ? Qui pourroi
lui résister, quand il se lève pour juger les nations?
Devant lui, la terre tremble ; les fondemens des
montagnes sont agités et frémissent, quand sa co-
lère s'allume : son indignation se répand comme
un feu ; elle fait fondre les pierres ; elle anéantit
tout ce qui est l'objet de ses justes vengeances. Qui
ne vous craindroit, ô Roi de la terre et des Cieux ?
Oui, Seigneur, nous reconnoissons votre Majesté
souveraine, et nous l'adorons. Vos jugemens sont
incompréhensibles, et toujours équitables : mais,
en même temps, vous êtes bon et miséricordieux.

O mon ame ! tâche de te bien pénétrer de cette
grande vérité. Lorsque le Seigneur déploie ses jugemens sur la terre, quand, dans l'ardeur de son
courroux, il consume des pays entiers ; alors même
ses voies sont, pour d'autres parties du monde et
pour son universalité, des voies de bonté et de
sagesse. Homme mortel, est-ce seulement pour te
détruire, qu'il ordonne ces secousses effrayantes,
toi qu'un souffle peut renverser ? Pourrois-tu
croire que le Très-Haut eût besoin d'appeler toutes
les puissances de la nature pour te réduire en
poudre ? Ah ! reconnois dans ces terribles catastrophes des vues plus relevées.

Etre immense et tout-puissant, j'adorerai votre
nom et je le bénirai, lors même que vous déploi-
rez vos fléaux sur la terre, et que vous répandrez
sur elle la désolation et la terreur. Je ferai plus :
je me reposerai avec une pleine confiance sur vos
soins paternels. Quand les montagnes s'écroule-
roient et se précipiteroient dans la mer ; quand

le monde lui-même seroit détruit : toujours vous serez mon soutien, ma force, et mon refuge; dans tous les maux, vous serez mon protecteur et mon aide. Que je possède seulement une bonne conscience, et je n'aurai plus rien à redouter.

CCXLI⁺ CONSIDÉRATION.

Les météores ignés : feux follets.

On voit souvent, dans l'atmosphère, des matières qui s'enflamment avec plus ou moins de véhémence, et sous mille formes diverses. Ces météores doivent leur origine à des exhalaisons qui, échappées du sein des trois règnes de la nature, s'élèvent à différentes hauteurs dans l'atmosphère, s'y amassent, s'y enflamment, et se dissipent. De là, les globes de feu, les étoiles tombantes, et autres semblables météores, qui se montrent sous différentes formes, tantôt s'enflammant paisiblement au sein des couches aériennes où ils se trouvent épars; d'autres fois, serpentant en ruisseaux de feu dans l'atmosphère, à mesure que l'inflammation les précipite les uns sur les autres, ou les écarte et les dissipe en différens sens. De là encore ces feux follets qui voltigent à quelques pieds de terre, paroissent errer à l'aventure, et causent tant d'effroi au vulgaire ignorant.

Quelquefois, ces derniers météores semblent tout-à-coup disparoître et s'éteindre ; sans doute, parce que des broussailles ou des arbres interceptent leur lumière : mais ils se remontrent en d'autres endroits. Les feux follets sont assez rares dans les pays froids, et l'on assure qu'en hiver ils se

montrent principalement dans des lieux maréca-
geux. En Espagne, en Italie, et dans d'autres pays
chauds, ils sont communs en toute saison, et ni
la pluie, ni le vent ne les éteignent. On en voit
très-fréquemment dans les endroits où il y a des
plantes et des matières animales putréfiées, tels que
les cimetières, les voiries, les terreins gras et ma-
récageux.

La superstition, qui ne conçoit pas que de pa-
reils phénomènes puissent avoir des causes naturelles, les regarde avec frayeur ; et peu de spectateurs ont le courage d'en approcher. Aux yeux de
l'ignorance, ce sont les ames des morts, ou même
de malins esprits qui errent çà et là, et qui, durant les ténèbres de la nuit, se plaisent à égarer
les voyageurs.

Ce qui peut seul avoir donné lieu à cette ridicule opinion, c'est qu'on a remarqué que les feux
follets fuient ceux qui les poursuivent, et suivent,
au contraire, ceux qui cherchent à les éviter en
fuyant devant eux : ils s'attachent même aux voi-
tures qui roulent avec rapidité. Mais rien de plus
facile que l'explication de ce phénomène. La personne qui poursuit un de ces feux, chasse l'air,
et par conséquent aussi le feu, devant soi ; celle
qui fuit laisse après elle un espace vide, que l'air
ambiant remplit aussitôt ; ce qui produit un courant qui va du feu à la personne, et qui entraîne
nécessairement le météore : aussi observe-t-on
qu'il s'arrête quand on cesse de courir.

Combien les hommes sont ingénieux à se tour-
menter eux-mêmes par de vaines terreurs, par
des frayeurs qui n'ont d'autre fondement qu'une
imagination déréglée ! pour nous délivrer d'une
multitude de craintes qui nous agitent, il ne fau-

droit souvent que nous donner la peine de mieux examiner les objets qui nous effraient, et d'en rechercher les causes naturelles.

Mais ce n'est pas seulement à l'égard des phénomènes de la nature, que nous sommes si sujets à l'erreur : il en est de même à l'égard des choses morales. Avec quelle ardeur les hommes poursuivent-ils les biens de la fortune, sans examiner s'ils méritent tant d'empressement et de démarches, et s'ils peuvent procurer le bonheur qu'on en attend ! La plupart des ambitieux et des avares ne sont pas plus heureux dans la poursuite des honneurs et des richesses, que ne l'est l'insensé qui court après les feux follets, sans pouvoir les atteindre. Qu'obtenons-nous, après tout, des efforts continuels que nous faisons pour acquérir ces biens, qui, par leur nature et leur durée, sont si semblables aux météores légers qu'on voit s'enflammer dans les airs ? D'ordinaire, les biens terrestres échappent à celui qui les poursuit avec tant d'ardeur, et tombent en partage à celui qui paroît les fuir.

LA MATIÈRE ÉLECTRIQUE.

CCXLII[e] CONSIDÉRATION.

L'électricité artificielle.

DEPUIS plus d'un demi-siècle, l'*électricité* met sous nos yeux des phénomènes singuliers, dont la cause paroît tenir au système général de la nature. On donne ce nom à la propriété d'un corps mis en état d'attirer ou de repousser de petites pailles, de petites plumes, ou d'autres corps légers qu'on lui présente à une certaine distance. La *matière électrique*, ou le fluide qui, par son mouvement, produit ces attractions et ces répulsions, n'est vraisemblablement qu'une modification particulière du fluide igné. Un corps *électrisé* est celui dans lequel le fluide électrique a été mis en action par le secours de la nature ou de l'art. Ce feu paroît distribué dans tous les corps : mais il en est, à son égard, comme de l'air, qui n'est aperçu par les sens que lorsqu'il est agité. De même, il faut que l'équilibre, rompu par une force quelconque, se rétablisse, pour que le feu électrique devienne sensible.

Tous les corps sont électrisables; mais tous ne s'électrisent pas de la même manière. Envisagés relativement à l'électricité, ils se divisent en deux classes. Dans les uns, le fluide électrique peut être excité et augmenté par le frottement : les autres ne s'électrisent pas, ou s'électrisent infiniment peu par voie de frottement, et ne reçoivent que par la communication des premiers, toute leur force électrique. Les corps de la première espèce sont principalement le verre, la poix, la résine, la cire à cacheter, la soie, les cheveux, l'air : d'autres, mais particulièrement l'eau et les métaux, appartiennent à la seconde. Ceux-là peuvent être mis en état de conserver la matière électrique rassemblée en eux : ceux-ci, au contraire, la perdent aussi vite qu'ils l'ont reçue.

On appelle *machine électrique* l'instrument avec lequel, au moyen d'une roue, on imprime un mouvement rapide à un globe ou à un plateau

de verre, qui, en tournant, frotte contre la main
ou contre des coussins. Par l'effet de ce frottement, le globe, ou le plateau, acquiert la vertu
électrique, qu'on peut étendre aussi loin qu'on
le désire, au moyen de barres de fer, ou de chaînes ; qui communiquent avec le plateau. Si l'on
porte la main sur une de ces barres, on éprouve
une secousse : et, s'il fait obscur, on voit sortir
du point de contact une brillante étincelle. Plusieurs personnes formant un cercle en se tenant
par la main, reçoivent en même temps la commotion électrique, qu'il est possible de rendre
plus ou moins violente, en frottant plus ou moins
long-temps le globe ou le plateau. On peut même donner au fluide électrique le degré de force
nécessaire, non-seulement pour tuer des moi-
neaux et d'autres petits oiseaux, mais des poules,
des chapons, des oies, et même des brebis. Cette
expérience se fait au moyen de grandes bouteilles
de verre remplies d'eau, et liées entr'elles par
des fils de métal, qui les attachent aussi à la
boule de verre exposée au frottement dont nous
avons parlé plus haut. Un brillant éclair, un bruit
éclatant, une commotion violente, l'embrasement
des matières combustibles, et la mort des animaux, sont les effets de cette expérience. Il s'en
manifeste d'autres encore, et qui sont communs
à toutes celles de ce genre : une odeur d'ail, une
agitation dans l'air, etc.

En approchant le visage ou la main d'un conducteur terminé en pointe, on sent qu'il émane
de cette pointe un torrent de matière électrique :
et ces pointes, qui rejettent ainsi le fluide, servent aussi à l'attirer. On sait que les chevaux, les
chiens, les chats, quelquefois même des hommes,

peuvent devenir électriques, au point de jeter des
étincelles lorsqu'on les frotte.

Le temps, peut-être, nous apprendra à tirer
avantage de l'électricité : on ne peut pas même
dire absolument que jusqu'ici elle ait été sans utilité. Les médecins ont tenté d'appliquer à leur art
les phénomènes qu'elle présente ; et l'on a des
exemples de membres paralysés, qui ont été gué-
ris par la commotion électrique. Elle a donné
lieu à une nouvelle théorie du tonnerre, et a
changé les idées qu'on s'étoit faites de ce terrible
météore.

Ainsi, de temps à autre, nous recevons de
nouvelles solutions des énigmes que renferment
les ouvrages du Créateur. Que les vues des hommes sont bornées, et qu'ils font peu d'attention
aux choses les plus importantes, à des choses
placées sous leurs yeux ; puisque les phénomènes de l'électricité ont été inconnus durant
tant de siècles ! A présent même, qu'il est peu
de secrets de la nature qui nous soient révélés !
et combien en est-il qui seront toujours cachés
pour nous, sous le voile du mystère !

CCXLIII^e CONSIDÉRATION.

L'électricité naturelle : le tonnerre.

Qui jamais l'auroit cru, que cette puissance par
laquelle les corps légers sont attirés par un morceau d'ambre, pût être un jour reconnue comme
un des grands principes que la nature met en action pour animer, entretenir et soutenir ses ouvrages? Quelle chaîne immense entre cette attraction et ces foudres terribles qui menacent la terre

d'une destruction prochaine, entre ces météores effrayans et ce principe doux et tranquille, qui, s'insinuant à travers tous les corps animés, fait circuler plus librement tous les fluides, et avec eux, la vie et la santé ! Les phénomènes les plus opposés, les plus contraires en apparence, doivent leur origine à une même cause : l'électricité. Un nuage sombre s'élève de l'horizon ; il étend son voile épais sur l'azur des cieux, et dérobe à nos yeux les rayons du soleil ; l'obscurité marche avec lui ; il porte dans son sein le ravage et la mort ; la terreur le précède, et la désolation le suit. Il s'entr'ouvre : mille feux étincelans s'en échappent, s'élancent, se précipitent sur la terre. Un bruit sourd gronde dans les airs ; ce bruit n'est interrompu que par des éclats déchirans. La foudre est partie, et déjà ces chênes orgueilleux, dont la tête altière affrontoit les tempêtes, sont réduits en poussière ; déjà ces superbes édifices, qui sembloient défier la main du temps, sont devenus la proie des flammes dévorantes. Ce n'est pas assez que le ciel en courroux lance de toutes parts ses foudres redoutables ; la terre répond à sa voix, et vomit des feux, qui, à leur tour, vont embraser les airs.

C'est un fait démontré, que souvent le ciel et les nuages se trouvent électrisés, quoiqu'on ne sache guère par quel mécanisme physique s'opère ce phénomène. Une tringle de fer établie sur des rapports incapables de s'électriser par ce qui les environne, et placée dans un lieu élevé, tel que le donjon d'un château, ou le sommet d'une petite montagne, s'électrise par communication quand un nuage électrisé s'en approche ou la touche, en soutirant subitement, ou peu à peu, le feu électrique dont le nuage est chargé. C'est ainsi qu'un homme soutire le feu électrique dont est surchargé un conducteur électrisé, soit qu'il le touche immédiatement, ou par le moyen d'une chaîne ; avec cette différence que le nuage peut, à raison de sa grande étendue, communiquer à la tringle une quantité de feu électrique infiniment plus considérable que celle qu'envoie le globe au conducteur.

Quand la tringle ne communique qu'avec des nuages ou des vapeurs non électrisées, elle ne donne aucun signe d'électricité. Mais si cette nuée ou ces vapeurs sont fortement électrisées, alors elle produit en grand tous les phénomènes qu'on observe en petit dans le conducteur électrisé. Sa pointe darde un torrent de matière lumineuse, en forme d'aigrette : toute sa surface attire et repousse avec violence les petits corps contigus, et, si quelque être vivant vient à se placer dans son voisinage et dans sa sphère d'activité, il en recevra une commotion capable de lui donner subitement la mort.

Les effets de la foudre se manifestent par des coups qui se font entendre au loin, et par l'embrasement. Les édifices qui en sont atteints, sont souvent la proie des flammes : les hommes qu'elle a frappés sont noircis et brûlés ; quelquefois néanmoins on n'y découvre aucune trace de feu : la seule violence du coup les a tués. Leurs habits sont en lambeaux ; la foudre, en les renversant, les a jetés à quelque distance du lieu où ils étoient ; et la partie du corps qui a été frappée, est souvent percée de trous. Ici, de grandes pierres sont brisées par la foudre ; et l'on découvre ses ravages sur les lieux où elle est tombée.

L'électricité nous présente les mêmes effets, mais dans un moindre degré. Lorsqu'au moyen de l'eau, sa force est augmentée, l'éclair électrique est suivi d'une commotion très-sensible : des corps assez compactes sont percés, des oiseaux, d'autres animaux perdent la vie ; et chaque éclair est accompagné d'un coup. Ce torrent de feu qui s'échappe en sifflant, de la pointe des corps électrisés, est un des phénomènes qui se retroüvent dans le tonnerre ; et, à l'égard de la vitesse, il y a encore la plus grande ressemblance entre la foudre et l'électricité. Lorsque, dans un temps d'orage, on suspend en plein air, à des cordons de soie, une épée ou une chaîne, ces corps deviennent électriques. Si l'on en approche le doigt, il en sort des étincelles qui partent avec éclat, et dont la force se règle sur celle du nuage et sur sa distance. En un mot, tous les effets de l'électricité se manifestent en temps d'orage ; et il n'est plus possible de douter que l'éclair et le tonnerre ne soient l'effet d'un violent feu électrique.

Les découvertes de la chimie moderne jettent aussi le plus grand jour sur la cause des tonnerres et des orages. Rappelons-nous que l'hydrogène et l'oxygène sont les deux constitutifs de l'eau. Tant que ces principes, réduits en gaz par le calorique et la lumière, sont en contact, à froid, l'un avec l'autre, ils ne produisent point d'inflammation ; et il ne se forme point d'eau. Mais si l'on approche du mélange un corps en ignition ; qu'on le comprime fortement, ou qu'on lui imprime une secousse violente et brusque ; alors les deux gaz commencent à se combiner, la combustion s'opère; et l'eau se forme.

Il paroît qu'il se passe un phénomène analogue

dans l'atmosphère, quand des amas de gaz hydrogène et oxygène viennent à s'y combiner, à l'aide
de l'étincelle électrique. Les détonnations atmos-
phériques doivent être l'effet de la combustion de
ces deux gaz, dont la réduction en eau occasione
nécessairement un vide immense : aussi, les coups
de tonnerre sont-ils suivis très-souvent d'une pluie
rapide. Quelques pluies d'orages paroissent dues
ainsi à une formation instantanée d'eau dans
l'atmosphère.

Tout ce qui paroît funeste ou merveilleux dans
les phénomènes naturels, disparoît donc à mesure qu'on se familiarise avec les observations. La
crainte superstitieuse qui se mêle souvent à la
vue de ces phénomènes, seroit bientôt anéantie, si l'on vouloit y réfléchir soi-même, ou con-
sulter les gens instruits. Employons les lumières
que nous venons d'acquérir sur la nature de la
foudre, à bannir, du moins en partie, les terreurs
qui s'emparent si fortement de notre ame à l'approche des orages ; et désormais bornons-nous à
élever nos regards vers le Dieu qui opère de si
grands effets sous nos yeux. N'oublions jamais que
la nature de l'atmosphère dont nous sommes environnés, rend ce phénomène indispensable ;
qu'entre les mains du Souverain de l'univers les
orages sont un moyen de fertiliser la terre ; et
quoique dans des cas particuliers sa justice puisse
les diririger de manière à en faire un sujet d'é-
preuves, ou l'instrument de ses vengeances,
soyons assez sages pour convenir qu'en général ils
doivent être pour nous un nouveau motif de lui
rendre un tribut de reconnoissance et d'adoration.

CCXLIV^e CONSIDÉRATION.

Le paratonnerre : autres phénomènes élec-
triques.

L'ANALOGIE entre le fluide électrique et la matière
du tonnerre avoit déjà été soupçonnée par différens physiciens, lorsque Franklin, après avoir reconnu le pouvoir des pointes, dont nous avons
parlé précédemment, proposa d'élever en l'air une
verge de fer, terminée en pointe aiguë, et de s'en
servir pour vérifier cette même analogie. Dali-
bard fut un des premiers qui mit en exécution
l'idée de Franklin. Il fit construire, auprès de
Marly-la-Ville, une cabane, au-dessus de laquelle
étoit fixée une barre de fer de quarante pieds de
longueur, isolée par le bas. Un nuage orageux
ayant passé dans le voisinage de cette barre, elle
donna des étincelles à l'approche du doigt, et l'on
reconnut les effets des conducteurs ordinaires qu'on
électrise à l'aide de nos machines.

Romas, qui cultivoit la physique à Lille, poussa
la hardiesse au point d'envoyer, vers le nuage
même, un cerf-volant armé d'une barre aiguë,
et dont la corde, entrelacée avec un fil de métal,
se terminoit inférieurement par un cordon de
soie, pour la tenir isolée, et préserver l'observateur de l'explosion. On vit sortir de cet appareil,
des jets spontanés de lumière, de dix pieds de longueur, et dont le bruit étoit semblable à un coup
de pistolet. Les dangers de toutes les expériences
de ce genre sont si évidens, même en supposant
des précautions, qu'elles ne peuvent être tentées

que par ceux chez qui la curiosité est plus forte
que la crainte. Plusieurs physiciens, renversés par
les commotions qu'ils reçurent en tirant des étincelles d'un appareil qui communiquoit avec l'intérieur de leur appartement, eurent à se repentir de
s'être donné un hôte si redoutable. Le célèbre
Richman, professeur de physique à Pétersbourg,
y perdit la vie, dans une circonstance qui sembloit faite pour rendre la leçon plus frappante : il
fut renversé à côté de l'appareil même qu'il avoit
disposé pour mesurer la force de l'électricité des
nuages.

Franklin, en imaginant de soutirer la matière
de la foudre, s'étoit proposé un but plus philo-
sophique que celui de faire des expériences électriques. Il pensoit que, si l'on établissoit une communication entre une verge de fer dressée sur un
bâtiment, et le sein de la terre, la verge pourroit
préserver le bâtiment d'une explosion, en épui-
sant le fluide des nuages orageux qui passeroient
dans le voisinage. D'après cette idée, on a construit dans plusieurs endroits des instrumens de
cette espèce, auxquels on a donné le nom de *paratonnerres*.

Dans la partie la plus élevée d'un édifice, on
pose une barre de fer de forme cylindrique, terminée en aiguille, et dont l'extrémité inférieure
est arrêtée dans un support de verre massif. Une
petite chaîne de métal, attachée à la barre de fer,
quelques pouces au-dessus du support, est menée
par un conduit de verre, jusqu'à l'extrémité du
toit, d'où elle pend librement pour se rendre dans
un puits perdu. Cette machine si simple garantit
l'édifice des effets de la foudre ; surtout, si, pour
prévenir la rouille, on fait dorer au moins la
partie

partie de la barre terminée en pointe. Le tonnerre n'étant qu'une électricité naturelle, comprimée dans le nuage qui porte dans son sein la foudre, si ce nuage vient à passer sur le bâtiment armé du *paratonnerre*, la matière électrique qu'il contient, soutirée par la pointe de fer, coule, au moyen de la petite chaîne, dans le puits, où elle éclate, souvent d'une manière sensible, quelquefois d'une manière effrayante, mais toujours sans danger.

Parmi les physiciens, les uns ont regardé les avantages des paratonnerres comme incontestables ; d'autres ont pensé que l'action de ces instrumens devoit être trop foible pour protéger l'édifice qui les portoit : c'étoient, disoient-ils, vouloir détourner, au moyen d'un simple tube, un grand fleuve prêt à se déborder : quelques-uns même ont prétendu que les paratonnerres étoient plus propres à provoquer la chute de la foudre sur le bâtiment, qu'à la prévenir. Mais on ne peut douter de l'utilité de ces machines, surtout depuis que l'expérience a manifesté qu'une explosion, qui d'ailleurs paroissoit inévitable, s'étoit faite sur la pointe même du paratonnerre, sans que l'édifice en eût été endommagé. On présenta, il y a quelques années, à l'Académie des Sciences, une verge de paratonnerre, sur laquelle la foudre étoit tombée, et dont la pointe étoit émoussée, et sembloit avoir été fondue ; le fluide électrique avoit suivi la communication établie entre la verge de fer et le sein de la terre, et la maison étoit restée intacte.

Lorsqu'on veut élever des paratonnerres sur des édifices d'une certaine étendue, il est nécessaire de les multiplier. Ils ne doivent pas être trop rapprochés, sans quoi ils se nuiroient entr'eux. D'autre part, ils doivent être assez voisins, pour que leurs différentes sphères d'activité ne laissent aucun espace intermédiaire : une distance de soixante pieds suffit entre un paratonnerre et l'autre.

Le paratonnerre ne se borne pas, comme on voit, à soutirer en silence le fluide électrique, quoique ses services ne soient pas même à dédaigner en ce cas. Mais son moment décisif est celui où, tout annonçant une explosion prochaine, il se présente pour la recevoir, et détermine le fluide à prendre la route tracée d'avance par le physicien, à côté de l'édifice, qui en est quitte pour l'ébranlement causé par le bruit.

Nous n'avons encore aucunes connoissances bien certaines sur la manière dont les nuages s'électrisent. Quelques expériences peuvent servir à expliquer la transmission d'une petite quantité de fluide électrique enlevée par l'air aux objets terrestres. On a observé que les corps qui se convertissent en vapeurs dérobent aux vases isolés avec lesquels ils en sont en contact, une partie de l'électricité propre de ces corps. On explique par l'électricité, la formation de ces météores auxquels le vulgaire a donné le nom d'*étoiles tombantes*; et de ces globes enflammés qui, traversant l'air rapidement, se terminent par une explosion. Il y a apparence que ces météores sont dus au gaz inflammable qui se dégage des marais, et s'élève ensuite jusqu'à une certaine hauteur dans l'atmosphère, où il s'allume par le contact du fluide électrique.

Indépendamment de tous ces effets, qui sont proprement du ressort de la physique, il en est plusieurs dont cette science partage l'observation avec l'histoire naturelle. On connoissoit depuis long-temps une espèce de poisson, du genre des raies que l'on a nommé *torpille*, parce qu'on avoit remarqué qu'il causoit un engourdissement dans les membres de celui qui le touche. Des expériences décisives ont vérifié les conjectures qui attribuoient ce phénomène à l'électricité. Plusieurs spectateurs, rangés en cercle, et dont le premier communiquoit avec la face inférieure du poisson, ont ressenti la commotion au moment où le dernier touchoit, avec un excitateur, la face supérieure. L'anatomie a découvert, dans le corps de la torpille, un organe particulier, dans lequel l'animal a la faculté d'exciter un mouvement alternatif de contraction et de dilatation, d'où semblent résulter les deux espèces d'électricités qui résident dans les deux faces de son corps, et produisent sur les personnes environnantes les effets de la bouteille de Leyde.

On a reconnu la même vertu dans plusieurs autres poissons, tels que l'anguille de Surinam, et le trembleur du Niger. L'électricité du premier de ces poissons agit avec beaucoup plus d'énergie que celle de la torpille. En le soumettant à l'expérience, on est parvenu même à apercevoir une étincelle entre deux corps métalliques placés à une très-petite distance l'un de l'autre, et qui communiquoient avec les corps à travers lequels se faisoit la décharge de l'électricité.

Les poissons doués de cette vertu s'en servent comme d'une arme invisible, pour transmettre à travers l'eau une violente secousse aux poissons d'une espèce différente, sur lesquels ils se jettent après les avoir étourdis, et dont ils font leur proie.

On peut ici dire, à la lettre, que le vainqueur foudroie son ennemi.

La minéralogie présente aussi ces phénomènes particuliers d'électricité. Plusieurs cristaux, la tourmaline entr'autres, ont la propriété de s'électriser par la chaleur qui produit ici le même effet que le frottement sur les pierres ordinaires.

Malgré les progrès qu'a faits de nos jours la théorie du fluide électrique, il s'en faut de beaucoup que tout soit dit sur cette matière. Plusieurs questions importantes se présentent encore à résoudre. Comment le calorique agit-il pour électriser un corps? Comment le frottement lui-même produit-il cet effet? D'où provient la lumière qui accompagne l'étincelle ou l'aigrette électrique? n'y auroit-il point, dans ce cas, une vraie combustion? Quelle est l'influence de l'électricité dans plusieurs phénomènes remarquables, tels que les aurores boréales, etc., etc.?

Ces questions sont autant de pierres d'attente qui restent sur l'édifice de la théorie, et l'aspect seul des parties délicates où elles ont été laissées, annonce la difficulté de trouver et les matériaux qui manquent encore, et des mains propres à les employer avec succès. Qui pourroit même assurer que, parmi ces objets, il n'en est pas de tout-à-fait impénétrables à l'esprit humain?

CCXLV⁰ CONSIDÉRATION.

Coup d'œil général sur la lumière.

La lumière est l'agent universel de la nature :
elle semble tout mouvoir, tout animer. Mais, si
nous la considérons sous un rapport plus immédiat avec nous, si nous réfléchissons que c'est
à elle que nous devons le spectacle brillant de
l'univers, cette jouissance qui se renouvelle sans
cesse, et sans laquelle la terre entière seroit le
séjour des ténèbres et de la mort ; quel est l'esprit
assez apathique pour ne pas désirer d'en connoître et le principe et les propriétés ? Quelle scène
plus magnifique et plus vaste, que celle qui se
développe au moment où la lumière va paroître ;
où l'obscurité de la nuit se dissipe ; où nos yeux,
long-temps fermés par un sommeil bienfaisant,
s'ouvrent peu à peu, et se promènent sur tout
ce qui nous environne ? On diroit alors qu'il se
fait une nouvelle création pour nous : à mesure
que nous distinguons de nouveaux objets, ils paroissent renaître. L'éclat de la lumière augmente :
les corps les plus éloignés semblent se rapprocher, parce qu'ils deviennent plus visibles : notre
domaine s'étend ; nos jouissances sont plus multipliées ; notre existence se multiplie avec elles.
La terre se pare de couleurs éclatantes ; sa beauté
frappe les yeux, à l'instant où l'astre qui anime
toute la nature s'élance rapidement de l'horizon,

et s'élève au-dessus de notre séjour. Quelle majesté dans son ascension ! quelle vivacité dans ces flots de lumière qu'il darde de tous côtés ! Les yeux éblouis n'en peuvent supporter l'éclat, et cherchent à se reposer, tantôt sur les cimes dorées des montagnes, tantôt sur l'azur qui colore le vague des airs, ou [sur ces tapis verdoyans dont mille et mille fleurs naissantes marquent les différentes parties et dessinent les contours.

La lumière a paru, et tout a repris l'existence : tout revit par ses bienfaits. L'homme fortifié, et, pour ainsi dire, renouvelé par un repos salutaire, retourne gaîment à son travail : les animaux sortent de leurs retraites pour jouir de ses premières influences. Portés sur leurs ailes légères, les oiseaux s'élèvent en chantant dans les airs. Ils semblent vouloir la prévenir, et célébrer par leurs hymnes mélodieux son heureux retour. Les plantes, plongées auparavant dans un vrai sommeil, s'éveillent aussitôt : leur tige se redresse ; les feuilles et les fleurs s'épanouissent, et répandent au loin l'odeur de leurs parfums.

Tout ce qui a un principe de vie paroît avoir un besoin absolu de la présence de la lumière pour exister en état de santé, pour remplir toutes les fonctions nécessaires à sa destination ; et tous les êtres vivans, qui en sont privés, éprouvent bientôt une altération sensible. Les animaux nés pour jouir de la lumière viennent-ils à en manquer quelque temps ? la langueur s'empare de tout leur être ; le principe de la vie s'altère ; une maladie, semblable à celle qu'on appelle *étiolement* dans les plantes, achève enfin le désordre commencé. Il est constant que les climats où la robe des animaux et le plumage des oiseaux sont peints des plus riantes et des plus vives couleurs, sont ceux qui sont éclairés plus constamment par un soleil sans nuages. Plus nous nous éloignons de ces lieux, plus nous nous approchons des régions polaires, où de longues nuits privent la terre de la bénigne influence de la lumière, et plus l'animal prend une teinte pâle, lavée, grise et blanche. Les ténèbres d'un hiver de six mois affectent tellement certains animaux, qu'ils changent absolument de couleur : ils deviennent blancs durant cette saison rigoureuse, pour reprendre leur première parure aussitôt que le soleil revient sur l'horizon.

Les effets de la lumière ne sont pas moins sensibles sur le règne végétal, et bientôt nous aurons occasion de nous en occuper plus spécialement. Nous savons déjà que les plantes se portent toujours vers l'endroit où elle afflue avec le plus d'abondance. Sur les bords des allées, des clairières et des bois, on voit les grands arbres s'incliner en dehors, et leurs voisins se diriger dans le même sens : ceux qui se trouvent environnés d'autres arbres, cherchent sans cesse à s'élever au-dessus d'eux, afin de jouir du bienfait de la lumière dont ils ont tant besoin. Les plantes privées de cet agent se décolorent et prennent une teinte blanchâtre : elles ont infiniment moins d'odeur et de saveur que les autres ; et les jardiniers savent user de ce moyen pour ôter à quelques légumes qu'ils destinent à nos tables, et leur couleur, et la saveur trop forte qu'ils auroient sans cette opération. Ceci s'applique naturellement aux fruits qui ont plus de goût, en proportion de la lumière qu'ils reçoivent. Quelle différence de saveur entre les fruits perpétuellement exposés à l'ardeur et à l'éclat du soleil, et ceux des climats tempérés, où rarement cet astre est sans nuages !

Rien de plus intéressant que les travaux de la maturité des fruits : ils sont encore une dépendance de la lumière. Le fruit, après avoir noué, a une saveur âpre, austère, acide : insensiblement, l'âpreté disparoît, et l'acide domine ; il prépare le développement de la substance sucrée : à mesure que celle-ci se forme, la partie aromatique se développe, et enfin le fruit se colore sous l'admirable pinceau de la nature. Le point le plus long-temps exposé à un soleil brillant est celui qui change le premier : peu à peu, la couleur s'étend, et gagne tout le fruit de l'arbre à plein vent ; car celui des espaliers appliqués contre des murs reste souvent vert, ou presque vert, du côté de l'ombre. Dans cet état, c'est un fruit forcé, dont la saveur et l'odeur sont toujours médiocres. Les fruits d'hiver n'ont en général qu'une seule couleur dominante, et partout égale, parce qu'ils n'ont pu recevoir sur l'arbre leur point de maturité, et que, dans le moment de cette métamorphose, ils ne sont pas colorés par les rayons du soleil. La maturité développe l'intensité de la couleur ; mais la pomme d'api, par exemple, qu'on laisse sur l'arbre, recouverte par des feuilles, ne prendra qu'une simple couleur jaune dans le fruitier, et ne sera jamais décorée de ce beau vermillon qui flatte si agréablement la vue. La lumière seule du soleil donne le fard aux fruits et aux légumes.

Chef-d'œuvre de la main créatrice, astre sublime, je te salue : sois à jamais célébré, toi qui m'éclaires d'une lumière ravissante ! Oh !

combien est puissant celui qui t'a fait ! combien
est grand celui qui a orné le firmament de ton
éclat et de ta majesté !

C'est ta chaleur féconde qui a tiré la terre du
chaos ; c'est elle qui donne à la nature et sa beauté, et sa magnificence ; c'est elle encore qui dis-
pense d'une manière égale le développement, la
croissance, la maturité et la vie, entre les végétaux de toutes les proportions.

Soleil, tu es la véritable image du sage géné-
reux, qui, toujours animé par des sentimens de
bienfaisance, porte d'une main le flambeau lumineux de la vérité dans les ténèbres épaisses de
l'erreur, et de l'autre, comble les humains de
ses largesses.

CCXLVI° CONSIDÉRATION.

De la nature et des propriétés de la lumière.

Nous éprouvons à chaque instant l'utilité de ce
guide brillant et subtil, qui éclaire et colore toute
la nature ; qui, frappant nos yeux, donne à notre
ame l'image des objets sensibles ; y peint leur
figure, leur situation, leurs couleurs. Mais d'où
émane la matière lumineuse ? Est-elle une substance particulière répandue de toutes parts, et
qui n'ait besoin, pour briller, que d'être ébran-
lée par le corps lumineux ? ou bien jaillit-elle à
chaque instant du soleil et des étoiles ?

La lumière paroît être un torrent de molécules
infiniment petites, que le corps lumineux darde
continuellement de son sein, avec une incompa-
rable vitesse ; et qui se porte en ligne droite, à

des distances infinies. Que l'on conçoive le soleil
et les étoiles comme d'immenses fournaises, où
existe un feu très-actif et très-violent; et l'on se
formera une idée de la théorie de la lumière. Ces
fournaises dardent de leur sein une infinité de
torrens d'une matière très-subtile, qu'un mouvement rapide emporte à travers l'immensité de
l'espace : de là, l'*inconcevable vitesse* de la lumière, et son mouvement en ligne droite et en
rayons divergens. Cette matière, infiniment élastique, rencontre quelquefois des substances qu'elle
ne peut pénétrer : de là provient la *réflexion de
la lumière*, à la rencontre d'un corps impéné-
trable à ses rayons. Ces mêmes rayons viennent-
ils à rencontrer obliquement un corps transparent, qui résiste plus ou moins à leur primitive
direction ? ils doivent en changer ; et de là, se
produit la *réfraction* de la lumière, quand elle
passe d'un milieu dans un autre plus ou moins
pénétrable. Tel est l'objet de l'optique, de la catoptrique et de la dioptrique.

Incomparablement plus subtile que le feu, la
lumière traverse en un instant le verre et les autres corps diaphanes ; que cet élément ne pénètre
qu'avec lenteur. Il faut donc que les pores du
verre soient très-perméables à la lumière ; qu'elle
les pénètre facilement et sans obstacle : tandis
que le feu, moins subtil, y rencontre plus de
résistance. Le feu se meut aussi beaucoup plus
lentement que la lumière. Des charbons ardens
placés dans une chambre ne l'échauffent que par
degrés : au contraire, la lumière d'une bougie
l'éclaire subitement, et on l'aperçoit en un instant partout où ses rayons peuvent arriver. De
ces faits, concluons que le feu et la lumière

sont, non des substances différentes, mais une substance diversement modifiée; puisque nous les voyons presque toujours marcher de compagnie, et que l'un peut occasioner l'autre. Peut-être même n'y a-t-il de différence entre elles, si ce n'est que la lumière seroit douée d'une vitesse extrême, tandis que le calorique ou le feu seroit le même principe privé de ce mouvement progressif.

Les propriétés et les effets de la lumière ne sont pas moins incompréhensibles que sa nature : la rapidité avec laquelle on a reconnu qu'elle se propage est prodigieuse. Si sa vitesse n'étoit pas plus grande que celle du son, elle emploîroit plus de quatorze ans pour parvenir du soleil jusqu'à nous. Mais, comme elle parcourt environ soixante-quinze mille de nos lieues communes, en une seconde, elle ne met qu'à peu près sept minutes et demie à cet énorme trajet de trente-quatre millions de lieues. De quelle ténuité ne doivent donc pas être les molécules de la lumière, pour ne pas occasioner les plus grands ravages sur la terre ! Si elles avoient quelque proportion avec les plus petits corps que notre imagination puisse concevoir, leur masse, multipliée par cette excessive vitesse, auroit une force capable de donner la mort à tous les êtres vivans ; de foudroyer les forêts, les édifices, les rochers les plus durs, et de produire, dans toutes les parties de notre globe, les secousses les plus violentes.

L'expansion de la lumière n'est pas moins inconcevable que sa ténuité. L'espace où elle se répand n'a d'autres bornes que l'univers. De là vient que des corps célestes, infiniment éloignés, peuvent être discernés à la simple vue, ou à l'aide des télescopes ; et, avec des instrumens qui étendroient notre vue aussi loin que la lumière peut se répandre, nous découvririons des corps placés aux extrémités du monde.

Il est certain que notre entendement est trop borné, pour approfondir toutes les fins que Dieu s'est proposées relativement aux propriétés de la lumière; mais il ne l'est pas moins, que nous trouverions facilement l'explication de beaucoup de choses qui y ont rapport, si nous voulions y apporter une application convenable. Pourquoi, par exemple, la lumière se propage-t-elle de tous côtés avec une vitesse si prodigieuse, si ce n'est afin qu'un nombre innombrable d'objets puissent être aperçus, en même temps, par une infinité de personnes ? Si les rayons se meuvent avec tant de rapidité, n'est-ce pas afin que nous puissions découvrir promptement les objets même les plus éloignés ? Si leur propagation étoit plus lente, il en résulteroit de grands inconvéniens pour la terre : la force et la vivacité de la lumière seroient extrêmement affoiblies et ralenties ; les rayons seroient beaucoup moins pénétrans ; et l'obscurité ne se dissiperoit qu'avec peine et lentement. Pourquoi les particules de la lumière sont-elles d'une subtilité presque infinie, si ce n'est afin qu'elles puissent agir sur les yeux même les plus petits ? Pourquoi ces particules n'ont-elles pas plus de densité ? pourquoi sont-elles si rares, si ce n'est afin qu'elles ne nous éblouissent point par leur éclat ; qu'elles ne nous nuisent point par leur chaleur, et qu'elles ne blessent point en nous l'organe de la vue ? Pourquoi les rayons sont-ils réfractés en tant de manières, si ce n'est afin que nous puissions mieux distinguer les objets qui s'offrent à notre vue ?

Ainsi, le Créateur se propose toujours l'utilité et le bien général de ses créatures. Quelle reconnoissance ne lui dois-je pas pour des arrangemens si sages et si bienfaisans! Sans la lumière, que de sources de jouissances taries pour l'homme ; et dans quel cercle étroit ne seroient pas renfermées ses connoissances et ses occupations !

CCXLVII· CONSIDÉRATION.

Diversité des couleurs.

Quand je considère combien nos jardins et nos campagnes seroient uniformes et tristes, et quelle confusion régneroit entre tous les objets, s'il n'y avoit partout qu'une seule couleur, je reconnois encore la sage bonté de Dieu, qui, par la variété des teintes, a voulu multiplier nos plaisirs, en les diversifiant. S'il n'avoit pas eu dessein de nous placer dans un séjour agréable, pourquoi en auroit-il orné toutes les parties de peintures si brillantes et si diverses ? Le Ciel, et tous les objets destinés à être vus de loin, ont été peints en grand : la magnificence et l'éclat en sont le caractère. Mais la légèreté, la finesse et les grâces, se retrouvent dans les objets faits pour être vus de plus près, comme les feuillages, les oiseaux et les fleurs.

Déjà nous avons admiré les rapports que la Sagesse suprême a mis entre nos yeux et la lumière. Ceux qu'elle a établis entre la lumière et les surfaces des différens corps, et d'où naissent leurs couleurs, ne sont pas moins dignes de notre attention. Chaque rayon de lumière paroît être

simple ; mais, par la réfraction, il se divise en
plusieurs autres ; et c'est de là que naissent les
couleurs. Le plus bel arc-en-ciel va s'offrir à nos
yeux, si nous tournons vers le soleil un prisme ou
verre triangulaire ; ou si, sur ce prisme, nous
recevons un rayon qui entre par une petite ouverture dans une chambre bien fermée. Ce rayon,
reçu obliquement sur le prisme, s'y rompt et s'y
divise en sept autres rayons qui portent chacun
leur couleur propre. Celui que la réfraction écarte
le moins de la ligne droite brille d'un rouge pareil à l'éclat dont l'aurore embellit les cieux,
lorsqu'elle vient annoncer l'astre qui doit la suivre. La deuxième espèce a reçu de l'or le nom
de sa couleur. Près d'elle suit ce doux rayon,
l'espoir et la consolation du laboureur ; celui qui
lui montre dans l'étendue des plaines ses épis
jaunissans, et annonce la fin de ses travaux : au
milieu, vous voyez ce vert, ami de la nature,
cette couleur chérie, dont elle se plaît, au retour
du printemps, à couvrir le feuillage des chênes
sur le haut des montagnes, et le gazon naissant
dans nos prairies. Le rayon qui se montre à sa
suite offre à nos regards cette couleur qui règne
sur la plaine d'une mer tranquille, quand les
vents rappelés dans leurs antres, ne font plus écu-
mer l'onde blanchissante : c'est lui qui colore toute
l'étendue de l'olympe, quand, chassés loin des
cieux, les nuages ont cessé de voiler la voûte
azurée. Très-ressemblant au bleu qui le devance,
le sixième a tiré son nom des régions de l'Inde.
Le dernier, enfin, nous laissant à peine distinguer ses traits, unit à des nuances noirâtres une
sombre lueur : pareil à la triste violette, dont il
emprunte son nom, sa lumière confuse et trou-

blée le rapproche des ténèbres et de l'obscure
nuit : son jour s'affoiblit peu à peu, et ses bords
se confondent avec l'ombre opaque.

Ainsi, l'image oblongue que produit la réfraction de la lumière, présente sept bandes colorées, distribuées dans un ordre constant, c'est-
à-dire en commençant par la partie inférieure,
le rouge, l'orange, le jaune, le vert, le bleu,
l'indigo, le violet. Ces bandes ne tranchent point,
et l'œil passe des unes aux autres, par gradations,
ou par nuances. Les rayons qui portent les couleurs
les moins élevées, comme le rouge, l'orange, etc.,
sont ceux qui se plient le moins dans le prisme.
Il suit de là, que chaque rayon a son degré de
réfrangibilité. Faites passer en même temps par
plusieurs prismes un de ces rayons ; il conservera
la couleur qu'il a montrée d'abord, sans en donner
de nouvelles : preuve incontestable de son immu-
tabilité. Au contraire, présentez une lentille aux
sept rayons divisés, afin de les réunir en un seul ;
vous aurez une image ronde d'un blanc éclatant.
Ne prenez, avec la lentille, que cinq à six de ces
rayons : ils ne donneront qu'un blanc sale. Réu-
nissez-en deux : la couleur qui en proviendra,
tiendra de l'un et de l'autre. Un trait de lumière
est donc un faisceau de sept rayons, dont la réunion forme le blanc, et dont la division offre sept
couleurs principales et immuables.

Quelle est la source de cette infinie diversité de
couleurs, qui différencie les corps, et embellit
toute la nature ? Les couleurs ne sont pas inhé-
rentes aux objets colorés : la gorge d'un pigeon,
les plumes d'un paon, les étoffes changeantes,
varient selon les positions. La surface des corps
est constituée de manière qu'ils réfléchissent cer-

tains rayons colorés, tandis qu'ils en absorbent d'autres dans leurs pores. Cette surface fait-elle rejaillir tous les rayons de la lumière ? le corps paroît *blanc :* il est *rouge,* s'il les absorbe tous, à l'exception du rouge ; il est *noir,* s'il n'en réfléchit aucun. Le fond du ciel est noir : vu à travers la couche éclatante qui nous environne, il paroît d'un bleu-clair. D'où procède cette riante verdure qui pare nos campagnes, et plaît tant à notre œil ? C'est que la surface des plantes est disposée de manière à ne renvoyer que les rayons verts, et, si cette couleur réjouit nos yeux, c'est qu'elle tient précisément le milieu entre les sept rayons. Mais qui pourroit demeurer insensible aux soins qu'a pris l'Auteur de la nature d'écarter ici l'uniformité en multipliant si fort les nuances ? Vous admirez ce superbe arc-en-ciel, qui vous retrace en grand les couleurs primitives : sa beauté, sa vivacité vous ravissent ; vous vous imaginez que la nature a dû faire une énorme dépense pour composer cette riche ceinture. Quelques gouttes d'eau, où la lumière va se rompre, et d'où elle se réfléchit, en forment l'unique fond. Vous êtes frappé de la dorure de certains insectes ; les riches écailles des poissons fixent vos regards : toujours magnifique dans le dessin, et économe dans l'exécution, la nature opère, à peu de frais, ces brillans ornemens. Une peau brune, assez déliée, appliquée sur une substance blanchâtre, fait l'office du vernis de nos cuirs dorés, et modifie ainsi les rayons qui partent de la substance qu'elle recouvre. Le vert lustré des feuilles tient au même artifice : il en est apparemment de même de l'émail des fleurs, et peut-être encore du coloris des fruits.

Reconnoissons ici la sagesse et la bonté de Dieu.

Si les rayons de la lumière ne se décomposoient
pas, et s'ils n'étoient pas diversement colorés, tout
seroit uniforme dans la nature : nous ne pourrions
distinguer les objets que par des raisonnemens et
les circonstances du temps et du lieu. Mais alors
toute notre vie seroit employée à étudier, au lieu
d'agir ; et nous nous trouverions dans une incertitude perpétuelle. S'il n'existoit qu'une couleur
dans l'univers, bientôt nos yeux en seroient fatigués, et cette constante uniformité produiroit le
dégoût. La diversité prodigue les beautés sur la
terre, et procure à nos yeux des jouissances toujours
nouvelles. Dieu ne s'est donc pas moins occupé de
nos plaisirs que de nos besoins ; et, dans la formation du monde, il a pensé non-seulement à la perfection essentielle de ses œuvres, mais à les parer
de tous les ornemens qui pouvoient en rehausser
le prix. Dans le mélange et la diversité des couleurs
et des ombres, toujours la beauté se trouve unie
à l'utilité. Aussi loin que notre vue peut s'étendre,
les champs, les vallons, les montagnes nous découvrent sans cesse de nouveaux charmes : tout
sert à nos plaisirs, et tout doit exciter en nous la
plus vive reconnoissance.

CCXLVIII^e CONSIDÉRATION.

*Effets de l'air et du feu dans la combustion,
dans la respiration et dans la chaleur animale.*

L'EXPLICATION de plusieurs phénomènes que nous
n'avons fait qu'indiquer précédemment, nous devient beaucoup plus facile, après les considérations
auxquelles nous nous sommes livrés, sur l'eau, sur
l'air et sur le feu ; et nous allons les examiner plus
particulièrement.

En recherchant quelles peuvent être les propriétés distinctives de l'air, nous en avons trouvé deux
bien capables de le caractériser, et qui lui appartiennent exclusivement : l'une, de favoriser l'inflammation des corps combustibles ; l'autre, d'entretenir la vie des animaux, en servant à la respiration.

Parmi les corps combustibles, les uns brûlent
avec une flamme vive et brillante, comme les
huiles, les bois, les résines, etc. ; d'autres, tels
que les charbons, s'embrasent sans flamme bien
sensible ; quelques-uns se consument par un mouvement lent et peu apparent, comme on l'observe
dans quelques matières métalliques. Un corps combustible ne peut brûler sans le contact de l'air
atmosphérique, ou d'une matière qui en a été
extraite ; et il ne brûle dans une quantité donnée

de cet air, que jusqu'à une certaine époque. Cent
partiés d'air atmosphérique n'en contiennent que
vingt-sept qui puissent servir à la combustion : elle
s'arrête lorsqu'elles ont été absorbées par le corps
combustible, qui ne peut s'enflammer de nouveau.
Ainsi, un corps qui brûle dans l'air fait une véritable analyse de ce fluide : il en absorbe l'air vital,
lequel augmente le poids de ce corps, et en change
la nature. Le gaz azote qui reste, éteint les matières en combustion, et tue les animaux.

La combustion consiste donc dans l'absorption
de l'air vital par les corps combustibles. Comme
cet air est un gaz, et que beaucoup de ces corps,
en l'absorbant, lui font prendre la forme solide,
il perd alors cette immense quantité de calorique ou
de feu qui lui donnoit celle de fluide élastique, et
telle est l'origine de la chaleur produite pendant la
combustion. De là il résulte que, quand on brûle
un corps pour se procurer de la chaleur ; comme
on le fait pour adoucir les rigueurs de l'hiver, c'est
de l'air lui-même qu'on tire, au moins en plus
grande partie, le colorique qui lui est combiné. On
peut même dire que plus l'air est froid, plus on en
tire de chaleur, parçe qu'alors il passe plus de ce
fluide dans un même volume, sous un espace donné. Tout le monde sait que le feu de nos foyers est
bien plus ardent lorsque l'air se refroidit tout-à-
coup ; et c'est sur ce principe qu'est fondé l'art d'augmenter la combustion, par l'air condensé qu'on
verse à l'aide des soufflets sur le bois déjà chaud.

Ce très-foible aperçu des connoissances dues aux
nouvelles découvertes sur l'inflammation des corps,
facilite l'intelligence d'un autre phénomène très-
analogue à celui-ci. La respiration, ainsi que la
combustion, décompose l'air commun ; elle ne

peut se faire comme celle-ci qu'en raison de l'air
vital contenu dans l'atmosphère ; et lorsque cet
air est détruit, les animaux périssent dans le gaz
azote qui en est le résidu.

Considérée dans tous les animaux, la respiration est une fonction destinée à mettre le sang en
contact avec le fluide qu'ils habitent. L'homme et
les quadrupèdes ont, à cet effet, un organe que
nous avons décrit et qu'on nomme *poumon*. Ce
viscère est un amas de vésicules creuses et de
vaisseaux sanguins qui se répandent à la surface
de ces vésicules, en y formant un grand nombre
d'aréoles, lesquelles permettent l'action de l'air sur
le sang. L'air distend ces vésicules dans l'inspiration : une portion de l'oxygène atmosphérique se
combine avec un principe contenu dans le sang,
et qu'on nomme le *carbone*. Cette combinaison
forme l'acide carbonique, qui se dégage avec le
gaz azote. Une certaine quantité d'hydrogène se
sépare aussi du sang veineux ; et, en s'unissant à une
autre portion de l'oxygène de l'air, forme de l'eau
qui s'exhale avec l'air expiré : une autre portion
d'eau, provenant immédiatement de la transpiration pulmonaire, se dissout dans l'air de l'expiration. Une partie du calorique ou de la chaleur
séparée de l'air vital passe dans le sang qui parcourt
les poumons, lui redonne la température de trente-
deux à trente-trois degrés, et se répand avec lui
dans tous les organes. C'est ainsi que se répare la
chaleur animale, continuellement enlevée par l'atmosphère et par les corps environnans. Au reste,
il paroît incontestable, d'après la considération
du changement progressif qu'éprouve le sang, et
celle de la dissémination à peu près uniforme de
la chaleur dans les différentes parties du corps,

que l'effet se produit successivement , et qu'on ne doit pas regarder la chaleur animale comme le résultat d'une combustion qui s'opère dans le poumon seul ; mais comme celui d'une combustion lente , qui se fait dans le cours de la circulation. L'usage de la respiration consiste donc dans l'élaboration du sang et dans le dégagement des principes surabondans qui surchargent ce liquide , par l'addition du chyle et par des changemens qu'il éprouve en circulant dans tout le corps. L'entretien de la chaleur est aussi un des principaux effets de la respiration; et cette belle théorie explique pourquoi les animaux qui ne respirent point l'air ou qui ne le respirent que très-peu, ont le sang froid.

Les animaux qui ont des poumons jouissent toujours d'une température plus élevée que celle de l'atmosphère , du moins les exceptions sont rares : leur chaleur est d'autant plus grande, que chez eux cet organe a plus de volume, et qu'il consomme plus d'air. Ainsi , les oiseaux , dont les poumons se prolongent dans les cavités des os de leurs ailes, ont plus de chaleur que les autres animaux : ils ont besoin de la liberté des airs ; ils jouissent plus de l'action vitale ; ils périssent bientôt dans un espace trop renfermé.

Dans les cétacées , la respiration se fait de la même manière que dans l'homme et dans les quadrupèdes : seulement, comme il existe chez les premiers une communication immédiate entre les deux oreillettes du cœur, ces animaux peuvent rester plus long-temps sans respirer.

Dans les poissons, les poumons sont remplacés par des ouïes. Comme ces animaux ne respirent point d'air, ou du moins qu'ils en respirent fort peu, leur sang est presque froid : il ne paroît pas être de la même nature que le sang de l'homme, des quadrupèdes et des oiseaux.

Les insectes, au lieu de poumons, ont, à la surface de leurs corps, de petites ouvertures auxquelles on donne le nom de *stigmates*, et par lesquelles ils agissent sur l'air, et produisent de l'acide carbonique. Aussi ont-ils un degré de chaleur animale proportionné à la production de ce gaz. Il est très-probable que les vers luisans décomposent aussi le gaz oxygène ; et que le calorique qui s'en dégage prend l'état de lumière, au lieu de donner de la chaleur.

Deux phénomènes très-multipliés, la *combustion* et la *respiration*, tendent donc à l'altération continuelle de l'air qui environne notre globe ; et ce fluide seroit bientôt insuffisant pour l'entretien de ces deux actions naturelles, s'il n'existoit pas d'autres phénomènes capables de renouveler l'atmosphère, en lui restituant la partie qui lui est sans cesse enlevée. Mais l'univers est l'ouvrage d'un Etre souverainement intelligent : tout y est en rapport, et aucun des rouages de cette machine immense ne s'y trouve en opposition avec un autre. Nous avons déjà vu, et nous le verrons plus amplement encore, que les végétaux ont des organes très-étendus, destinés à retirer l'air vital de l'eau, et à le verser lorsqu'ils sont frappés des rayons du soleil, dans le sein de l'atmosphère, pour lui rendre les propriétés nécessaires à la conservation des êtres vivans.

· CCLXIX· CONSIDÉRATION.

*Effets de l'air, de l'eau et de la lumière,
dans la formation des substances végétales
et animales.*

L'AIR et l'eau, nous nous en sommes convaincus, suffisent à la végétation : la terre ne sert que d'appui et de base aux plantes. Il faut que cette base soit assez tendre pour laisser pénétrer et croître les racines ; qu'elle admette l'eau dans ses pores, sans la retenir trop long-temps ; et que l'air puisse aussi s'insinuer entre ses molécules : car les racines ont besoin d'une portion de ce fluide, ainsi que le prouve la situation de celles qu'on appelle *traçantes*, et la manière dont plusieurs se relèvent et cherchent, pour ainsi dire, à se rapprocher de l'atmosphère. Telle est la raison pour laquelle le sable pur, qui est trop poreux et qui laisse écouler ou évaporer trop promptement l'eau, ne convient pas à toute espèce de végétal. D'un autre côté, de l'argile ou glaise, trop grasse, trop onctueuse, trop compacte, nuit à toutes les plantes, en comprimant leurs racines, en retenant trop la partie aqueuse, et en s'opposant à sa vaporisation. Un mélange exact de sable, ou de craie et d'argile, formant une terre meuble, perméable, quoique assez consistante, est plus utile pour les végétaux. A la vérité, la craie influe par une autre cause sur la végétation : elle fait partie des engrais. Mais nous ne considérons ici la terre, que comme le sol simple, ou la base qui soutient les plantes ; et, comme telle, la terre ne leur fournit rien. Tous

les faits prouvent que l'eau et l'air sont les seuls
agens de la végétation ; que c'est dans ces deux
corps que les plantes puisent leur nourriture.
Comment suffisent-ils, cependant, pour opérer la
germination des grains, l'accroissement des végétaux, et les changemens que ces corps organisés
éprouvent, depuis le développement du germe,
jusqu'à leur destruction ou leur mort ? Par quel
mécanisme ces deux agens contribuent-ils à la formation des principes qui constituent les êtres qui
végètent, et qui paroissent différer si singulièrement
les uns des autres ? Les faits découverts depuis quelques années sur la végétation, commencent à soulever le voile dont jusqu'ici la nature avoit couvert
cette opération.

On a d'abord observé que les plantes qui croissent à l'ombre, restent blanches, fades, aqueuses,
et, pour ainsi dire, sans force. Le contact de la
lumière et des rayons du soleil est le vrai remède
à ce mal : les plantes qui y sont exposées se raffer-
missent, se redressent, se colorent ; leur mollesse,
leur blancheur, leur saveur fade, sont remplacées
par la production de fibres plus robustes et plus
dures ; par des matières colorées, et plus sapides.
La chicorée, qui, privée de la lumière, reste blanche, molle et douce, devient promptement verte,
dure, ligneuse et amère, lorsqu'elle croît au grand
jour. Les pays situés sous l'équateur, et dont le
sol reçoit presque d'aplomb les rayons du soleil,
sont la patrie des résines, des couleurs végétales,
des huiles volatiles, des parfums. Tout se réunit
ici pour montrer que le contact des rayons de cet
astre influe singulièrement sur la formation des
principes combustibles et des huiles de toute nature dans les végétaux. On voit les plantes recher-

cher

cher la lumière avec une sorte d'instinct : les tiges
des ognons qu'on tient sur les cheminées se pen-
chent constamment vers les fenêtres. Rappelons-
nous des faits qui nous ont déjà intéressés. Les
plantes qui croissent dans les caves se portent et
s'élèvent vers les soupiraux ; quelques fleurs suivent le soleil dans sa route et tournent avec lui ;
d'autres s'ouvrent à son lever, et semblent offrir
à sa douce influence les organes précieux qu'elles
recèlent : au contraire, elles se referment lorsque cet astre quitte l'horizon. Il en est même quelques-unes qui attendent, pour s'ouvrir, le moment
où il est le plus élevé et où ses rayons tombent
plus perpendiculairement sur la terre : celles-ci
se resserrent à mesure que les faisceaux de lumière
les frappent plus obliquement. L'air devient plus
salubre par l'action d'un fraisier enfermé sous une
cloche, et exposé à la lumière. Un vaisseau contenant des feuilles d'arbres dans l'eau, et placé sous
un appareil semblable, frappé par les rayons du
soleil, se remplit peu à peu d'un fluide élastique :
la surface supérieure des feuilles se couvre de bulles qui montent au-dessus de l'eau ; et cette production est d'autant plus prompte, que le soleil
darde mieux ses rayons. C'est de l'air vital très-pur,
qui se dégage dans cette opération : mais ces feuilles portées à l'ombre ne donnent plus qu'un fluide
élastique impur. Sans eau, la production d'air
n'a pas lieu à la surface des feuilles ; sans lumière,
elle ne s'opère pas davantage ; et, sans l'un et
l'autre de ces agens, les végétaux périssent. Si l'eau
agit sur eux sans le soleil, ils croissent blancs, foibles, et leurs canaux sont gorgés de sucs fades et
aqueux. Il y a donc, dans l'influence nécessaire
et simultanée de l'eau et de la lumière sur les

III.   P

plantes, un effet réciproque, une réaction que les connoissances modernes peuvent seules expliquer.

A mesure que l'air vital est dégagé des feuilles humectées, et exposées à la lumière du soleil, les végétaux se colorent, la matière huileuse se forme ; tout indique ici que c'est la décomposition de l'eau atmosphérique, qui produit cet effet : la lumière solaire et un certain degré de chaleur favorisent cette décomposition ; les feuilles, par leurs vaisseaux, absorbent l'hydrogène de l'eau ; tandis que la lumière s'unit à l'oxygène, et le met dans l'état d'air vital. Une portion de cet oxygène se fixe en même temps dans le tissu végétal, et il y est surtout retenu par le carbone. L'hydrogène s'y combine dans l'état d'huile, d'extrait, de mucilage, etc.

Quelques physiciens veulent que les végétaux décomposent aussi l'acide carbonique, dont l'air atmosphérique tient ordinairement en dissolution environ un centième de son volume. Selon eux, ils puisent dans cet acide le carbone qui fait partie de leurs principes et qui s'y trouve en assez grande quantité, tandis que la lumière en sépare l'oxygène ou air vital. D'autres pensent que les terres végétales, l'*humus*, les fumiers, et surtout l'eau de fumier, fournissent le carbone divisé et même dissous dans l'eau ; que c'est par leurs racines que les plantes absorbent ce principe, et qu'elles ne l'enlèvent point à l'acide carbonique. Ainsi les engrais ne donnent, dans cette opinion, que le carbone, et l'eau de fumier n'est qu'une dissolution saturée de ce principe.

Outre ces deux grands effets qui expliquent comment la lumière, l'air et l'eau suffisent à la végétation, il faut ajouter que les racines pompent, dans la terre, de l'eau en nature, et que

cette eau, en montant dans les racines, qui font
l'office de tuyaux capillaires, entraîne avec elle
des terres, des matières métalliques et quelques
sels neutres, qu'on retrouve dans les cendres des
végétaux.

Tels sont les grands phénomènes que présente
à l'observateur la nature livrée à elle-même;
telle est la manière simple dont la physique moderne est parvenue à concevoir une partie de la
cause qui les produit. L'hydrogène, le carbone,
l'oxygène, et un peu d'azote pour quelques-uns
d'entr'eux, sont, en dernière analyse, les principes auxquels se réduisent les matériaux immé-
diats et connus des végétaux. C'est avec d'aussi
fóibles moyens qu'est produite cette immense
variété de couleurs, d'odeurs, de saveurs, de
consistance, que nous connoissons dans tous les
matériaux des plantes, et que tous les hommes
distinguent dans celles de ces matières qui sont
employées à leur nourriture, à leurs vêtemens,
à la construction de leurs demeures, etc.

Mais combien la puissance du Créateur paroîtra plus visiblement encore, si nous considérons
toutes les différences que doivent éprouver les
végétaux dans la nature et dans les propriétés
spécifiques de leurs principes, suivant les époques
de leur végétation; si nous faisons attention qu'ils
ne doivent jamais rester dans le même état, et
que les scènes diverses que présentent la germination, la frondaison, la floraison, la fructifica-
tion et la maturation, qui constituent la vie végétale, doivent être accompagnées et même mar-
quées par des changemens intérieurs, comme
elles le sont par les apparences extérieures!

Si, des végétaux, nous passons aux animaux,

toutes les différences que nous remarquerons entre,
ces deux espèces d'êtres semblent ne tenir principalement qu'à la présence d'un principe qui
abonde bien plus dans les derniers que dans les
premiers. Ce principe est l'azote : on diroit qu'il
suffit de l'ajouter aux matières végétales, pour
les convertir en substances animales ; et l'on peut
assurer que, si on l'enlevoit à ces dernières, on
les feroit redevenir en quelque sorte végétales.
L'azote est donc le quatrième principe primitif,
qui, dans l'animal, est ajouté à l'hydrogène, au
carbone et à l'oxygène, que nous avons vus cons-
tituer le végétal.

Ainsi, la fixation ou l'addition de l'azote doit
être considérée comme le principal phénomène
de l'animalisation. Mais ce n'est pas tant par la
fixation d'une nouvelle quantité de cette substance, que par la soustraction d'autres principes,
que ce phénomène a lieu ; et c'est en dégageant
une grande quantité d'hydrogène et de carbone,
que la respiration augmente cette proportion de
l'azote.

Qu'elle est simple la nature, et qu'elle est
belle par cette simplicité même ! Qu'entre ses
mains les plus simples moyens ont de fécondité !
Ainsi, lorsque le printemps semble rappeler tous
les êtres à la vie, le soleil élevé sur l'horizon est
la cause de tous les grands effets qui charment
alors nos yeux. Il opère la végétation ; et, par un
double bienfait, en même temps qu'il produit
dans les plantes ces diverses combinaisons qui
fournissent la subsistance aux animaux ; il renouvelle l'atmosphère, en y répandant des torrens
d'air vital qui lui rendent la salubrité. Les objets
les plus inutiles en apparence, les feuilles des

arbres sont les instrumens de ces étonnantes opérations ; et l'eau, aidée de la lumière solaire, en
fournit les matériaux.

CCL^e CONSIDÉRATION.

*De la décomposition naturelle des substances
végétales et animales.*

Quoiqu'il y ait, pour le commun des hommes,
une très-grande différence apparente entre la
destruction lente des végétaux et l'action par laquelle ils croissent et se développent, l'observation apprend aux physiciens que ces deux phénomènes sont dus à des causes et à des mouvemens
analogues : la nature fait servir les mêmes causes
à des effets fort différens.

Lorsque les végétaux et les animaux sont privés de la vie, ou que leurs produits sont enlevés
aux individus dont ils faisoient partie, il s'excite
en eux des mouvemens qui en détruisent le tissu
et en altèrent la composition. Ces mouvemens
constituent les diverses espèces de fermentations.
Le but de la nature, en les excitant, est de rendre plus simples les composés formés par la végétation et l'animalisation, et de les faire entrer
dans de nouvelles combinaisons : c'est une portion de matière qui, employée pendant quelque
temps à la fabrication du corps des végétaux et
des animaux, doit être transmise, après la fin de
leurs fonctions, à des développemens de différens
genres.

On distingue la fermentation, en fermentation vineuse, acéteuse et putride. La première,

c'est-à-dire la fermentation vineuse ou spiritueuse,
est ainsi appelée, parce qu'elle change en vin les
substances qui l'éprouvent, et qu'on retire de ce
vin un esprit inflammable, connu sous le nom
d'*esprit-de-vin*. Elle est un commencement de
destruction des principes formés par la végétation ; et on peut la considérer comme un des
mouvemens établis par la nature pour simplifier
l'ordre des compositions que présentent les substances végétales.

La fermentation acide ou acéteuse est le second mouvement naturel qui contribue à réduire
les végétaux à des états de composition plus simple. Cette fermentation qui donne naissance au
vinaigre, n'a lieu que dans les liqueurs qui ont
d'abord éprouvé la fermentation vineuse. On a
remarqué que le contact de l'air étoit nécessaire
pour la production du vinaigre : on a vu même
ce fluide être absorbé par le vin qui tourne à
l'aigre ; et il paroît qu'une portion d'oxygène atmosphérique est nécessaire à la formation de l'a-
cide acéteux.

Il y a, sans doute, plusieurs autres fermentations analogues à celles-ci, et dont on ne connoît pas bien encore le résultat. Telle est celle
qu'éprouve l'eau mêlée d'amidon, celle qui forme
le pain aigri et les liqueurs aigres. Tous ces changemens doivent être considérés comme des moyens
de décomposition qui simplifient toujours les
combinaisons compliquées des végétaux.

Enfin, après que les liqueurs végétales, ou les
parties solides des végétaux humectés, ont passé
à l'état d'acide, leur décomposition, en se conti-
nuant par les circonstances favorables, c'est-à-
dire par une température douce ou chaude, par

l'exposition à l'air et par le contact de l'eau, les conduit à une putréfaction qui finit par en volatiliser la plupart des principes. Il se dégage de l'eau, de l'acide carbonique, de l'huile volatile en vapeur, etc. ; après quoi il ne reste plus qu'un résidu brun ou noir, connu sous le nom de *terreau*.

La nature, en organisant les animaux, a mis en eux, comme dans les plantes, un germe de destruction qui se développe après la mort des individus, et qui s'opère par le mouvement qu'on a nommé *putréfaction*. Elle consiste dans une décomposition lente de ces substances qu'un ordre de composition plus compliqué rend encore plus susceptibles de la putridité que les matières végétales. De là, ces fluides aériformes qui se dégagent peu à peu, en diminuant proportionnellement la masse des matières animales qu'on voit se ramollir, changer de couleur, d'odeur; perdre leur tissu, leur forme; répandre dans l'atmosphère des vapeurs et des gaz qui s'y dissolvent, et qui vont porter dans d'autres corps les matériaux nécessaires à leur formation. Le résidu constitue une espèce de terreau ou *terre animale*, dans laquelle les végétaux trouvent abondamment à se développer, et qui, par conséquent, est si propre à servir d'engrais, quand il est suffisamment consommé.

La putréfaction se trouve modifiée de bien des manières différentes par toutes les circonstances extérieures : telles que la température, le milieu qu'occupent les matières animales ; l'état plus ou moins pesant, sec ou humide de l'atmosphère, etc. Ainsi, les cadavres, ou enfouis dans la terre, ou plongés dans l'eau, ou suspendus en l'air, éprouvent des effets variés, auxquels leurs masses , leur quantité , leur voisinage avec d'autres corps, ainsi que toutes les propriétés variables des trois milieux que nous venons d'indiquer, donnent encore des formes nouvelles et diverses.

Les découvertes modernes doivent produire, pour l'agriculture , des connoissances et des procédés qui en étendront les progrès. Livrée à ses forces, la nature semble les accroître sans cesse dans la production des végétaux. Les lieux où l'homme n'a point exercé sa puissance offrent aux regards des voyageurs d'antiques et immenses forêts, si épaisses et si touffues , que les arbres semblent près de s'y réunir : la force de la végétation y est très-énergique; le sol qui en fait la base est humide, gras, rempli des débris des végétaux, et dans l'état d'une véritable tourbière. Plus ces débris s'amoncèlent, et plus la puissance végétative s'accroît : c'est du sein de la destruction que la nature tire la substance de nouveaux êtres.

L'homme a cherché à imiter ces grands effets ; il a vu les plantes desséchées et décomposées sur la terre qui les avoit produites, lui rendre ce qu'elles en avoient emprunté, et y déposer, avec les graines , des germes de fécondité dont celles-ci profitent : de là, l'origine des engrais.

Il est généralement reconnu que les débris de végétaux et d'animaux décomposés par la putréfaction, placés à la surface de la terre, ou à quelques pouces de cette surface, hâtent la végétation, lui donnent de nouvelles forces, et augmentent graduellement le produit des récoltes. Quoique l'expérience ait prononcé depuis long-temps sur l'utilité de ce moyen, imité de la nature, la physique n'avoit rien découvert d'exact jusqu'à ces derniers temps. Mais la chimie, en appréciant les effets de la réaction de l'eau, de l'air et des fluides élastiques dégagés des engrais, sur tous les végétaux, jette la plus grande lumière sur la culture. Elle a vu les plantes et les arbres croître rapidement, et devenir très-vigoureux dans les lieux exposés aux matières en putréfaction : elle sait que, lorsque ces matériaux se décomposent à la surface de la terre, il s'en dégage de l'acide carbonique, de l'ammoniaque, du gaz hydrogène, etc... ; et que tous ces fluides élastiques sont éminemment utiles à la végétation : mais, comme ce n'est que vers la fin de la putréfaction que ce dégagement s'opère, on conçoit pourquoi les engrais trop frais n'ont pas les avantages qu'on ne trouve que dans ceux qui sont aux trois quarts de leur décomposition.

Quoique toutes les circonstances de la putréfaction, ainsi que les variétés presque innombrables des phénomènes qu'elles présentent, ne soient point encore décrites, ni même connues, on sait que tous ces phénomènes se bornent à changer des composés compliqués en des composés plus simples ; que la nature rend à de nouvelles combinaisons les matériaux qu'elle n'avoit, en quelque sorte, que prêtés aux végétaux et aux animaux, et qu'elle exécute ainsi ce cercle perpétuel de compositions et de décompositions, qui, en attestant la puissance de son auteur, montrent la fécondité de ses moyens, en même temps qu'elles annoncent une marche aussi grande que simple dans ses opérations.

FIN DU TROISIÈME VOLUME.

TABLE

DES CONSIDÉRATIONS

CONTENUES DANS CE VOLUME.

LIVRE III.

L'HOMME.

LIVRE IV.

L'EAU.

LIVRE V.

L'AIR.

LIVRE VI.

LE FEU.

Le feu proprement dit.

La matière électrique.

La lumière.

Explication de divers phénomènes relatifs à l'eau, à l'air et au feu.

FIN DE LA TABLE DU TROISIÈME VOLUME.